高等院校环境类系列教材

# 噪声污染控制工程

蔡俊 主编

中国环境出版集团·北京

图书在版编目（CIP）数据

噪声污染控制工程/蔡俊主编. —北京：中国环境出版集团，2011.9（2019.7 重印）

ISBN 978-7-5111-0685-8

Ⅰ.①噪… Ⅱ.①蔡… Ⅲ.①噪声控制 Ⅳ.①TB535

中国版本图书馆 CIP 数据核字（2011）第 164859 号

出 版 人 武德凯
责任编辑 李卫民
责任校对 唐丽虹
封面设计 玄石至上

---

出版发行 中国环境出版集团
（100062 北京市东城区广渠门内大街 16 号）
网 址：http://www.cesp.com.cn
联系电话：010-67112765（总编室）
发行热线：010-67125803，010-67113405（传真）
印 刷 北京中科印刷有限公司
经 销 各地新华书店
版 次 2011 年 9 月第 1 版
印 次 2019 年 7 月第 4 次印刷
开 本 787×960 1/16
印 张 14.75
字 数 265 千字
定 价 22.00 元

---

# 前　言

环境问题是当前人类社会普遍关注的全球性问题。随着社会生活和城市规模的迅速发展，环境噪声污染越来越严重。据统计，目前城市环保部门收到的投诉绝大部分是噪声方面的。对环境噪声污染实施有效控制不仅已成为环保部门的紧迫任务，而且是我国构建和谐社会、幸福民生的重要内容。

本书通过阐述环境噪声控制的基本原理、实用技术方法、国内外最新成果以及列举工程实例等，力图使读者具备相应的分析和解决问题的能力，从而对环境噪声控制工程不拘泥于套用公式和图表，而能够视工程实际情况，根据噪声控制原则，举一反三地进行思考和设计。同时考虑到从事环境工程设计、环境影响评价和环境监测与管理人员的需要，书中还列出了一些常用的数据和图表，介绍了噪声评价和测量的标准、方法等，便于查阅和引用。

全书共分九章，第一章介绍了噪声污染的危害以及环境声学的研究内容；第二章介绍了声波的基础知识、声音的度量和分贝的计算；第三章介绍了环境噪声的评价和测量；第四章介绍了噪声控制的基本原理和原则；第五、六、七、八章全面系统地介绍了吸声、隔声、消声和隔振减振技术；第九章列举分析了典型的噪声控制工程应用实例。

本书是作者在从事环境噪声污染控制教学及研究工作的基础上编写而成的，为便于教学，每章末均附有习题；为适应不同的授课时数，各章虽有相互联系，但又具有一定的独立性，在教学中可视实际课时适当取舍。

在本书的编写过程中得到了上海交通大学蔡伟民教授、徐菲研究员等的大力协助，参加审稿的还有吴文高、熊红莲、刘玲等，在此表示衷心的感谢。

限于编者的经验和水平，谨请使用本书的读者和广大师生，对书中不足之处提出宝贵意见。

编 者

2011 年 9 月

于上海交通大学

# 目 录

# 第一章
# 绪　论

## 1.1　噪声

噪声的定义为容易导致人的精神或生理产生不良反应的声音。其可以从以下两方面来理解：一方面，从噪声的特性来看，它是一种声音强弱和频率变化无一定规律的声音。大多数机械设备发出的噪声都具有这种特性；另一方面，从对人的生理危害和心理影响来看，凡是对人体有不同程度伤害作用的声音以及会干扰或妨碍人的正常活动（包括学习、工作、谈话、通信、休息和娱乐等活动）的声音均可认为是噪声。

噪声污染与大气污染、水污染和固废污染不同，其特点为：

（1）噪声污染是局部的、多发性的，除飞机噪声等特殊情况外，一般从声源到受害者的距离很近，不会影响很大的区域。

（2）噪声污染是物理性污染，没有污染物，也没有后效作用，即噪声不会残留在环境中。一旦声源停止发声，噪声也消失。

（3）与其他污染相比，噪声的再利用问题很难解决。目前所能做到的只是利用机械噪声进行故障诊断。如对各种运动机械产生的噪声水平和频谱进行测量和分析，将其作为评价机械机构完善程度和制造质量的指标之一。

## 1.2　噪声的危害

噪声的危害是多方面的，比如损伤听力、影响睡眠、诱发疾病、干扰语言交谈；特别强的噪声还会影响设备正常运转、损坏建筑结构等。下面分别加以简要阐述。

### 1.2.1 对交谈的干扰

虽无肯定的证据，但人们相信在职业场所中噪声确能干扰工作时的交谈，还可能因听不到警报声而导致发生工伤事故。在办公室、学校和家庭中，干扰说话的声音是引起烦恼的主要原因。人们多次尝试根据掩盖噪声的特点来改进能够直接指出干扰语言感知程度的简单指标。自然，这样的指标应达到相当大的近似程度。三个最常用的指标是：清晰度（或可懂度）指数（AI）、语言干扰度（SIL）和 A 计权声压级（$L_{pA}$）。

#### 1.2.1.1 清晰度指数

清晰度指数（AI）是这些指标中最复杂的，因为考虑到事实上有些频率的噪声掩盖说话的作用比另一些频率更大。频率低于 250 Hz 和大于 7 000 Hz 的噪声不包括在内，因为认为它们不影响语言的理解度。将 250～7 000 Hz 的频率范围分为 20 频带，每个频带占总可理解度的 5%。为了测定某个噪声的清晰度指数，计算在 20 频带中每个频带的语言强度均值和噪声强度均值之间的差值，然后将所得数据综合起来就得出一个简单指数。实际上，这个过程是预测对单个语言声音的掩盖作用将有多大，然后求出这些资料的总和。

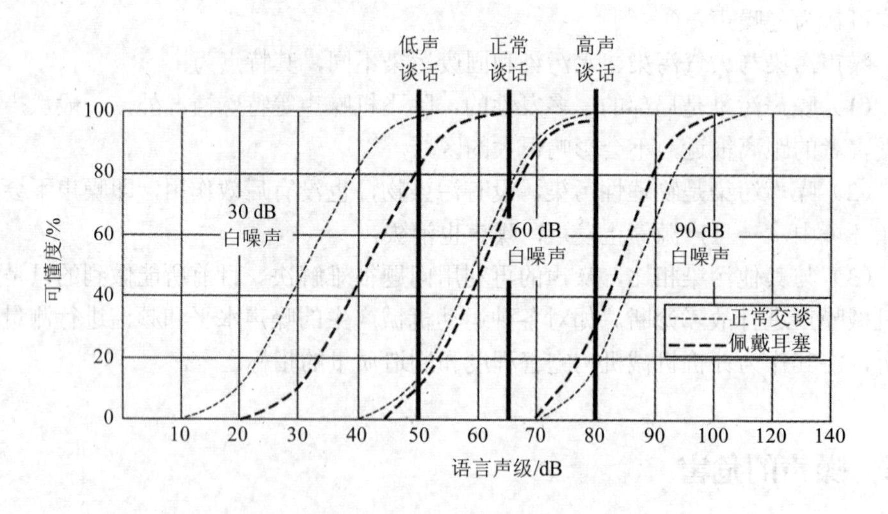


图 1-1　语言可懂度受噪声的影响

图 1-1 表示语言可懂度受噪声的影响，30 dB 的白噪声不能影响面对面的交谈，60 dB 的白噪声对 65 dB 的正常谈话也影响不大，不过一般室内谈话声音比面对面谈话稍低一些，而女生只要 60 dB 就可交谈。在 90 dB 白噪声下，高声（80 dB）

交谈也几乎听不清，大声喊（95 dB）才能听懂。但语言声过大有可能发生畸变，戴上耳塞把语言声和噪声同时降低，可以得到满意的可懂度（图中虚线）。图 1-1 中几条干扰线（30 dB、60 dB 和 90 dB 白噪声）形状都相似，所以中间值可用内插法求得。大致来说，语言交谈在同样声压级白噪声影响下仍可进行，白噪声声压级高 5 dB 就听不清了，比语言声级低 10 dB 的白噪声对谈话基本无影响。

#### 1.2.1.2 语言干扰度

设计语言干扰度（SIL）是用来代替 AI 的简化指标。本指标与 AI 相比，在很大程度上省去了最低和最高频段所占的理解度。SIL 的最新方案是挑选 0.5 kHz、1 kHz 和 2 kHz 为中心频率的三个倍频的声压级的算术平均值（缩写为 SIL 0.5，1 和 2）。还提出过许多种用特定倍频程均值来表示的 SIL。例如，SIL（0.25、0.5、1、2）除了上述三个频带还包括 250 Hz 频带在内。目前，美国国家标准化协会推荐 SIL（0.5、1、2、4）作为噪声掩盖能量的最好评价指标。

#### 1.2.1.3 A 计权声压级

简单的 A 计权声压级也是语言干扰的有用指标。A 计权过程与 AI 和 SIL 一样着重于中频，但是没有完全去掉最低和最高频段。

实验表明，在预测变化很大的噪声掩盖语言的能力方面，AI 比 SIL 或 A 计权声压级更为准确。但实际应用中，A 计权声压级和 SIL 仍在继续使用，因为容易测量的 A 计权声压级及 SIL 两指标的准确性并不亚于 AI。虽然对特殊的噪声来说，SIL 和 A 计权声压级的均值可能有很大的差异，但通常在同样干扰程度下，SIL 只比 A 计权声压级的均值低约 10 dB 。

室外交谈时，说话声传播控制在中等距离，符合“距离平方反比定律”，即当说话者与听者之间的距离加倍时，说话声约衰减 6 dB 。当室内因反射混响而影响交谈时，就不宜应用这种关系了。

### 1.2.2 听力损伤

当人们突然进入强噪声环境中时，会感到刺耳难受。停留一段时间后对噪声环境会有所适应，即对噪声的感觉会变得迟钝了一些，用仪器检查时，听阈会提高 10～15 dB。这种现象叫做听觉适应，是一种保护性的生理反应。

如果人们在强噪声环境停留较长一段时间后再离开噪声环境，耳朵里仍会嗡嗡作响，仍会听不见轻微的响声（例如手表的滴答声），但经过几小时或几十小时的休息后，听力会逐渐恢复原状。这种暂时性的听阈变化的现象叫做听觉疲劳。听觉疲劳时听觉器官并未受到永久性的损伤。

如果人们长期在强噪声环境下工作，听觉疲劳不能恢复原状，就会造成永久性的听阈变化。我们把听阈相应提高的分贝数叫做听力损失。例如原来能听见声压级为10 dB的声音，受噪声影响后，声压级提高到40 dB才能听见。那么听力损失就是30 dB，这时原来是60 dB的普通谈话声，听起来感到只有原来的30 dB那样响，与耳语差不多了。引起听力损失的原因是相当复杂的，它不是由于外伤，而是内耳听觉组织受损伤所致，它是神经性耳聋的一种，叫做噪声性耳聋。

为了讨论噪声对听力的影响，必须区分听力水平、噪声性听阈位移（NITS）和听力损害。

听力水平是指个人和群体的测听阈值，它与采用的测听标准有关。

噪声性听阈位移是指单独由噪声引起的听力损失，并已扣除了老年性听损（包括社会性听损）所得的值。这些值要看所收集到的老年性听损资料是在何处和是怎样收集到的，由此可能有些差异。

听力损害一般是指个体对正常生活开始感到困难，通常与理解语言有关。美国规定当频率0.5 kHz、1 kHz和2 kHz的听力损失算术均值等于和大于26 dB时才算是听力损害。

#### 1.2.2.1 噪声所引起的暂时性听阈位移（NITTS）

一个人进入一个非常吵闹的环境后就会感到一定程度的听觉敏感度损失，但是当回到安静环境后，经过一定时间就可恢复。这种现象可用测听阈值的移动来定量，并称为噪声所引起的暂时性听阈位移（NITTS）。

NITTS的恢复时间取决于听阈位移的严重程度、个体的敏感性和接触噪声的种类。假如在下一次接触噪声前还没有完全恢复，则有些损失就有可能转变成永久性的。NITTS资料已用于两种目的：①用来预测可能引起人耳永久性损害的噪声级；②用来预测噪声引起听力损失的个体敏感性。

#### 1.2.2.2 噪声所引起的永久性听阈位移（NIPTS）

典型的NIPTS通常涉及在4 000 Hz处有一个最大损失。因为这种损失是感觉神经性的。噪声性听力损失不是突然发生的而是逐渐形成的，通常需经几年时间。损失的速度和程度取决于噪声接触的强度和时间，但是个体敏感性看来对损失的速度也有很大影响。噪声引起的听力损失与衰老造成的损失是相当近似的，对这两种损失要加以鉴别虽说不是不可能，但是非常困难。

噪声性听力损失在早期往往不易被发现，因为还没有损害语言交谈的能力；当损失逐渐增大时，特别是在嘈杂的地方交谈就可能遇到困难。

除了说话声以外还有许多重要的声音，如门铃声、电话声或电磁信号声也可能使听力受到损害。随着听力损失的进一步发展，语言交谈可受到严重影响。

#### 1.2.2.3　噪声接触与听力损失之间的关系

在正常的听觉过程中，空气中传播的声音通过外耳道并引起鼓膜振动，然后此振动由中耳的听骨传到内耳的感觉器官（耳蜗）。在此处再由毛细胞将振动转换为神经冲动传到大脑作为声音或噪声而被感受到。

突发的或爆炸的和其他强烈的声音能引起耳鼓膜破裂或直接引起中耳和内耳的结构损伤。因长期接触噪声而引起的听力损失，通常与内耳的毛细胞破坏有关。噪声所引起的听力损失的严重程度，取决于柯替氏器受损伤的位置和程度，而此点又取决于声音刺激的强度和频率。一方面，声音刺激的频率愈高，受损位置愈靠近基底膜底最大振幅点，即愈靠近耳蜗的底部，因为此处的基底膜最窄。随着刺激频率的降低，此点就移向耳蜗的顶部。振幅最大处的毛细胞受到的刺激最大。耳蜗上部的大部分毛细胞对低频刺激敏感，并且即使在毛细胞损害相当广泛时，低频敏感性的损失也并不明显。另一方面，耳蜗底部很局促的部分是感觉高频声音的地方，在这些较低部位上的毛细胞的损害会引起高频敏感性的明显损失。随着噪声强度和接触时间的增加，毛细胞受损或破坏的数量也会增多，一般地说，随着毛细胞进行性损害的深入，听力逐渐下降。

虽然已经做了很多动物试验，但是柯替氏器的损伤机理至今还未完全弄清。尽管有人提出了一些看法，例如：机械压力可破坏毛细胞；因血管收缩反复引起的循环不良可减少毛细胞的正常血液供应；局部温度升高可损伤蛋白质以及反复刺激可耗尽毛细胞代谢所需的物质。

重要的事实是噪声性听力损失是属于神经性的，对内耳的损伤是不可逆的，而且这种损失往往是双侧的。

#### 1.2.2.4　职业性听力损失

事实上，一些报道都谈到，每天接触强噪声的工人，几年后，都呈现出典型的噪声性听力损失。低频听力很少见到明显的损失，而高频听力却常见到明显的损失。

研究表明，听力损失发生率的增高与噪声强度的增高常有明显关系。出现大量噪声性听力损失的组，其听力测定阈值的变化一般比未接触噪声组高。以噪声对 500 Hz、1 kHz、2 kHz、3 kHz、4 kHz、6 kHz 六个频率听力影响均值的致聋阈限为 30 dB，各工龄组的耳聋百分率如表 1-1 所示。

表 1-1 各声级、各工龄组六个频率的耳聋百分率

| 噪声级/dB \ 耳聋百分率/% \ 工龄组/年 | 10 | 20 | 30 |
|---|---|---|---|
| 80 | 0.2～2.0 | 1.5～7.9 | 0.9～7.9 |
| 85 | 0.2～2.6 | 0～3.8 | 3.3～11.3 |
| 90 | 0.5～3.1 | 0.5～3.7 | 4.0～13.6 |
| 95 | 0～2.1 | 9.2～18.0 | 13.4～34.2 |
| 100 | 8.8～18.0 | 42.0～59.8 | 65.5～83.1 |
| 105 | 22.1～50.5 | 78.9～89.5 | 73.8～93.0 |

由表 1-1 可见，噪声下连续工作 20～30 年，如噪声为 85 dB，至少有 90%的工人不发生耳聋；噪声为 90 dB，至少有 80%的工人不发生耳聋；噪声达 95 dB，就有 18%～34.2%的工人会发生耳聋；噪声达 100 dB，就有 59.8%～83.1%的工人会发生耳聋。

## 1.2.3 对睡眠的干扰

### 1.2.3.1 睡眠障碍的性质

很多人体会到睡眠障碍应归因于噪声，且已有很多研究者研究了这个问题。社会调查资料指出，睡眠障碍主要是由于环境噪声的影响。然而，在一般居民中，多大的噪声强度才能引起经常性的睡眠障碍或被吵醒，尚不清楚。噪声接触能引起入睡困难、打乱睡眠方式和吵醒睡着的人。

有研究人员通过检查睡眠期间的脑电图反应和植物神经反应的变化来对这个问题进行了详细的试验研究。这些研究很多仅检查了少数受试者，并且又是在有限的时间和试验条件下进行的。因此，在将这些结论推论到大量人群时应予以注意。

根据脑电图反应，可以将睡眠分为几个阶段。在入睡前期的松弛期，脑电图波形从迅速的不规则波形变为规则的波形 α 节律。这是睡眠阶段 1，特征为波幅和频率低而缓慢。随后进入睡眠阶段 2，波形改变为一种暴发性快波（纺锤波），混杂有单个波幅相对较高的慢波（K 综合）。30～45 min 后，进入慢波期，在脑电图中（睡眠阶段 3）出现高幅波阶段 4。大约一个半小时以后，脑电图波形类似阶段 1，但是安在眼附近的电极记录到眼迅速的运动（REM），绝大多数做梦就发生在此期间。某些研究工作者在睡眠的 REM 阶段，通过口头指令能诱导被试者产生相应的复杂的运动反应。

噪声刺激能引起脑电波形持续几秒或更久的改变。可出现 K 综合（波的频率增加），这是通过对 EEG 记录或睡眠阶段改变的密切观察才发现的。据报道，噪

声所产生的影响与睡眠阶段有关。一些研究结果表明：在睡眠的 REM 阶段，无论脉冲还是非脉冲噪声都能使觉醒阈降低。在 REM 阶段，EEG 波形发生改变的可能性最小。

噪声对睡眠的影响取决于噪声刺激的特征、睡眠者的年龄和性别、以前睡眠的具体情况、适应性和情绪等因素。

#### 1.2.3.2 噪声特征的影响

在噪声对睡眠影响的研究中，曾用各种各样的刺激，包括人造的声音以及航空（飞越噪声和声源）和陆路交通噪声。

当周围的噪声强度超过 35 dB（A）时，噪声对睡眠的影响就开始增加。声级峰值 40 dB（A）时，被吵醒的人占 5%，当达到 70 dB（A）时，就上升到 30%。如用脑电图的变化来确定睡眠障碍，则 40 dB（A）时睡眠障碍为 10%，70 dB（A）时则达 60%。同时还观察到，在噪声强度为 35 dB（A）时，睡眠良好（根据心理运动性活动的资料），而在 40 dB（A）时就出现睡眠障碍和入睡困难。当噪声更大时，受试者要用 1 h 以上的时间来入睡，而且在睡眠期间常被吵醒。

接触噪声强度为 48～68 dB（A）时，可引起睡眠脑电图波形的改变，主要表现为波形 α 节律最初受到抑制或中断。对于 70 dB（A）的声音刺激，可能性最大的反应是随着睡眠阶段的转变而被吵醒。在 50 dB（A）时，有 50%的人出现下列反应之一：（1）持续几秒的脑电图波形的轻微的改变；（2）持续达 1 min 的波形变化；（3）睡眠阶段的改变；（4）被吵醒。

关于接触噪声后，引起睡眠障碍的现场研究的数量还很有限。有文献对平民和军人在夜间接触 6～64 Pa 声压峰值的声爆做了三个月的试验。观察发现，在 60 Pa 左右时有 15%的军人出现惊醒率增高，有 56%的平民诉说睡眠受到干扰和再次入睡困难。

#### 1.2.3.3 噪声适应性的影响

人对噪声的敏感性是不一样的，例如与年龄和性别有关。累计睡眠时间对惊醒的可能性有影响。惊醒更可能发生在长时间睡眠之后，而与睡眠阶段无关。睡眠时噪声的适应性是存在的，如果睡眠时反复暴露于声刺激下，则可逐渐减少噪声对正常睡眠的干扰。

用声爆强度（室内）为 80～89 dB（A）的噪声，每晚交替刺激 2 次和 4 次，研究两个月，结果表明，在刺激的当时和刺激后不久，EEG 的波形和植物神经功能都没有发现任何适应性变化。在夜间的头 1/4 时间内（用 2 次声爆），用在最深的睡眠阶段的总时间有明显的减少，但在夜间的其余时间里（用 4 次声爆）深睡的持续时间和噪声试验前后每夜的总时间是类似的。

### 1.2.4 烦恼

#### 1.2.4.1 定义与测定

烦恼的定义是一种不愉快的感觉，这种不愉快的感觉常与个人或群体认为或确信对他们会产生有害作用的任何一种因素或条件有关。但从实际出发，常有必要将注意力集中在单一因素上，在这种情况下，应认为噪声在实际生活中仅是环境紧张因素组合中的因素之一。

烦恼常与噪声对各种活动的直接影响有关，例如干扰谈话，影响注意力集中、休息或娱乐。如机体接触噪声的强度已经干扰心理活动的变化，决定烦恼反应的产生和程度，则所有这些变化都应该在实验室进行测定或做流行病学调查，其目的是为了合理评价烦恼效应。

研究者已设计了多种测定烦恼的方法。其中一种方法是根据烦恼的程度逐个分级（从“没有烦恼”到“非常烦恼”）或采用一种数字尺度（1～7 或 1～10）来表示。那么，烦恼就能用这些反应来进行评价，或者通过另外几种与失调和活动障碍有关的分级方法来进行评定。

在实验室中对烦恼的研究包括在能控制的环境中做单个噪声的判断试验。这些研究需要限定一些能影响烦恼的声学和社会心理学因素。这些因素有噪声强度、频谱、时间性和脉冲特征、噪声传播的信息、性别、年龄、被询问者的职业以及其对噪声的态度。

#### 1.2.4.2 噪声接触与烦恼之间的关系

为了了解长期接触噪声与烦恼之间的直接关系，研究人员对接触的各种噪声进行了研究。从这些研究中得到了许多混合噪声指标，试图用来改善两者间的关系，研究应考虑的因素包括：时间（白天、晚上、深夜）、噪声源（如飞机、陆路交通、工业噪声源）以及地区的种类（如农村、郊区、商业区）。虽然在分析可能引起反应的有关数字时，常需考虑地区的种类（例如，为地面规划之用），但一般还是根据噪声源来选择适当的噪声指标。

不管测得的剂量大小如何，评价它是否正确的主要方法是通过社会调查和上面已谈到过的测定烦恼的方法。这些调查已证明接触噪声和反应均数（例如，所有接触一定噪声的询问对象的反应均数）之间的相关系数是相当高的（通常大于 0.8），这意味着噪声的大小是反应均数的有效预测值。但是，被调查者之间的个体差异是很大的，所以，接触噪声和个体烦恼之间的相关系数很低（小于 0.5）。

个体对于接触一定强度噪声的敏感性是不同的，这符合生物受环境因素的影响普遍存在差异的特点。对各种因素来说，包括各种化学因素和物理因素，不管在哪一类人群中，不断增大剂量都会使受影响的人数逐渐增多。因此，对于制定标准来说，接触各种环境因素与反应之间的关系，只能根据一组人的反应均数来确定，这个组就可作为某类人群或特别敏感组的有代表性的样本。

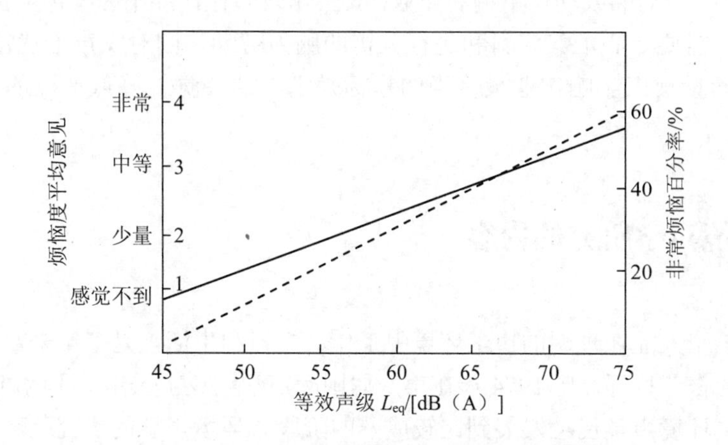


图 1-2 欧盟范围内对噪声烦恼度的调查结果

图 1-2 显示了欧盟范围内对噪声烦恼度的调查结果。图中接触噪声的坐标是用 $L_{eq}$（白天）或 $L_{dn}$（全天），因为这些变量大致相当于 24 h 工作的接触量。从图 1-2 中我们可以了解到 $L_{eq}$（白天）或 $L_{dn}$（全天）$<$55 dB（A）时，产生烦恼的人相当少，可作为一般环境噪声接触的理想目标。

### 1.2.5 对作业能力的影响

在一般情况下，当进行需要听觉信号的作业时，不管说话或者不说话，当任何强度的噪声足以掩盖或干扰对这些信号的感觉时，就可能降低作业能力。在进行不需要听觉信号的作业时，噪声对作业能力影响的评价就较为困难。文献表明，噪声能干扰或提高作业能力，但是，这种变化往往并不明显。对这个问题的可能解释似乎是对作业能力这个术语的用法不同。如已经叙述过的那样，反应的形式是多种多样的（例如：控制能力、反应速度、学习效率、记忆训练、智力测验等），都称为作业能力。

基本上，不管是脑力劳动还是体力劳动，一切作业能力都会受到噪声的不良影响。当工作变得更困难和更复杂以及增加噪声接触的时间时，这些影响可能变得更为严重。

噪声的刺激既能起分散注意力的作用，也能影响个体的心理、生理状态，其作用大小取决于刺激的强度。如发生一个生疏的声响，这是一个新奇的事件，就会分散注意力，使多种作业受到干扰。短时的或随时间变化的噪声，以及脉冲噪声，往往会引起对噪声敏感的作业短暂的后作用；如爆炸声，由于能引起惊恐反应而对作业产生破坏作用，对这种噪声人们更难以适应。

一方面，多动的或动作单调的作业，其工作效率往往并不因噪声干扰而降低。另一方面，需要专心汇集资料和进行分析的脑力劳动，则对噪声干扰特别敏感。在工业上衡量噪声影响作业最恰当的指标是工人的警觉性降低造成的工伤事故的数量。

## 1.3 环境声学研究的内容

让每一个人能在理想的声学环境中工作、学习和生活，是多年来声学工作者不断努力的奋斗目标。自 1974 年在第八届国际声学会议上采用“环境声学”这个术语以来，环境声学已经发展到比较成熟的阶段。环境声学的研究范畴大致可以概括为噪声污染的规律、噪声评价方法和标准、噪声控制技术、噪声测试技术以及噪声对人体的影响和危害等方面。

### 1.3.1 噪声污染的规律

环境噪声污染是指被测试环境的噪声级超过国家或地方规定的噪声标准限值，并影响人们的正常生活、工作或学习的声音。城市环境的主要噪声按其产生源可分为工业噪声、交通噪声、建筑施工噪声和社会生活噪声；按其产生的机理又可分为机械噪声、气流噪声和电磁噪声。

传播途径指由声源所发出的声波传播到某个区域（或接受者）所经过的路线。声波在传播过程中由于传播距离、地形变化、建筑物、树丛草坪、围墙等的影响，声能量明显衰减或者改变传播方向。

噪声污染规律的研究包括噪声辐射和传播过程中的声衰减与各有关参量的关系、噪声的时间分布和空间分布等。其研究方法有现场类比测量、理论研究、数学分析、计算机模拟和实验室缩尺声模型试验等。

### 1.3.2 噪声评价方法和标准

世界各国的声学工作者对噪声的危害和影响进行了长期的多方面的调查研究，提出了各种评价指标和方法，希望得到能确切反映主观响应的客观（物理）

评价量和相应的计算方法，以及适宜的控制值，来制定保护人体健康和保障人们正常活动的有关标准和法规。历年来提出的评价量数量众多。不同的评价量适用于不同类别的噪声源、使用场合和时段。目前，基本上得到公认的有评价人耳对不同频率和强度的声音的响度级、各种计权声级和描述噪声干扰程度的噪声指数等，其中采用最为普遍的评价量是A计权声级。

噪声的影响范围广、危害大，必须加以防治。这就需要对其加以控制。降低噪声使它对任何人都不产生损伤，在技术上是可能达到的，但是在经济上可能不能承受。究竟应当把噪声限制在什么程度，制定何种噪声标准，就需要在“危害”与“经济”之间进行综合考虑，确定一种合理的标准。在这种标准条件下，噪声对于人体的有害影响仍是存在的，只是不会产生明显的不良后果。所以这类标准实际上是一些噪声允许标准。目前，经常引用的噪声标准有《工业企业噪声卫生标准》《城市区域环境噪声标准》和工业产品噪声标准等。

### 1.3.3　噪声控制技术

环境噪声污染由声源、传声途径和接收者三个基本环节组成。因此，噪声污染的控制必须把这三个环节作为一个系统进行研究。

国际噪声控制协会曾经提出自20世纪80年代起进入“从声源控制噪声”的年代，降低声源的噪声辐射是控制噪声的根本途径。通过对声源发声机理和机器设备运行功能的深入研究，研制新型的低噪声设备；改进加工工艺以及加强行政管理均能显著降低环境噪声。

声传播途径中的控制仍是常用的降噪手段：在噪声传递的路径上，设置障碍以阻止声波的传播，铺设吸声材料增加声能损耗，或者通过反射、折射改变声波的传播方向。在噪声控制工程中经常采用的有效技术有吸声、隔声、阻尼和隔振等。常见的吸声墙面（吊顶）、声屏障、隔声门（窗）、消声器和隔振地板等，则是这些治理（控制）技术的具体应用。

接收者控制就是采用护耳器、控制室等个人防护措施来保护工作人员的健康。这类措施适宜应用在噪声级较强和受影响的人员较少的场合。

控制措施的选择可以是单项的，也可以是综合的。既要考虑声学效果并根据相关的标准确定合理的降噪指标，也要考虑实际施工条件和治理经费。力求经济合理、切实可行。

科学技术的发展，特别是数字信号处理技术的快速发展，为噪声控制提供了许多新技术、新方法、新材料和新结构。噪声和振动的有源控制，经过20世纪70年代的原理研究，现已进入工程应用阶段，并已向产品化方向发展。声强技术开始于80年代，现在已有便携式声强测量系统的市售产品。声强技术可广泛应用于现场声功率测量、振动能流传递、振源定位、声源鉴别等方面。噪声理论数值分析技术也日趋完善，目前普遍采用的是有限元法、边界元法、统计能量分析、功率流、声线跟踪法等。

### 1.3.4 噪声测试技术

为了客观评价噪声的强弱，必须进行噪声测量。噪声测量系统，不管其如何复杂和先进，都可以归纳成三个部分：接收部分、分析部分和显示（记录）部分。这三部分可以汇集成一台仪器，也可以由几台仪器连接组成。

接收部分是指传声器和前置放大器。传声器将接收到的声信号转换成电信号，要求具有动态范围宽、频率响应平坦、灵敏度高、稳定性好、电噪声低等特性。通常采用电容传声器。由于电容传声器的输出阻抗很高，为了使其后面能连接较长电缆，应在电容传声器输出端紧配前置放大器，起阻抗变换的作用。

分析部分可以分成两种不同的方式。采用模拟分析技术的装置，一般由输入放大器（附衰减器）、滤波器（计权网络）和输出放大器（附衰减器）三种电路组成。而采用数字信号分析技术的装置，则在信号采样后由数字运算（程序）来完成各种分析功能。

最简单的显示方式是将分析部分的输出信号经检波后由电表指示。现在大多采用液晶数字显示，或在显示屏上给出频谱图、表显示。记录的方式有磁带记录、电平记录和数字信号的贮存等。

声学测量中最常用的基本仪器是声级计。它是一种按一定频率计权和时间计权测量声压的仪器。声级计通常需要较长的分析时间，适用于相对稳定的连续信号。实时分析仪，特别是 20 世纪 70 年代中期发展起来的全数字式实时分析仪，具有快速分析的特点，可用于瞬态信号或迅变信号的分析。

测量方法的选定取决于噪声测量的目的和现有的仪器条件。声级计模式分析是指常用声级计可提供的分析功能，主要有各种计权声级、统计声级和频谱分析。利用数字信号处理技术，特别是采用双通道输入，就能对信号进行 FFT 分析、相关分析、相干分析、声强分析和倒频分析，求得被测系统的频率响应或脉冲响应，从而获得更为深刻全面的信息。

### 1.3.5 对人体的影响和危害

这方面的研究包括噪声的生理效应和心理效应两部分。噪声的生理效应涉及噪声对人的听觉系统、心血管系统、消化系统、神经系统和其他脏器的影响及危害。

噪声引起的心理效应主要是烦躁，包括对短时作用噪声的主观评价和影响，对低频的听觉响应和评价，以及其他能够明确反映不同主观评价的客观参量。

由于人们的生理效应和心理效应往往是由多种因素共同作用或长期积累产生的。因此，对于噪声的生理效应和心理效应的研究，一般需要坚持不懈地长期跟踪、调查，积累足够多的数据，再经反复论证、统计分析，才可能得出可靠的研究结论。

总之，环境声学是一门以声学知识为核心，涉及生理学、心理学、社会学、经济学和管理学等内容的综合学科。研究环境声学问题既要求有高度的科学性，也要求有高度的艺术性；既要关心研究成果的经济效益，更应注重研究成果的社会效益。

## 习题

1．什么样的声音称为噪声？

2．原来听起来有 65 dB 的声音，出现听力损失后，听起来只有 35 dB，问听力损失多少？耳聋的程度属哪一级？

3．噪声会诱发哪些疾病？

4．环境声学研究哪些内容？

5．通常人们所说的“三同时”，在《中华人民共和国环境保护法》中是怎样叙述的？

6．每小时行驶 88 km 的大型车辆，若这类车的比例从 20%下降到 5%，问噪声可降低多少？

# 第二章

# 声波的基础知识

## 2.1 声波及其基本概念

声音是人们日常生活中很熟悉的客观物理现象。各种各样的声音都起始于物体的振动。凡能产生声音的振动物体统称为声源。当发声体振动时就产生声音，声音通过空气传入人耳，引起耳内鼓膜振动，刺激听觉神经，产生声的感觉。因此，声音是由声源的机械振动产生的，是一种机械振动状态的传播现象，表现为一种机械波。而声音的传播总是与某种介质相联系的，因为声音不能在真空中传播，比如真空器皿中振动的铃就传不出声音。

综上所述，声源的振动状态通过周围介质向四周传播形成声波，产生声波需要两个条件，分别是：①有做机械振动的物体——声源；②有能传播机械振动的介质。

### 2.1.1 声波的形成

当能量通过波动的形式在介质中传播时会产生不同类型的波，这取决于介质中质点的运动情况。当质点的振动方向与波的传播方向垂直时就产生横波，例如光的传播和交变电流就属于横波。在空气中，声波是一种纵波，纵波的质点振动的方向与波的传播方向相同或相反，通过介质的疏密交替传播波。声音不仅可在空气中传播，也可在液体和固体中传播。例如人们潜入水中，可能听到远处石块投入水中的声音。将耳朵贴在铁轨上，能听到远处行驶在该铁轨上火车的响声等。因此，一切弹性介质都可以传播声音。

需要注意的是，纵波或横波都是通过相邻质点间的动量传递来传播能量的，而不是由物质的迁移来传播能量的。声波一个周期内流体介质的净位移为零，这是因为质点的振动速度并不是流体介质中的声传播速度。流体介质中的分子并不会远离平衡位置。例如，若向水池中投掷小石块，就会引起水面的起伏变化，一圈一圈地向外传播，但是水质点（或水中的漂浮物）只是在原位置处上下运动，并不向外移动。

此外，波也可以分为旋转波和扭转波。旋转波的粒子围绕一个共同的中心旋转，海滩上海浪的翻滚就是个生动的例子。扭转波以螺旋的方式运动，可以被认为是纵向和横向运动的矢量和。扭转波通常发生在固体物质中，通常由剪切力产生，因此也被称为剪切波。

声波的产生可用图 2-1 来说明。图中 2-1（a）中 A、B、C、D……表示连续弹性媒质被分成一个个小体积元。在微观上，每个体积元都含有大量既具有质量又具有弹性的媒质分子。在宏观上，体积元足够小，以至于各部分物理特性可看做是均匀的，因此可视为质点。

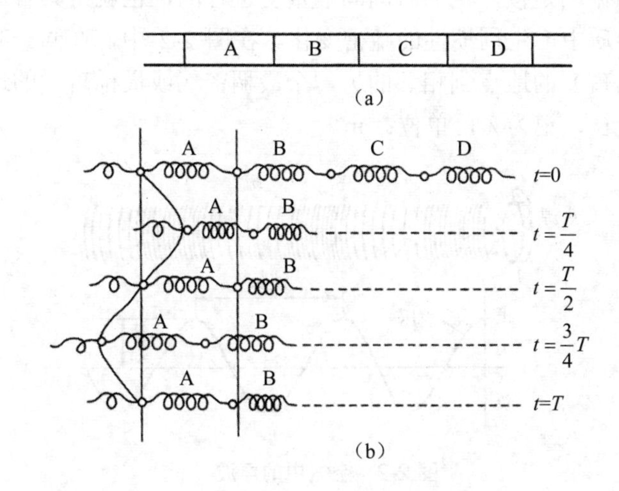


**图 2-1 声波传播的物理过程**

设想由于某种原因（例如就是前面讲到的一个物体的振动）在弹性媒质的某局部地区激发起一种扰动，使这局部地区的媒质质点 A 离开平衡位置开始运动。这个质点 A 的运动必然推动相邻媒质质点 B，亦即压缩了这部分相邻媒质，如图 2-1（a）所示。一方面，由于媒质的弹性作用，这部分相邻媒质被压缩时会产生一个反抗压缩的力，这个力作用于质点 A 并使它恢复到原来的平衡位置。另一方面，因为质点 A 具有质量也就是具有惯性，所以质点 A 在经过平衡位置时会出现“过冲”，以至于压缩了另一侧面的相邻媒质，使相邻媒质也可产生一个反抗压缩的力，从而使质点 A 又回过来趋向平衡位置。可见由于媒质的弹性和惯性作用，这个最初得到扰动的质点 A 就在平衡位置附近来回振动起来。由于同样的原因，被 A 推动了的质点 B 以至更远的质点 C，D，……也都在平衡位置附近振动起来，只是依次滞后一些时间而已。这种媒质质点的机械振动由近及远的传播就称为声振动的传播或称为声波，可见声波是一种机械波。

弹性媒质里这种质点振动的传播过程，十分类似于多个振子相互耦合形成的质量—弹簧—质量—弹簧……的链形系统中，一个振子的运动会影响其他振子也跟着运动的过程。图 2-1（b）表示振子 A 在四个不同时间的位置，其他振子也都在平衡位置附近做类似的振动，只是依次滞后一些时间。

## 2.1.2 描述声波的基本物理量

### 2.1.2.1 波长、频率和声速

如果声源的振动是按一定的时间间隔重复进行的，也就是具有周期性的，那么就会在周围媒质中产生周期性的疏密变化。在图 2-2 中，在同一时刻，从某个最稠密（或最稀疏）的地点到相邻的另一个最稠密（或最稀疏）的地点之间的距离称为声波的波长，记为$\lambda$，单位：m。

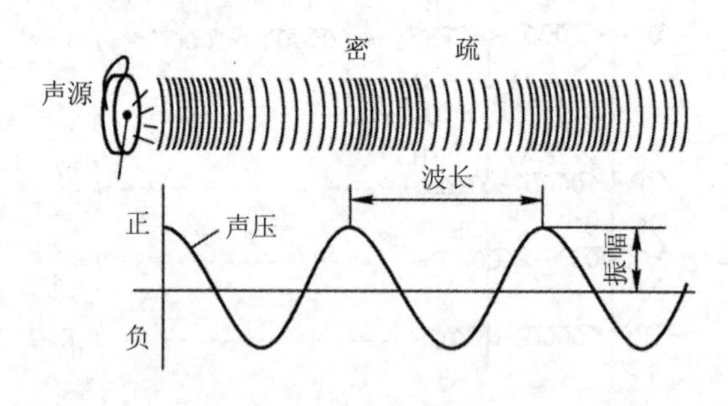


图 2-2 空气中的声波

重复振动的最短时间间隔为周期，记为 $T$，单位：s。周期的倒数称为频率，即单位时间内的振动次数，记为 $f$，单位：Hz，1 Hz=1 $s^{-1}$。周期与频率之间的关系如下式：

$$f = 1/T \tag{2-1}$$

通常把频率在 20～20 000 Hz、能引起听觉的声音振动称为音频声（实际上人的听觉一般只限于 16 000 Hz 以下的声音）。频率高于 20 000 Hz 的声音振动称为超声；低于 20 Hz 的声音振动称为次声。超声及次声一般不能引起人的听觉器官的感觉，但可借助一些仪器设备进行观察和测量。

媒质中的振动依次向外传播，传播需要一定的时间，也就是说，传播的速度是有限的。这种振动状态在媒质中的传播速度称为声速，记为$c$，单位：m/s。

波长$\lambda$、频率$f$和声速$c$是三个重要的物理量，它们之间存在如下关系：

$$\lambda = c / f \tag{2-2}$$

在空气中，声速由下式计算：

$$c = 20.05\sqrt{T} \text{ 或 } c = 331.45 + 0.61t \tag{2-3}$$

式中：$T$——热力学温度，K；

$t$——摄氏温度，℃。

声音不仅在空气中可以传播，在水、钢铁、混凝土等固体和液体中也可以传播。表 2-1 列出一些常用媒质在室温下的声速近似值。

**表 2-1　19℃时的声速近似值**

| 媒质名称 | 橡胶 | 空气 | 铅 | 水 | 混凝土 | 铜 | 玻璃 | 铝 | 钢 |
|---|---|---|---|---|---|---|---|---|---|
| 声速/（m/s） | 150 | 343 | 1 158 | 1 433 | 3 231 | 3 901 | 3 962 | 4 877 | 6 100 |

### 2.1.2.2　声压

声音来源于物体的振动，振动在弹性介质中的传播就产生了声波。声波在空间的分布叫声场。当有声波传来时，其周围的空气分子受到交替的压缩和膨胀，形成疏密相间的状态，空气分子时疏时密依次向外传递。当某部分空气变密时，这部分空气的压强增大；当某部分的空气变疏时，这部分空气的压强减小。这样，在空气传播过程中，空间各处的空气压强起伏变化，通常用 $p(t)$ 来表示压强的起伏变化量，即与静态压强的差值，称为声压。某点的压力 $p(t)$ 就随时间发生变化，产生的瞬时声压 $p(t)$ 便是总压力 $p_{总}(t)$ 与大气压 $p_0$ 之差，可正也可负：

$$p(t) = p_{总}(t) - p_0 \tag{2-4}$$

声压单位是帕斯卡（Pa），1 Pa=1 N/m$^2$。有效声压 $p$ 是瞬时声压 $p(t)$ 在相当长时间内的均方根值：

$$p = \sqrt{\frac{1}{T}\int_0^T p(t)^2 \,\mathrm{d}t} \tag{2-5}$$

当未加特别说明时，我们所说的声压都是指有效声压，有效声压的数值都是正值。

### 2.1.2.3　声能量、声能密度

声波在媒质中传播，一方面使媒质质点在平衡位置附近往复运动，产生动能；

另一方面又使媒质不断地压缩膨胀产生形变势能。这两部分能量之和就是声波传播过程中使媒质具有的声能量，记为$E$，单位：J。其对某一周期取平均，则得声能量的时间平均值。

设想在声场中有一体积元，其静态的体积为$V_0$，压强$p_0$，密度$\rho_0$。由于声扰动该体积元得到的动能为

$$\Delta E_{\mathrm{k}}=\frac{1}{2}(\rho_0 V_0)u^2 \tag{2-6}$$

式中，$u$为体积元的振动速度。此外，由于声扰动，该体积元压强由$p_0$升高到$p_0+p$，于是该体积元具有了势能

$$\Delta E_{\mathrm{p}}=-\int_{V_0}^{V} p\mathrm{d}V \tag{2-7}$$

式中，负号表示在体积元内压强和体积的变化方向相反。例如压强增加时体积将缩小，此时外力对体积元做功，使其势能增加，即压缩过程使系统储存能量；反之，当体积元对外做功时，体积元的势能会减小，即膨胀过程使系统释放能量。

经求解，体积元里的总能量为

$$\Delta E=\Delta E_{\mathrm{k}}+\Delta E_{\mathrm{p}}=\frac{V_0}{2}\rho_0(u^2+\frac{1}{\rho_0^2 c_0^2}p^2) \tag{2-8}$$

单位体积媒质中所含有的声能量称为声能密度，记为$\varepsilon$，单位：$\mathrm{J/m^3}$。该体积元的声能量密度则为

$$\varepsilon=\frac{\Delta E}{V_0}=\frac{1}{2}\rho_0(u^2+\frac{1}{\rho_0^2 c_0^2}p^2) \tag{2-9}$$

#### 2.1.2.4 声功率、声强

声波在传播过程中，对应空间某一点在单位时间内通过一个与指定方向（如声波传播方向）相垂直的单位面积的平均声能量称为声强，记为$I$，单位：$\mathrm{W/m^2}$。

在自由场中任一点的声强与声压（$p_{\mathrm{e}}$）关系如下：

$$I=\frac{p_{\mathrm{e}}^2}{\rho c} \tag{2-10}$$

式中，$\rho$为介质密度（$\mathrm{kg/m^3}$），$c$为此介质中的声速（m/s），它们的乘积称为介质的特性阻抗，这在声学中是十分有用的物理量。

声源在单位时间内向外辐射的总能量称为声功率，记为$W$，单位：W。显然，它与声强的关系如下：

$$W = \int_S I \mathrm{d}S \tag{2-11}$$

式中：$S$——包围声源的封闭面积，$m^2$。

## 2.2　声波的叠加

### 2.2.1　复杂波

在噪声控制中简单正弦波的概念缺乏实际应用价值，但是复杂周期的波形均可以拆分为两个或两个以上正弦波。在图 2-3 中，一个复杂的波形可以分解为简弦波的加和。从图 2-3 可以看出，一个谐波的频率是另一谐波频率的两倍。通常，基波的频率最低，其次是第二谐波，再次是第三谐波。通常由泵、齿轮等转动机械发出的声波为复杂的且具有周期性的波，其与散音和纯音有明显区别。这些复杂波可以分解为简单正弦波的形式。从旋转机械的分析来看，通常有 8～10 个频率为基波整数倍的谐波存在。即使是非周期的声音，如高压锅的压力阀发出的嘶嘶声、喷气式飞机发出的声音或者手持式凿岩机发出的脉动声也可以分解为简单正弦波的加和进行分析。在这些声音中由于没有与整数谐波相关联的周期声波，因此复杂波的分解不仅仅是一系列简单的波，但简单波的合成原理仍然适用。

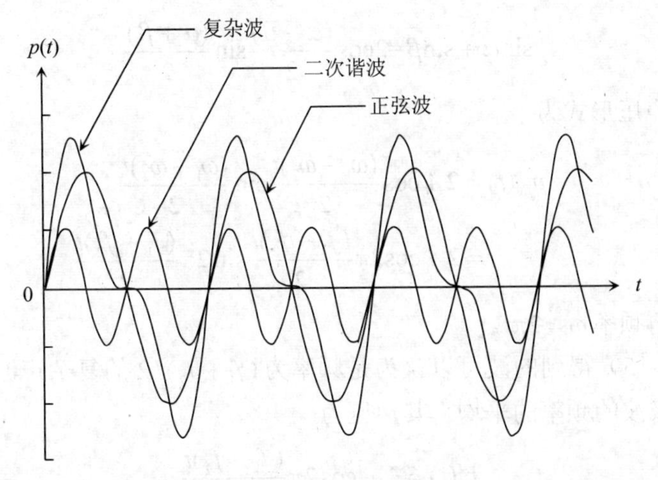


图 2-3　一个复杂波拆分为一组相关的正弦波（基波与二次谐波代数相加形成的复杂波）

复杂周期噪声源的声压可用以下公式表示：

$$\begin{aligned}p(t) &= A_1\sin(\omega t+\phi_1)+A_2\sin(2\omega t+\phi_2)+\\ &\quad A_3\sin(3\omega t+\phi_3)+\cdots+A_n\sin(n\omega t+\phi_n)\\ &=\sum_1^n A_n\sin(n\omega t+\phi_n)=\sum_1^n C_n\mathrm{e}^{i\omega t}\end{aligned} \tag{2-12}$$

式中：$A_n$——第 $n$ 个谐波的振幅；

$\phi_n$——第 $n$ 个谐波的相位角；

$C_n$——第 $n$ 个谐波的复振幅。

式（2-12）构成了傅里叶级数（傅里叶级数是由法国物理学家傅里叶开发的、用来描述复杂的函数的分析工具，用于预测潮汐）。傅里叶关于复杂波合成的概念为当代声学家提供了最强大的分析和振动工具。当两个或两个以上的声波叠加时，它们以线性的方式相加，即在任一时间的空间某点上的振幅为单独每个波振幅的代数和。由于这种叠加，一个复杂的波通常可以由几个基本的正弦波合成。其中有两种由于叠加产生的特殊的现象，即拍频和驻波，具有特别的意义。下面将分别就这两种现象进行论述。

### 2.2.2 拍频

当两个振幅相等但频率略有不同的声波发生叠加时，用 $A_0$ 表示两个波的振幅，且 $\omega_1\neq\omega_2$，则总叠加声压为：

$$p_{总}(t)=A_0(\sin\omega_1 t+\sin\omega_2 t) \tag{2-13}$$

运用三角恒等式

$$\sin\alpha+\sin\beta=2\cos\frac{(\alpha-\beta)}{2}\sin\frac{(\alpha+\beta)}{2} \tag{2-14}$$

假设总声压形式为

$$\begin{aligned}p_{总}(t) &= 2A_0\cos\frac{(\omega_1-\omega_2)t}{2}\sin\frac{(\omega_1+\omega_2)t}{2}\\ &=2A_0\cos2\pi\frac{(f_1-f_2)t}{2}\sin2\pi\frac{(f_1+f_2)t}{2}\end{aligned} \tag{2-15}$$

式中：角频率 $\omega=2\pi f$。

由式（2-15）得到的波可以认为是频率为 $(f_1+f_2)/2$ 的复杂声波，该频率正好是两个合成波的频率的平均。其声压为

$$p'(t)=2A_0\cos2\pi\frac{(f_1-f_2)t}{2} \tag{2-16}$$

当余弦中的变量为π的整数倍时，声压达到最大值，即 $2A_0$；而当余弦中的变量值为π/2 的整数倍时，声压为零，此时可有公式如下：

$$2\pi\frac{(f_1-f_2)t}{2}=\frac{(2n-1)\pi}{2}\quad(n=1,2,3,\cdots)\tag{2-17}$$

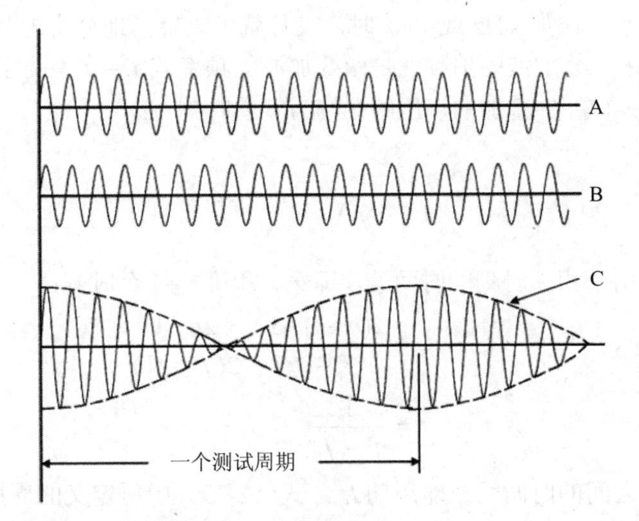


图 2-4　波 A 和波 B 具有相同振幅，频率略有不同（C 为两个正弦波 A 和 B 的叠加）

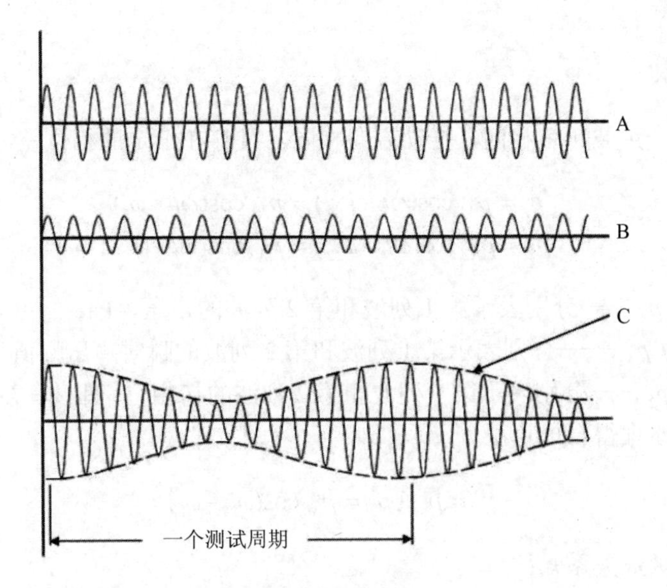


图 2-5　波 A 和波 B 的频率略有不同，且振幅不同

（波 A 和波 B 叠加产生的 C 振幅最小处不为零）

在一般情况下，两个被叠加波的幅值不相等，此时叠加波的振幅与各组成波的差别和两波的振幅之和相关，如图 2-5 所示。

图 2-4 和图 2-5 分别给出了两种情况下声压的变化过程。从图中可以看出，声波叠加后均出现周期性的振幅，而振幅周期性的变化产生有节奏跳动的声音，当频率差别很小，比如 4 Hz 或 5 Hz 时，人耳就可以轻易地分辨出节拍，即拍频。为此，调制频率或叠加波的拍频就是两叠加波的频率差 $f_1 - f_2$。为了说明这一点，首先求解式（2-17）中叠加的声压的振幅为零的时刻 $t_n$：

$$t_n = \frac{2n-1}{2(f_1 - f_2)} \quad (n = 1, 2, 3, \cdots) \tag{2-18}$$

现在考虑两个相邻时刻的时间差，即第 $n$ 和第 $n+1$ 个时刻：

$$\begin{aligned} t_{n+1} - t_n &= \frac{2(n+1)-1}{2(f_1 - f_2)} - \frac{2n-1}{2(f_1 - f_2)} \\ &= \frac{1}{f_1 - f_2} \end{aligned} \tag{2-19}$$

相邻节点之间的时间间距即周期 $T_b$，式（2-19）中所定义的周期的倒数即为拍频 $f_b$。

$$f_b = f_1 - f_2 \tag{2-20}$$

### 2.2.3 驻波

如果两个声波频率相同，振动方向相同，且存在恒定的相位差，则：

$$p_1 = p_{A1}\cos(\omega t - kx_1) = p_{A1}\cos(\omega t - \varphi_1)$$
$$p_2 = p_{A2}\cos(\omega t - kx_2) = p_{A2}\cos(\omega t - \varphi_2)$$

式中：$p_1$、$p_2$ ——分别表示第 1 列波和第 2 列波的声压，Pa；

$p_{A1}$、$p_{A2}$ ——分别表示第 1 列波和第 2 列波的瞬时声压幅值，Pa；

$\varphi_1$、$\varphi_2$ ——分别表示第 1 列波和第 2 列波的初相位，即 $\varphi_1 = kx_1$，$\varphi_2 = kx_2$。

由叠加原理得合成声压 $p_t$ 为：

$$p_t = p_1 + p_2 = p_{At}\cos(\varphi_2 - \varphi_1) \tag{2-21}$$

由三角函数关系知：

$$p_{At}^2 = p_{A1}^2 + p_{A2}^2 + 2p_{A1}p_{A2}\cos(\varphi_2 - \varphi_1) \tag{2-22}$$

$$\varphi = \tan^{-1}\frac{p_{A1}\sin\varphi_1 + p_{A2}\sin\varphi_2}{p_{A1}\cos\varphi_1 + p_{A2}\cos\varphi_2} \tag{2-23}$$

这两列频率相同波的相位差$\Delta\varphi$为：

$$\Delta\varphi = (\omega t - \varphi_1) - (\omega t - \varphi_2) = \varphi_2 - \varphi_1 = k(x_2 - x_1) \tag{2-24}$$

由式（2-24）可以看出，$\Delta\varphi$与时间$t$无关，仅与空间位置有关，因在声场中某固定点的$x_1$、$x_2$为定值，所以$\Delta\varphi$是常量。原则上对于空间不同位置，$\Delta\varphi$会有变化。这种具有相同频率和固定相位差的声波称为相干波。

当$\Delta\varphi$=0，±2π，±4π，……时，表明在声场中任一点上，两列波均以相同相位到达，则声波加强，合成声压幅值为两列波幅值之和；当$\Delta\varphi$=±π，±3π，±5π，……时，表明两列波始终以相反相位到达，则合成声压幅值为两列波幅值之差。上述两种情况说明，两列相干波在空间某些位置上的振动始终加强，在另一些位置上的振动始终减弱，此现象称为干涉现象。若两相干波在同一直线上沿相反方向进行时，当其相遇时由叠加形成的合成波成为驻波，驻波是干涉现象的特例。若$p_{A1}$=$p_{A2}$，则驻波现象最明显，此时合成声压幅值有一极大值和极小值，前者称为波腹，后者称为波节。

从能量角度考虑，合成后总声场的声能密度为：

$$\overline{D}_t = \overline{D}_1 + \overline{D}_2 + \frac{p_{A1}p_{A2}}{\rho_0 c^2}\cos(\varphi_2 - \varphi_1) \tag{2-25}$$

## 2.3　声波的频谱和频程

### 2.3.1　声波的频谱

声波的频率是声波的一个重要特性，声压或声压级的大小表示声音的响和轻，频率则表示声音音调的高和低。单一频率的声音称为纯音，听起来非常单调，如音叉敲击后发出的声音，就是单一频率的纯音。而实际生活中的声音很少是单个频率的纯音，一般多是由多个频率组合而成的复合声。因此，常常需要对声音进行频谱分析。把某一声音中所包含的频率成分，按其幅值（也可用声压级表示）或相位作为频率的函数作出分布图，成为该声音的频谱。如果声信号包含的频率成分是不连续的，则称为离散谱或线谱，在谱图上是一系列的竖线，如图 2-6（a）所示。若声信号包含某一范围内的所有频率成分，则称为连续谱，连续谱是一条连续曲线，如图 2-6（b）所示。大部分噪声属于连续谱。图 2-6（c）所示为复合谱，它是在连续谱中叠加了能量较高的线谱。这些频谱反映了声能量在各个频率处的分布特性。

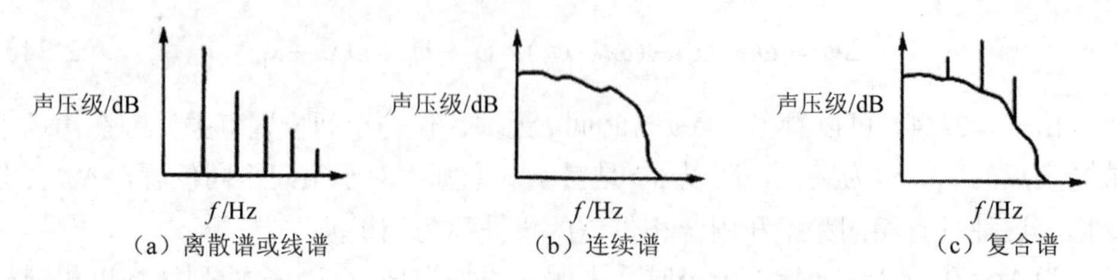


图 2-6 声音的三种频谱

## 2.3.2 频程

对于连续谱信号，要求出每一频率成分的幅值是不可能也是不必要的。从实用的要求出发，可以把某一范围的频率划分成若干小的频率段，每一段以它的中心频率为代表，然后求出声信号在各频率段的中心频率上的幅值，作为它的频谱，将这种频率段的划分称为频程。实验表明，两个不同频率的声音做相对比较时，有决定意义的是这两个频率的比值而不是它们的差值。因此，在划分频程时，往往不是把整个频率范围等分（即使每个频率段的下限频率和上限频率的差相等），而是使每一频率段的上限和下限的比值是相等的常数。

令每一频率段的上限频率 $f_2$ 和下限频率 $f_1$ 的比值为

$$\frac{f_2}{f_1}=2^n \text{ 或 } n=\log_2\frac{f_2}{f_1} \tag{2-26}$$

当 $n$=1 时，称作倍频程（1/1 倍频程）；当 $n$=2 时，称作 2 倍频程；当 $n$=1/3 时，称作 1/3 倍频程。在实际噪声测量中，倍频程和 1/3 倍频程较常用。

倍频程和 1/3 倍频程的上下限频率和中心频率列于表 2-2。

表 2-2 倍频程和 1/3 倍频程的上下限频率和中心频率

| 频率/Hz | | | | | |
|---|---|---|---|---|---|
| 倍频程 | | | 1/3 倍频程 | | |
| 下限频率 | 中心频率 | 上限频率 | 下限频率 | 中心频率 | 上限频率 |
| 11 | 16 | 22 | 14.1 | 16 | 17.8 |
| | | | 17.8 | 20 | 22.4 |
| | | | 22.4 | 25 | 28.2 |

| 频率/Hz | | | | | |
| --- | --- | --- | --- | --- | --- |
| 倍频程 | | | 1/3 倍频程 | | |
| 下限频率 | 中心频率 | 上限频率 | 下限频率 | 中心频率 | 上限频率 |
| 22 | 31.5 | 44 | 28.2 | 31.5 | 35.5 |
| | | | 35.5 | 40 | 44.7 |
| | | | 44.7 | 50 | 56.2 |
| 44 | 63 | 88 | 56.2 | 63 | 70.8 |
| | | | 70.8 | 80 | 89.1 |
| | | | 89.1 | 100 | 112 |
| 88 | 125 | 177 | 112 | 125 | 141 |
| | | | 141 | 160 | 178 |
| | | | 178 | 200 | 224 |
| 177 | 250 | 355 | 224 | 250 | 282 |
| | | | 282 | 315 | 355 |
| | | | 355 | 400 | 447 |
| 355 | 500 | 710 | 447 | 500 | 562 |
| | | | 562 | 630 | 708 |
| | | | 708 | 800 | 891 |
| 710 | 1 000 | 1 420 | 891 | 1 000 | 1 122 |
| | | | 1 122 | 1 250 | 1 413 |
| | | | 1 413 | 1 600 | 1 778 |
| 1 420 | 2 000 | 2 840 | 1 778 | 2 000 | 2 239 |
| | | | 2 239 | 2 500 | 2 818 |
| | | | 2 818 | 3 150 | 3 548 |
| 2 840 | 4 000 | 5 680 | 3 548 | 4 000 | 4 467 |
| | | | 4 467 | 5 000 | 5 623 |
| | | | 5 623 | 6 300 | 7 079 |
| 5 680 | 8 000 | 11 360 | 7 079 | 8 000 | 8 913 |
| | | | 8 913 | 10 000 | 11 220 |
| | | | 11 220 | 12 600 | 14 130 |
| 11 360 | 16 000 | 22 720 | 14 130 | 16 000 | 17 780 |
| | | | 17 780 | 20 000 | 22 390 |

## 2.4 声波方程

声场的特性可通过媒质中的声压、媒质密度变化量以及质点速度来表征。声波方程就是根据声波过程的物理性质，建立声压、密度变化量和质点速度随空间位置和时间变化的关系。

声波在传播过程中媒质应满足三个基本物理定律：牛顿第二定律、质量守恒定律和绝热压缩定律。运用牛顿第二定律，可以导出媒质的运动方程；运用质量守恒定律，可以导出连续性方程；运用绝热压缩定律，可以导出物态方程。综合以上三个方程就可导出声波方程。

为了使问题简化，对声波传播过程和媒质作出如下假定：

（1）媒质为理想流体，即媒质不存在黏滞性，声波在这种理想媒质中传播时没有能量的耗损。

（2）没有声扰动时，媒质在宏观上是静止的，即初速度为零。同时媒质是均匀的，因此媒质中静态压强 $p_0$、静态密度 $\rho_0$ 都是常数。

（3）声波传播时，媒质中稠密和稀疏的过程是绝热的，即媒质与毗邻部分不会由于声过程引起的温度差而产生热交换。也就是说，我们讨论的是绝热过程。

（4）媒质中传播的是小振幅声波，各声学参量都是一级微量，则：声压 $p$ 远小于媒质中静态压强 $p_0$，即 $p \ll p_0$；质点速度 $v$ 远小于声速 $c_0$，即 $v \ll c_0$；质点位移 $\xi$ 甚小于声波波长 $\lambda$，即 $\xi \ll \lambda$；媒质密度增量远小于静态密度 $\rho_0$，即 $\rho' \ll \rho_0$；或密度的相对增量 $s_\rho = \dfrac{\rho'}{\rho_0}$ 远小于 1，即 $s_\rho \ll 1$。

现在先考虑一维情形，即声场在空间的两个方向上是均匀的，只需考虑在一个方向，例如在 $x$ 方向上的运动。

## 2.4.1 运动方程

声场中的声压 $p$ 是空间坐标 $x$、$y$、$z$ 和时间 $t$ 的函数。即 $p = p(x,y,z,t)$，如图 2-7 所示。

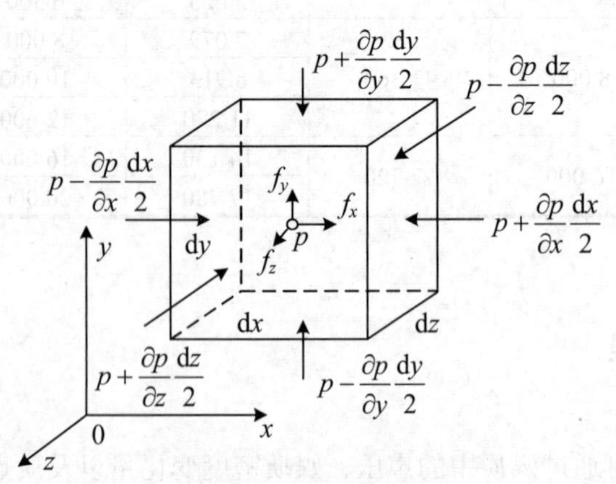


图 2-7 媒质体积元的分析示意图

以平面波为例，在声场中取一足够小的体积元。当平面声波自左向右通过时，体积元左侧面的声压为（$p-\frac{\partial p}{\partial x}\frac{\mathrm{d}x}{2}$），右侧面的声压为（$p+\frac{\partial p}{\partial x}\frac{\mathrm{d}x}{2}$）。并认为声压在作用面上分布均匀，因此作用在左侧面上的力 $F_1$ 为

$$F_1=(p-\frac{\partial p}{\partial x}\frac{\mathrm{d}x}{2})S$$

式中：$S$——体积元垂直于 $x$ 轴的侧面积，$\mathrm{m}^2$。

作用在右侧面上的力 $F_2$ 为

$$F_2=(p+\frac{\partial p}{\partial x}\frac{\mathrm{d}x}{2})S$$

作用在体积元上 $x$ 方向的合力为

$$F_1-F_2=(-\frac{\partial p}{\partial x}\mathrm{d}x)S \tag{2-27}$$

式中：$\frac{\partial p}{\partial x}\mathrm{d}x$——位置由 $x$ 到 $(x+\mathrm{d}x)$ 的声压增量。

体积元 $S\mathrm{d}x$ 的质量 $m$ 为

$$m=\rho_0 S\mathrm{d}x$$

式中：$\rho_0$——空气媒质在平衡位置时的密度，$\mathrm{kg/m^3}$。

根据牛顿第二定律可得：

$$\rho_0\frac{\partial u}{\partial t}=-\frac{\partial p}{\partial x} \tag{2-28}$$

式中：$u$——平面声波的质点振动速度；

$\frac{\partial u}{\partial t}$——平面声波的质点振动加速度。

式（2-28）即为媒质的运动方程。

同理可得

$$\left.\begin{aligned}\rho_0\frac{\partial u_x}{\partial t}&=-\frac{\partial p}{\partial x}\\ \rho_0\frac{\partial u_y}{\partial t}&=-\frac{\partial p}{\partial y}\\ \rho_0\frac{\partial u_z}{\partial t}&=-\frac{\partial p}{\partial z}\end{aligned}\right\} \tag{2-29}$$

式中：$p$——瞬时声压，Pa；

$\rho_0$——媒质的静态密度，$\mathrm{kg/m^3}$；

$\partial u_x$、$\partial u_y$、$\partial u_z$——媒质质点速度 $u$ 沿 $x$、$y$、$z$ 方向的分量，m/s。

式（2-29）称为运动方程，它把声场中声压与媒质质点的振动速度联系起来。当知道声压随距离的变化，就可计算振动速度随时间的变化，反之亦然。在三维空间中质点的运动方程是：

$$\rho_0 \frac{\partial u}{\partial t} = -\left(\frac{\partial p}{\partial x} + \frac{\partial p}{\partial y} + \frac{\partial p}{\partial z}\right) \quad 或 \quad \rho_0 \frac{\partial u}{\partial t} = -\nabla p \tag{2-30}$$

式中：$\nabla$——拉普拉斯算符，$\nabla = \frac{\partial}{\partial x} + \frac{\partial}{\partial y} + \frac{\partial}{\partial z}$。

### 2.4.2 连续性方程

连续性方程是物质不灭定律在流体质点运动中的运用。

在声场中取一固定不动的空间体积元 $S\Delta x$，空气媒质可以自由进出。体积元左侧面的空气密度为 $\rho_1$，质点速度为 $u_1$；右侧面的空气密度为 $\rho_2$，质点速度为 $u_2$。在 $\Delta t$ 时间内进入该空间的空气质量净增加量为 $(\rho_1 u_1 - \rho_2 u_2)S\Delta t$，设该空间内空气密度增加量为 $\Delta\rho$，则根据质量守恒定律可得

$$\Delta p S \Delta x = (\rho_1 u_1 - \rho_2 u_2) S \Delta t$$

$$\frac{\Delta\rho}{\Delta t} = -\frac{\Delta(\rho u)}{\Delta x}$$

当 $\Delta x \to 0$，则

$$\frac{\partial\rho}{\partial t} = -\frac{\partial(\rho u)}{\partial x} \tag{2-31}$$

因为密度 $\rho$ 在平衡值 $\rho_0$ 附近做微小变化，即 $\rho \approx \rho_0$，且速度 $u$ 也是一个微小量，所有略去高价微量后，式（2-31）可简化为

$$\frac{\partial\rho}{\partial t} = -\rho_0 \frac{\partial u}{\partial x} \tag{2-32}$$

因质量的流进和流出之差，因此单位时间单位体积内总的质量增量为

$$m = -\rho_0\left(\frac{\partial u_x}{\partial x} + \frac{\partial u_y}{\partial y} + \frac{\partial u_z}{\partial z}\right)\mathrm{d}x\mathrm{d}y\mathrm{d}z \tag{2-33}$$

流体质量的流进和流出的差值，将使体积元内密度发生变化。根据物质不灭定律，上式的 $m$ 值应该等于流体密度变化引起的增量，单位时间这一增量应为 $\frac{\partial}{\partial t}(\rho \mathrm{d}x\mathrm{d}y\mathrm{d}z)$，因此得：

$$\frac{\partial p}{\partial t}=-\rho_0(\frac{\partial u_x}{\partial x}+\frac{\partial u_y}{\partial y}+\frac{\partial u_z}{\partial z}) \quad 或 \quad \frac{\partial p}{\partial t}=-\rho_0\nabla u \tag{2-34}$$

式（2-34）称为连续性方程，它把质点振动速度与流体密度联系起来。从式中看出，流体质量进多出少时（$\nabla u$ 为负），空气“密集”，体积元 $\mathrm{d}v$ 内媒质密度增大；当流体质量进少出多时（$\nabla u$ 为正），空气“稀疏”，体积元 $\mathrm{d}v$ 内媒质密度减少。

### 2.4.3　物态方程

传声媒质在声扰动时，出现疏（膨胀）、密（压缩）的交替变化，声波通过体积元 $\mathrm{d}v$ 时，$\mathrm{d}v$ 内的压强、密度、温度都会发生变化。由于声波传播过程进行得较快，膨胀和压缩过程的周期比热传导需要的时间短得多，而且在声波传播过程中，相邻媒质间来不及进行热交换，因此声波传播的过程是绝热过程，可以运用理想气体绝热物态方程：

$$\frac{p'}{p_0}=(\frac{V_0}{V'})^\gamma \tag{2-35}$$

式中：$p_0$、$V_0$——媒质处于静态时的压强（Pa）和体积（$m^3$）；

$p'$、$V'$——有声波存在时媒质的压强（Pa）和体积（$m^3$）；

$\gamma$——定压比热与定容比热的比值，对于空气 $\gamma=1.40$。

媒质压缩或膨胀时，体积与密度成反比，上式可写成 $\frac{p'}{p_0}=(\frac{V_0}{V'})^\gamma=(\frac{\rho}{\rho_0})^\gamma$。

则有 $\frac{p+p_0}{p_0}=(\frac{\rho}{\rho_0})^\gamma$

对时间求导后，把小振幅情况下的 $\rho\approx\rho_0$ 代入，得

$$\frac{\partial p}{\partial t}=\frac{p_0\gamma}{\rho_0}\times\frac{\partial\rho}{\partial t}$$

即
$$\frac{\mathrm{d}p}{\mathrm{d}\rho}=\gamma\frac{p_0}{\rho_0} \tag{2-36}$$

对于一定密度的某种理想气体的 $\gamma\frac{p_0}{\rho_0}$ 为常数（该项为声速 $c^2$），因此得

$$\frac{\partial p}{\partial t}=c^2\frac{\partial\rho}{\partial t} \quad 或 \quad \frac{\partial p}{\partial\rho}=c^2 \tag{2-37}$$

式（2-37）为理想气体的物态方程，它描述了声场中瞬时声压随时间的变化与密度随时间变化的关系。

### 2.4.4 声波方程

将运动方程、连续性方程和物态方程联立求解并消去 $p$、$u$、$\rho$ 三个变量中的两个，即得三个基本方程合一的声波方程：

$$\frac{\partial^2 p}{\partial x^2}=\frac{1}{c^2}\cdot\frac{\partial^2 p}{\partial t^2} \tag{2-38}$$

在式（2-38）中，将一维空间推广至三维空间，也就是说声压与 $x$、$y$、$z$ 三个空间坐标都有关系，则声波方程的一般形式为

$$\frac{\partial^2 p}{\partial x^2}+\frac{\partial^2 p}{\partial y^2}+\frac{\partial^2 p}{\partial z^2}=\frac{1}{c^2}\cdot\frac{\partial^2 p}{\partial t^2} \tag{2-39}$$

对于平面波，式（2-38）的一般解为

$$p=f_1(ct-x)+f_2(ct+x) \tag{2-40}$$

式（2-40）中 $f_1$、$f_2$ 是任意函数，可以看出 $f_1(ct-x)$ 代表以声速 $c$ 向 $x$ 方向传播的波，$f_2(ct+x)$ 代表以声速 $c$ 向 $x$ 负方向传播的波。上面求得的常数 $c$ 即为声速。

$$c=\sqrt{\frac{\gamma p}{\rho}}=\sqrt{\gamma RT} \tag{2-41}$$

式中：$R$——普适气体常数，通常 $R$=8.314 J/（mol·K）；

$T$——热力学温度，K。

式（2-41）适用于任何气体。对空气，声速为

$$c=331.45+0.61t$$

式中：$t$——摄氏温度，℃。

## 2.5 声波的传播特性

### 2.5.1 惠更斯原理

在 17 世纪初期，惠更斯原理原本用于解释光学现象，但是它同样适用于声音的传播。惠更斯原理内容为：介质中，波传到的各点不论在同一波阵面还是不同波阵面上，都可看做是发射子波的波源。在任一时刻这些子波的波迹就是该时刻

的波阵面。图 2-8 基于惠更斯原理说明从时间 $t$ 到 $t+\Delta t$ 的波阵面变化。新的波阵面为以 $t$ 时刻波阵面上的点为中心，以 $c\Delta t$ 为半径的包络面。因此平面波依然为平面波，球面波成为半径不断扩大的球面波。

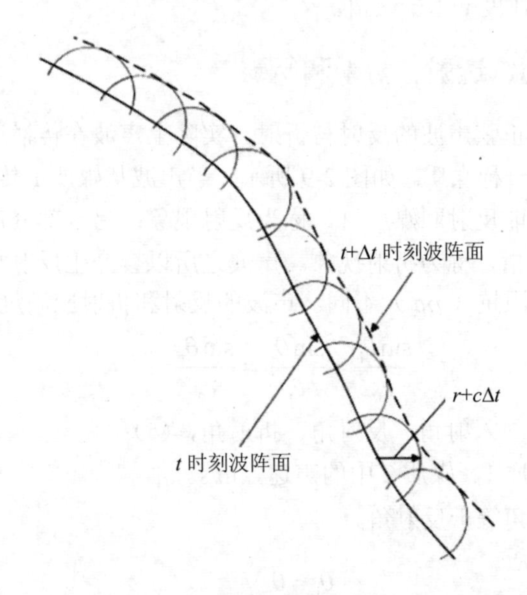


图 2-8　基于惠更斯原理的新波阵面的形成

## 2.5.2　多普勒效应

声学多普勒效应指在声源相对介质运动，观察者相对介质静止；声源相对介质静止，观察者相对介质运动；声源和观察者相对介质都运动三种情况下，观察者接收到的声波频率和声源的振动频率不相同的现象。

当声源相对介质运动时，声波的传播方式改变，导致相对介质静止的观察者所接收的声波频率发生变化。当一频率为 $f$ 的声源以速度 $v$ 接近观察者时，在单一周期 $T$（$1/f$）内声波传播距离为 $cT$，但实际一个周期传播后的信号与观察者的距离近了 $vT$。因此，最终波长，即波峰间的距离，减少为

$$\lambda = cT - vT = \frac{c-v}{f} \tag{2-42}$$

观察者最终所接收的频率已不是声源的输出频率，而是高于声源的输出频率，这是因为波长的缩短，从而得到

$$f_{\mathrm{d}} = \frac{c}{\lambda} = \frac{fc}{c-v} = \frac{f}{1-v/c} \tag{2-43}$$

这里 $f_d$ 是观察者所接收的频率。一方面，当声源以速度 $v$ 接近观察者时，观察者所接收到的频率会高于声源的原频率，为声源频率除以小于 1 的因子（$1-v/c$）。另一方面，当声源远离观察者时，观察者所接收到的频率会低于声源的原频率，因为在式（2-43）中速度 $v$ 为一负值。

### 2.5.3 声波的反射、透射、折射和衍射

这里仅讨论平面正弦声波的反射与折射。实际上声波在传播过程中会遇到的各种障碍物，可视为一种媒质。如图 2-9 所示，当声波从媒质 1 传播到媒质 2 时，在分界面上一部分声能反射回媒质 1，称为反射现象；另一部分声能穿过界面在媒质 2 中继续向前传播，称为折射现象。声波之所以会产生反射与折射现象，是因为两种媒质的特性阻抗（ $\rho c$ ）不同。声波的反射和折射应满足如下定律

$$\frac{\sin\theta_i}{c_1}=\frac{\sin\theta_r}{c_1}=\frac{\sin\theta_t}{c_2} \tag{2-44}$$

式中：$\theta_i$、$\theta_r$、$\theta_t$——入射角、反射角、折射角，（°）；

$c_1$、$c_2$——媒质 1、媒质 2 中的声速，m/s。

反射定律：入射角等于反射角。

$$\theta_i=\theta_r$$

折射定律：入射角的正弦与折射角的正弦之比等于两种媒质中声速之比。

$$\frac{\sin\theta_i}{\sin\theta_t}=\frac{c_1}{c_2} \tag{2-45}$$

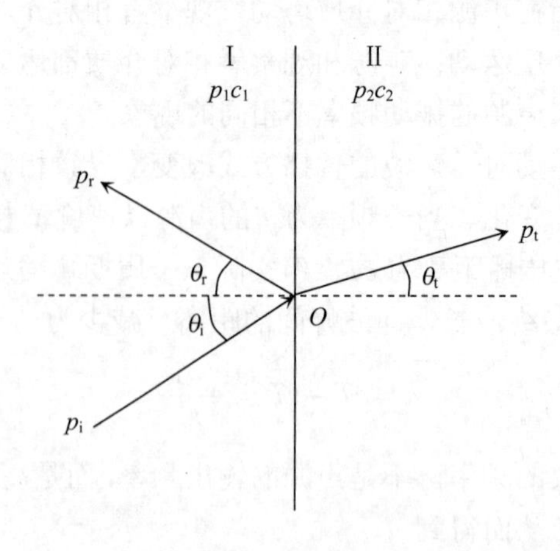


图 2-9 声波的反射和折射

由上式可知，当$c_1>c_2$时，则$\theta_t<\theta_i$；当$c_1<c_2$时，则$\theta_t>\theta_i$。也就是声波从声速较大的媒质折入到声速较小的媒质中时，折射线折向法线；反之，声波从声速较小的媒质折入到声速较大的媒质中时，折射线折离法线。地面上大气中各层的温度不同，声速也不同，因而当声波在大气中传播时就会出现射线向上或向下弯曲。

通常衡量媒质反射、折射性能的有声压反射系数、声压折射（或透射）系数。声压发射系数即反射声压与入射声压之比；声压折射（或透射）系数即折射声压与入射声压之比。

## 2.6　声音的度量和分贝的计算

### 2.6.1　分贝的定义

对于 1 000 Hz 的声音，人耳刚能感觉到的声强为 $10^{-12}$ W/m$^2$，声压是 $2\times10^{-5}$ Pa，人耳能够承受的最大声强为 1 W/m$^2$，声压是 20 Pa，即人耳能够感觉到的声音的强弱范围非常大。对这样的一个强度范围，在表述和使用时很不方便，为此在声学的计量中引入“级”的概念。

在声学中，一个物理量的级的定义是某个量和基准量（或称参考量）之比的对数。

实际上，“级”代表的是人对声音的主观反映。在视觉上，由于背景的不同，往往一样高的物体给人的感觉好像不一样高；把人的感觉强弱与原有的背景相关的这种普遍性是一个叫韦伯的人总结出来的，所以叫做韦伯定理。对声学而言，也有同样的情况。人的耳朵对声音响度的感觉，与强度的对数成正比，而不是单纯地与强度刺激本身成正比。以我们手的感觉为例，在手里什么都没有的情况下，放一个粉笔头上去，就能很容易地感觉到；但是如果先给他放上一块砖头，然后再轻轻地放一个粉笔头在上面，可能就很难感觉到了。这是因为背景原来有了一个砖头在那里。这样的一个关系写成公式就是，感觉和变化量成正比，同时还和原来的基础量成反比，这个关系两边求积分，得到的就是对数。所以说声音的强度不是用线性量来描述的，而是用这样的一个变化量与基础量的比值的以 10 为底的对数值描述的，单位是贝[尔]（B），以纪念发明家贝尔。而常用的单位为分贝[尔]（其值为贝[尔]的 1/10），简称分贝（dB）。

### 2.6.2　声强级、声压级和声功率级

噪声强弱的客观量度用声压、声强和声功率等物理量来表示。声压和声强反

映声场中声的强弱，声功率反映声源辐射噪声本领的大小。声压、声强和声功率等物理量的变化范围非常宽广，在实际应用中一般采用对数标度，以分贝（dB）为单位，分别用声压级、声强级和声功率级等无量纲的量来度量噪声。当空间存在多个噪声源时，空间总的声场强度将按能量叠加原理来计算。

#### 2.6.2.1 声强级

声强级 $L_I$ 定义为某声强 $I$ 与基准声强 $I_0$ 之比的常用对数乘以 10，以分贝（dB）计，即

$$L_I = 10\lg\frac{I}{I_0} \tag{2-46}$$

式中：基准声强 $I_0=10^{-12}\ \mathrm{W/m^2}$，它是 1 000 Hz 声音的听阈声强。

#### 2.6.2.2 声压级

对压力而言，因为能量和压力的平方成正比，所以声压级定义为某声压 $p$ 与基准声压 $p_0$ 之比的常用对数乘以 20，以分贝（dB）计，即

$$L_p = 20\lg\frac{p}{p_0} \tag{2-47}$$

式中：基准声压 $p_0=2\times10^{-5}$ Pa，它是人耳刚能听到的声压，即听阈声压。痛阈声压是 20 Pa。这样，听阈声压级为 0 dB，痛阈声压级为 120 dB。

在空气中，同一列波的声压级与声强级在数值上几乎相等。

#### 2.6.2.3 声功率级

声功率级的定义为某声功率 $W$ 与基准声功率 $W_0$ 之比的常用对数乘以 10，以分贝（dB）计，即

$$L_W = 10\lg\frac{W}{W_0} \tag{2-48}$$

式中：基准声功率 $W_0=10^{-12}$ W。

### 2.6.3 分贝的运算

一般情况下，噪声是由不同频率、无恒定相位差的声波组成的，因此不会产生干涉现象，在有几个噪声源同时存在的情况下，可计算出声场中某点的总声压级。

假设一个声源在空间某点产生的声压级是 $L_{p1}$，另一个声源在同一点产生的声压级是 $L_{p2}$，则这点的总声压级为 $L_{p\mathrm{T}}$。

根据声能量叠加的原理可得：

$$p_T^2 = p_1^2 + p_2^2 \tag{2-49}$$

根据声压级的定义进行逆运算可得：

$$p_i^2 = p_0^2 \times 10^{0.1L_{pi}} \tag{2-50}$$

将式（2-50）代入式（2-49）则得：

$$p_T^2 = p_0^2(10^{0.1L_{p1}} + 10^{0.1L_{p2}}) \tag{2-51}$$

于是可得总声压级：

$$L_{p_T} = 10\lg(10^{0.1L_{p1}} + 10^{0.1L_{p2}}) \tag{2-52}$$

对于有多个声源存在的情况，总声压级可表示为

$$L_{p_T} = 10\lg(\sum 10^{0.1L_{pi}}) \tag{2-53}$$

**例 2-1**　在某测点处测得一台噪声源的声压级如下表所示，试求测点处的总声压级。

| 中心频率/Hz | 63 | 125 | 250 | 500 | 1 000 | 2 000 | 4 000 | 8 000 |
|---|---|---|---|---|---|---|---|---|
| 声压级/dB | 84 | 87 | 90 | 95 | 96 | 91 | 85 | 80 |

解：按式（2-53）计算

$$\begin{aligned} L_p &= 10\lg(10^{8.4} + 10^{8.7} + 10^{9.0} + 10^{9.5} + 10^{9.6} + 10^{9.1} + 10^{8.5} + 10^{8.0}) \\ &= 10\lg 10^8 + 10\lg(10^{0.4} + 10^{0.7} + 10^{1.0} + 10^{1.5} + 10^{1.6} + 10^{1.1} + 10^{0.5} + 1) \\ &= 100.2\ \text{dB} \end{aligned}$$

**例 2-2**　两台机器在某测点处的声压级均为 87 dB，请问总声压级是多少？

解：用式（2-53）计算

$$L_{p_T} = 87 + 10\lg 2 = 87 + 3 = 90\ \text{dB}$$

从例 2-2 看出，两个相同声压级声波叠加的总声压级仅比原值增加 3 dB，而不是增加一倍。

分贝相加还可利用图和表进行计算，图和表是通过式（2-53）推导出的。设两声压级 $L_{p_1}$ 和 $L_{p_2}$，并且 $L_{p_1} > L_{p_2}$，$L_{p_1} - L_{p_2} = \Delta L_p$，则

$$L_{p_2} = L_{p_1} - \Delta L_p$$

按式（2-53），则有

$$L_{p_T}=10\lg\left[10^{0.1L_{p_1}}+10^{0.1(L_{p_1}-\Delta L_p)}\right]$$
$$=L_{p_1}+10\lg(1+10^{-0.1\Delta L_p}) \tag{2-54}$$

设

$$\Delta L_p'=10\lg(1+10^{-0.1\Delta L_p})=10\lg\left[1+10^{-0.1(L_{p_1}-L_{p_2})}\right] \tag{2-55}$$

从式（2-55）看出 $\Delta L_p'$ 仅是已知量 $L_{p_1}-L_{p_2}$ 的函数，故可用 $L_{p_1}$ 与 $L_{p_2}$ 之差计算出 $\Delta L_p'$，总声压级即可按下式计算

$$L_{p_T}=L_{p_1}+\Delta L_p' \tag{2-56}$$

若设一系列的 $L_{p_1}$ 与 $L_{p_2}$ 之差值，可得到一系列对应的 $\Delta L_p'$，其值见表 2-3 和图 2-10。

表 2-3 分贝和的附加值

| $\Delta L_p$ | 0 | 1 | 2 | 3 | 4 | 5 | 6 | 7 | 8 | 9 | 10 | 11、12 | 13、14 | 15 以上 |
|---|---|---|---|---|---|---|---|---|---|---|---|---|---|---|
| $\Delta L_p'$ | 3 | 2.5 | 2.1 | 1.8 | 1.5 | 1.2 | 1.0 | 0.8 | 0.6 | 0.5 | 0.4 | 0.3 | 0.2 | 0.1 |

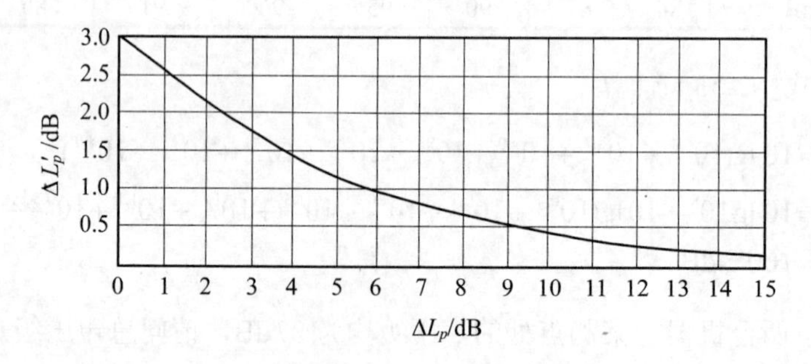


图 2-10 分贝相加曲线

用图或表计算分贝和的步骤是：①把要相加的分贝值从大到小排列，按从大到小的顺序进行计算。②用第 1 个分贝值减第 2 个分贝值得 $\Delta L_p$。③由 $\Delta L_p$ 查图或表得 $\Delta L_p'$，然后按 $L_{pT}=L_{p1}+\Delta L_p'$ 计算出第 1、2 个分贝值之和。④用第 1、2 个分贝和之值再与第 3 个分贝值相加，依次加下去，直到两分贝之差大于 10 dB，可停止相加，此时得到的分贝和即为所求。

**例 2-3** 用图或表计算例 2-1 中所给数据的分贝和。

解：把分贝值从大到小排列，然后计算。

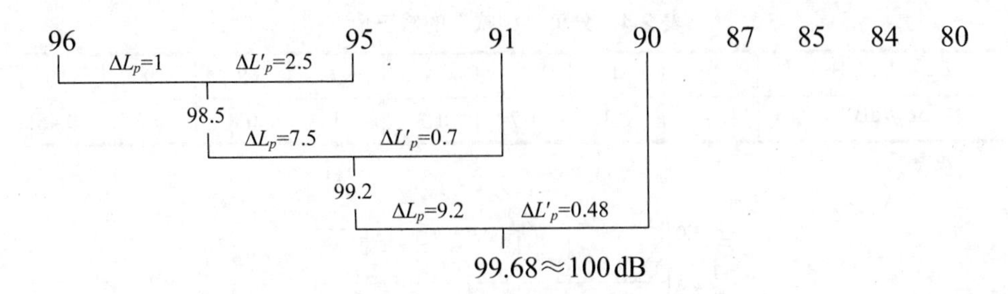


计算结果 99.68 dB 与 87 dB 相差已大于 10 dB，附加值小于 0.3 dB，可忽略不计。计算结果可四舍五入得到 100 dB，该值与例 2-1 的 100.2 dB 相差甚微，可见只要 $\Delta L_p>10\,\text{dB}$，就可以不再计算较小的 dB 值，从而不会影响总声压级的计算。

## 2.6.4　分贝的“相减”

本底噪声（除待测噪声以外，其他声音的总称）亦称背景噪声。在有本底噪声的环境里，被测对象的噪声是无法测定的，只能测到机器运转的声压级与机器停止运转时的本底噪声声压级的二者之和。如何才能从测量结果中扣去本底噪声，从而得到机器真实的声压级呢？这就涉及分贝“相减”的运算。

若设背景噪声的声压级为 $L_{p\mathrm{B}}$，背景噪声和机器噪声的总声压级为 $L_{p\mathrm{T}}$，则机器真实的声压级为 $L_{ps}$。

由式（2-53），则得

$$L_{p_\mathrm{T}}=10\lg\left[10^{0.1L_{ps}}+10^{0.1L_{p\mathrm{B}}}\right] \tag{2-57}$$

解式（2-57）得

$$L_{ps}=10\lg\left[10^{0.1L_{p\mathrm{T}}}-10^{0.1L_{p\mathrm{B}}}\right] \tag{2-58}$$

除可以用式（2-58）来计算分贝“相减”外，还可用图或表进行计算。若设修正值

$$\Delta L_{ps}=L_{p\mathrm{T}}-L_{ps} \tag{2-59}$$

将式（2-58）代入式（2-59），并经整理得

$$\Delta L_{ps}=-10\lg(1-10^{0.1(L_{p\mathrm{B}}-L_{p\mathrm{T}})}) \tag{2-60}$$

由式（2-60）看出，$\Delta L_{ps}$ 由可测量的 $L_{p\mathrm{T}}$ 和 $L_{p\mathrm{B}}$ 的差值计算得到，这时 $L_{ps}$ 按式(2-59)即可求出。表 2-4 和图 2-11 表示出 $L_{p\mathrm{T}}$ 与 $L_{p\mathrm{B}}$ 各差值所对应的修正值 $\Delta L_{ps}$。

表 2-4 分贝“相减”的修正值

| $L_{pT}-L_{pB}$/dB | 3 | 4 | 5 | 6 | 7 | 8 | 9 | 10 |
|---|---|---|---|---|---|---|---|---|
| $\Delta L_{ps}$/dB | 3 | 2.3 | 1.7 | 1.3 | 1 | 0.8 | 0.6 | 0.45 |

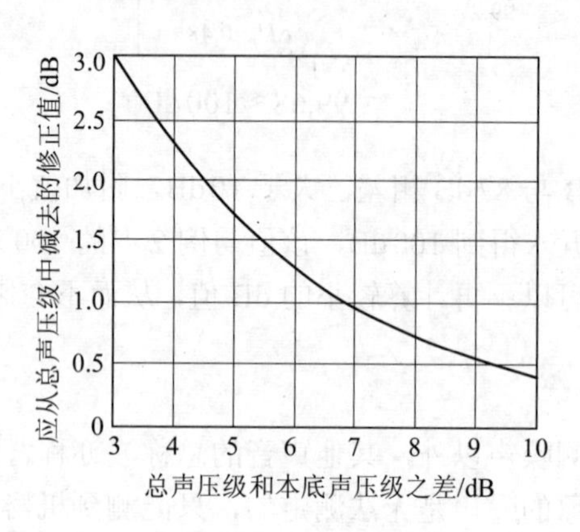


图 2-11 分贝减法计算图

**例 2-4** 在某点测得机器运转时声压级为 90 dB，当机器停止时声压级为 86 dB，求机器真实的声压级。

解：由题可知，背景噪声为 86 dB，机器和背景噪声叠加的声压级为 90 dB。用图或表计算得：

$$L_{pT}-L_{pB}=90-86=4\ \text{dB}$$

查图 2-11 或表 2-4 得 $\Delta L_{ps}=2.3\ \text{dB}$，则机器真实的声压级为

$$L_{ps}=90-2.3=87.7\ \text{dB}$$

## 2.6.5 分贝的平均

在计算指向性指数时，需要计算平均声压级。对于一点多次测量的结果，也需要计算平均声压级。这些都涉及分贝平均的计算问题。分贝的平均是以分贝和的公式为基础来进行计算，计算式如下：

$$\overline{L}_p=10\lg\left(\frac{1}{n}\sum_{i=1}^{n}10^{0.1L_{pi}}\right)\ \text{或}\ \overline{L}_p=10\lg\sum_{i=1}^{n}10^{0.1L_{pi}}-10\lg n \qquad (2\text{-}61)$$

式中：$\overline{L}_p$——几个声压级的平均值，dB；

$L_{pi}$——第 $i$ 个声压级，dB。

**例 2-5**　试求下列测量值 $L_{p1}=100\ \text{dB}$、$L_{p2}=98\ \text{dB}$、$L_{p3}=95\ \text{dB}$、$L_{p4}=97\ \text{dB}$ 的平均声压级。

解：按式（2-61）进行计算

$$\begin{aligned}\overline{L}_p &= 10\lg\left[\frac{1}{4}(10^{10}+10^{9.8}+10^{9.5}+10^{9.7})\right]\\ &= 90+7.9\\ &= 97.9\ \text{dB}\end{aligned}$$

如果待平均的各分贝值中，最大值与最小值之差等于或小于 10dB，则在实际运算中，常采用近似计算。当最大值 $L_{p\max}$ 与最小值 $L_{p\min}$ 之差小于或等于 5dB 时，即 $L_{p\max}-L_{p\min}\leqslant 5\ \text{dB}$，平均值 $\overline{L}_p$ 可用算术平均值做近似计算，即

$$\overline{L}_p = \frac{1}{n}\sum_{i=1}^{n} L_{pi} \tag{2-62}$$

当 $5\ \text{dB}\leqslant(L_{p\max}-L_{p\min})\leqslant 10\ \text{dB}$，则

$$\overline{L}_p = (\frac{1}{n}\sum_{i=1}^{n} L_{pi})+1 \tag{2-63}$$

**例 2-6**　运用例 2-5 数据，采用近似计算法，计算声压级平均值。

解：因为 $L_{p\max}-L_{p\min}=100-95=5\ \text{dB}$，故采用式（2-62）计算。

$$\overline{L}_p = \frac{1}{4}(100+98+95+97)=97.5\ \text{dB}$$

上述结果与例 2-5 计算结果相差甚微。

本节均以声压级推导出分贝的计算公式，只因推导时是以能量叠加原理为基础，并且所得公式又与基准的选择无关，故本章所列的分贝和、分贝“相减”、分贝平均的计算公式、图和表，均可适用于声强级和声功率级，而不仅局限于声压级。

## 2.7　声波在户外的传播规律

### 2.7.1　扩散引起的衰减

声源在辐射噪声时，声波向四面八方传播，波阵面随距离增加而增大，声能分散，因而声强将随传播距离的增加而衰减。这种由于波阵面扩展而引起声强减弱的现象称为扩散衰减。

（1）点声源

假如声源尺寸比其波长小得多，则可以把此声源作为点声源。点声源辐射的声波以声源为中心，按球面波的方式向四面八方扩散。点声源的波阵面是球形表面，因而是球面波。

球面波的声压与离开声源的距离成反比，声强与距离的平方成反比。声压级 $L_p$ 与球面波距离衰减的关系为

$$L_{p_2} = L_{p_1} - 20\lg\frac{r_2}{r_1} \tag{2-64}$$

式中：$L_{p_2}$ ——离声源 $r_2$ 处的声压级，dB；

$L_{p_1}$ ——离声源 $r_1$ 处的声压级，dB。

从式（2-64）可以看出，在自由场或半自由场中，当 $r_2=2r_1$ 时，声压级降低 6 dB，即离声源的距离加倍时，声压级降低 6 dB。

此外，声压级 $L_p$ 与声功率级 $L_W$ 随球面波距离衰减的关系为

$$L_p = L_W - 20\lg r - K \tag{2-65}$$

式中：$L_W$ ——声源的声功率级；

$r$ ——距声源中心的距离；

$K$ ——修正值，对自由空间 $K = 10\lg 4\pi = 10.9$，对半自由空间 $K = 10\lg 2\pi = 7.9$。

如果声源具有指向性，则

$$L_p = L_W - 20\lg r - K + 10\lg Q \tag{2-66}$$

式中：$Q$ ——声源的指向性因数。

（2）线声源

线声源可以认为是由大量的分布在同一条直线上且十分靠近的点声源所组成的，如马路上接连不断行驶的汽车噪声和一列火车的噪声等。线声源所发出的声波是一个柱面波。柱面波的声强与到柱面轴线的距离成反比。

在自由声场中，对无限长的线声源，其声压级随距离的衰减量为

$$L_{p_2} = L_{p_1} - 10\lg\frac{r_2}{r_1} \tag{2-67}$$

若是有限长的线声源，如图 2-12 所示，设其声源长度为 $l$，则声压级随距离的衰减分两种情况：

①当 $r_2 \leqslant l/\pi$ 时，声压级随距离的衰减量近似于无限长线声源，即距离增加一倍衰减 3 dB。

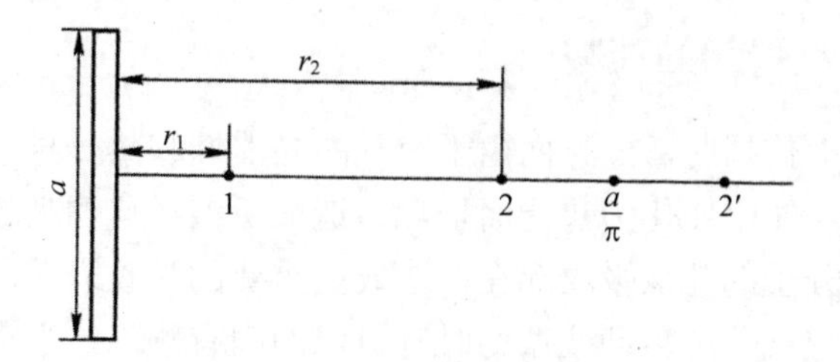


图 2-12　有限长线声源的距离衰减

②当 $r_2 > l/\pi$ 时，声压级随距离的衰减量可按近似于点声源的衰减考虑，即距离增加一倍衰减 6 dB。

$$L_{p_1} - L_{p_2} = 10\lg\frac{l/\pi}{r_1} + 20\lg\frac{r_2}{l/\pi} \tag{2-68}$$

（3）面声源

设声源为一个矩形面声源，如图 2-13 所示，其矩形面的边长为 $a$、$b$（$a<b$），离开声源中心的距离为 $r_2$，其声压级随距离的衰减可按如下三种情况考虑：

①当 $r_2 \leqslant (a/\pi)$ 时，声压级衰减值为 0 dB 。声源发射的是平面波，故在面声源附近，距离虽变化，而声压级并无变化。

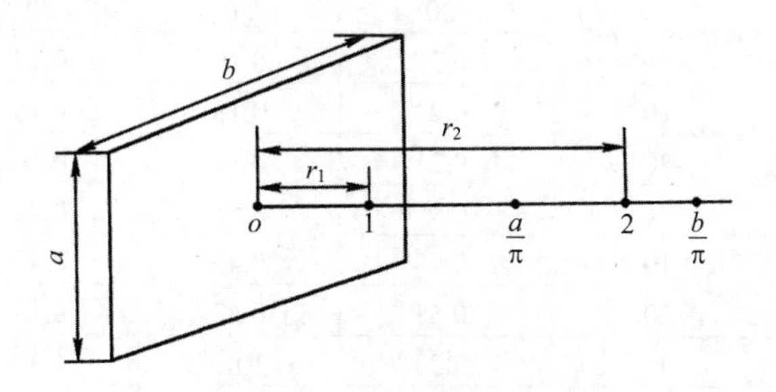


图 2-13　面声源的距离衰减

②当 $(a/\pi) < r_2 < (b/\pi)$ 时，声压级随距离衰减量按无限长的线声源考虑，即距离增加一倍衰减 3 dB。

$$L_{p_1} - L_{p_2} = 10\lg\frac{r_2}{a/\pi} \tag{2-69}$$

③当 $r_2 \geqslant (b/\pi)$ 时，声压级随距离衰减量可按点声源考虑，即距离增加一倍衰减 6 dB。

$$L_{p_1} - L_{p_2} = 10\lg\frac{b/\pi}{a/\pi} + 20\lg\frac{r_2}{b/\pi} \tag{2-70}$$

### 2.7.2 空气吸收引起的衰减

声波在大气中传播时，一方面由于空气的黏滞性和热传导性，在压缩与膨胀过程中，一部分声能因转化为热能而损耗，造成所谓经典的吸收衰减；另一方面由于声波传播时分子的弛豫吸收存在，造成更重要的吸收衰减。造成空气分子弛豫吸收的原因是空气分子转动或振动时有自己的固有频率，当声波的频率接近这些固有频率时，要发生能量转换。而能量交换过程都有滞后现象，即所谓弛豫现象。它导致声速改变，声能则被吸收。

声波的吸收衰减大小与声波的频率和空气的压力、温度、湿度有关。表 2-5 给出了空气吸收引起的在标准大气压下离开声源每 100 m 距离的声源衰减量。由表 2-5 可以看出，高频噪声比低频噪声衰减得快。这是因为高频声波振动快，空气媒质作疏密变化次数频繁，故声能被媒质消耗也就大。由此可知高频噪声是传不远的。从远处传来的强噪声，例如飞机声、炮声都比较低沉，而只有靠近这些声源时，尖叫刺耳的高频噪声才能听见。

表 2-5 空气吸收引起的声音衰减 单位：dB/100 m

| 频率/Hz | 温度/℃ | 相对湿度/% | | | |
|---|---|---|---|---|---|
| | | 30 | 50 | 70 | 90 |
| 500 | 0 | 0.28 | 0.19 | 0.17 | 0.16 |
| | 10 | 0.22 | 0.18 | 0.16 | 0.15 |
| | 20 | 0.21 | 0.18 | 0.16 | 0.14 |
| 1 000 | 0 | 0.96 | 0.55 | 0.42 | 0.38 |
| | 10 | 0.59 | 0.45 | 0.40 | 0.36 |
| | 20 | 0.51 | 0.42 | 0.38 | 0.34 |
| 2 000 | 0 | 3.23 | 1.89 | 1.32 | 1.03 |
| | 10 | 1.96 | 1.17 | 0.97 | 0.89 |
| | 20 | 1.29 | 1.04 | 0.92 | 0.84 |
| 4 000 | 0 | 7.79 | 6.34 | 4.45 | 3.43 |
| | 10 | 6.58 | 3.85 | 2.76 | 2.28 |
| | 20 | 4.12 | 2.65 | 2.31 | 2.14 |
| 8 000 | 0 | 10.54 | 11.34 | 8.90 | 6.84 |
| | 10 | 12.71 | 7.73 | 5.47 | 4.30 |
| | 20 | 8.27 | 4.67 | 3.97 | 3.63 |

对空气吸收引起的衰减量也可以用下面的简化公式计算：

$$A_a = 7.4(\frac{f^2 r}{\phi})10^{-8} \quad (2\text{-}71)$$

式中：$A_a$——温度为 20℃时的噪声衰减量，dB；

$f$——噪声频率，Hz；

$r$——传播距离，m；

$\phi$——空气相对湿度，%。

$$A'_a = \frac{A_a}{1 + \beta \Delta t f} \quad (2\text{-}72)$$

式中：$A'_a$——不同温度时的噪声衰减量，dB；

$\Delta t$——温度与 20℃相差的数值，℃；

$\beta$——常数，$\beta = 4 \times 10^{-6}$。

空气吸收引起的噪声衰减，特别是低频率时，对温度变化不太灵敏，而对其影响最大的是空气湿度。

### 2.7.3 地面吸收引起的衰减

当声波沿地面传播较长距离时，地面的声阻抗对传播将有较大影响。一方面，各种地面条件，如宽阔的公路路面、大片的草地、森林、起伏的丘陵、河谷等有不同的影响；另一方面，声源和接收的高度不同，影响也不同。

当地面为非刚性表面时，会对声波传播有附加的衰减，但一般在较近的距离内，如 30～50 m，这个衰减可以忽略。在 70 m 以上，可以考虑以单位距离衰减的 dB 数来表示。

声波在厚的草原上面或穿过灌木丛的传播，在 1 000 Hz 衰减较大，可高达 25 dB/100 m，并且频率每增加一倍，每 100 m 衰减大约增多 5 dB。附加衰减量可由下式近似计算：

$$A_{g1} = (0.181 \lg f - 0.31)r \quad (2\text{-}73)$$

式中：$f$——频率，Hz；

$r$——传播距离，m。

声波穿过树林或森林的传播实验表明，不同树林的衰减相差很大。从浓密的常绿树树冠 1 000 Hz 时有 23 dB/100 m 的附加衰减，到地面上稀疏的树干只有 3 dB/100 m 甚至更小的附加衰减。树干对高频率的声波起散射作用；而树叶的周长接近和大于声波波长时，会有较大的吸收作用。若对各种树木求一个平均的附加衰减，大致为

$$A_{g2}=0.01f^{\frac{1}{3}}r \tag{2-74}$$

绿化带的降噪效果与林带宽度、高度、位置、配置以及树木种类等有密切关系。结构良好的林带，有明显的降噪效果。例如，有研究结果表明，40 m 宽的结构良好的林带，可以降低噪声 10～15 dB。

总的来说，即使绿化带不是很宽、衰减声波的作用不明显，也会对人的心理产生重要的作用，它能给人以宁静的感觉。

### 2.7.4 气象条件对声传播的影响

空气中的尘粒、雾、雨、雪等对声波的散射会引起声能的衰减，但这种因素引起的衰减量很小，大约每 100 m 衰减不到 0.5 dB，因此可以忽略不计。

风速和温度梯度的存在，对声音传播的影响很大，现分别分析如下：

（1）温度梯度对声波的折射

当空气中温度不均匀时，空气密度也会不均匀。温度高的地方，空气密度小，为波疏媒质；温度低的地方，空气密度大，为波密媒质。声音经过不同密度的媒质，在传播过程中会发生偏折。按几何声学的原理，声音从波疏媒质向波密媒质传播的时候，声线将向法线靠近；从波密媒质向波疏媒质传播的时候，声线将离开法线。

图 2-14 表示由温度梯度引起的声波的折射。夜间空气温度随着高度增加而增高，因此高处的空气密度较小，声音由下向上传播时，相当于从波密媒质向波疏媒质传播，声线离开法线向外侧偏折；由上向下传播时，相当于从波疏媒质向波密媒质传播，声线向内偏折，如图 2-14（a）所示。白天正好相反，如图 2-14（b）所示，这时候在地面附近声音向上偏折，形成“声影区”，即因为折射而传播不到直达声应该到达的区域。这可以解释晴天日间声音沿地面传播不远，而夜间可以传播很远的现象。

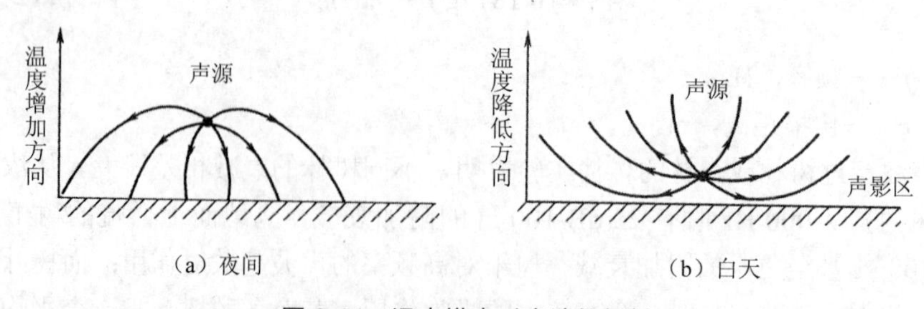


图 2-14　温度梯度对声波的折射

（2）风速对声波折射的影响

声波的折射也可以用声音传播的速度来解释，声音在波疏媒质中传播的速度要大于在波密媒质中的传播速度。当有风时，声速应叠加上风速，而由于地面对运动空气的摩擦，靠近地面的风有一个风速梯度。在顺风向，上层的声速大于下层；在逆风向，上层声速小于下层（图 2-15），因此在逆风一侧，会形成声影区。

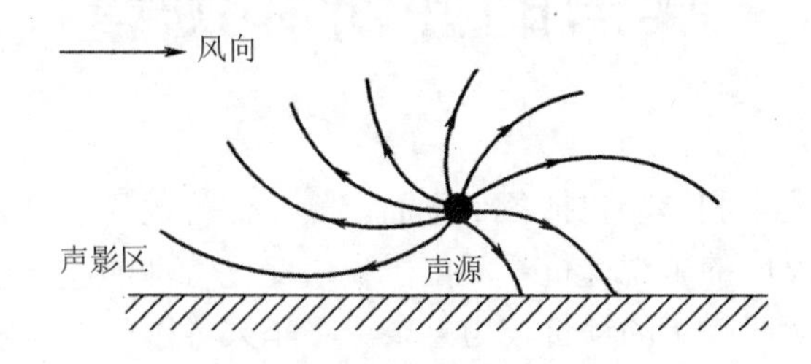


图 2-15　风速梯度对声波的折射

## 习题

1．要判断闪电距离我们有多远，有一个粗略的估算法：将看到闪电到听见雷声这段时间（以 s 为单位）除以 3，此结果就是闪电到我们之间的距离（单位：km）。试证明之。

2．某音叉在空气中振动频率为 284 Hz，求在 25℃时音叉发声的波长。

3．验证中心频率为 250 Hz、500 Hz、1 000 Hz、2 000 Hz 的倍频程和 1/3 倍频程的上、下截止频率。

4．假定简谐平面声波沿 $x$ 正方向传播，证明：质点速度比质点位移超前 90°相位；当声波沿 $x$ 负方向传播时，声压比质点位移滞后 90°相位。

5．已知某声源为均匀辐射球面波，在距离声源 10 m 处测得有效声压 2 Pa，空气密度 1.21 kg/m$^3$。试计算测点处的声强、质点振动速度有效值和声源的声功率。

6．一个小型声源均匀地向各方向发出声波，在 2.0 m 处声强级为 100 dB，求声源的发射功率和 50 m 处的声强级。

7．一点声源在半自由声场中辐射声波，气温 20℃，相对湿度 20%，在距声源 10 m 处，测得 1 000 Hz 的声压级为 100 dB。求 100 m 处该频率的声压级。

8．分别计算在点声源、无限长线声源的声场中，距离增加一倍时的声压级降低值。

9．一测点距公路边界线 20 m，测点噪声级 58 dB，试求距边界线 200 m 处的噪声级。若在路旁建一座医院（要求噪声级不超过 45 dB），试问至少应离公路边界多少距离？

# 第三章
# 噪声的评价和测量

噪声对人的危害和影响包括各个方面。噪声评价的目的是为了有效地提出适合于人们对噪声反应的主观评价量。由于噪声变化特性的差异以及人们对噪声主观反应的复杂性，对噪声的评价较为复杂。多年来各国学者对噪声的危害和影响程度进行了大量研究，提出了各种评价指标和方法，期望得出与主观响应相对应的评价量和计算方法，以及所允许的数值和范围。在这方面，大致可概括为：与人耳听觉特征有关的评价量、与心理情绪有关的评价量、与人体健康有关的评价量和与室内人们活动有关的评价量等几方面。以这些评价量为基础，各国都建立了相应的环境噪声标准。这些不同的评价量的标准分别适用于不同的环境、时间、噪声源特征和评价对象。由于环境噪声的复杂性，历来提出的评价量（或指标）很多，迄今已有几十种，本章主要介绍一些已被广泛认可和使用比较频繁的评价量和相应的噪声标准。

## 3.1 噪声的评价量

噪声评价量的建立必须考虑到噪声对人影响的特点。不同频率的声音对人的影响不同，如中高频噪声比低频噪声对人的影响更大，人耳对不同频率的主观反应也不同；噪声涨落对人的影响存在差异，涨落大的噪声及脉冲噪声比稳态噪声更能引起人的烦恼；噪声出现时间的不同对人的影响也不一样。同样的噪声出现在夜间比出现在白天对人的影响更明显；同样的声音对不同心理和生理特征的人群反应不同，一些人认为优美的音乐，在另一些人听来却是噪声，休闲时的动听歌曲在你需要休息时会成为烦人的噪声。噪声的评价量就是在研究了人对噪声反应的方方面面的不同特征后提出的。

### 3.1.1 等响曲线、响度级和响度

当外界声振动传入我们耳朵内时，在我们的主观感觉上形成听觉上声音强弱

的概念。根据前面的介绍，人耳对声振动的响度感觉近似地与其强度的对数成正比。深入的研究表明：人耳对声音的感觉存在许多独特的特性，以至于到目前为止，还没有一个人工仪器能达到人耳的奇妙的功能。

人耳能接受的声波的频率范围为 20 Hz～20 kHz，宽达 10 个倍频程。在人耳听觉范围以外，低于 20 Hz 的声波通常称为次声波，而高于 20 kHz 的声波通常称为超声波。同时，人耳又具有灵敏度高和动态范围大的特点：一方面，它可以听到小到近于分子大小的微弱振动；另一方面，又能正常听到强度比这大 $10^{12}$ 倍的很强的声振动。与大脑相配合，人耳还能从有其他噪声存在的环境中听出某些频率的声音，也就是人的听觉系统具有滤波的功能，这种现象通常称为“酒会效应”；此外人耳还能判别声音的音色、音调以及声源的方位等。

人对声音的感觉不仅与声振动本身的物理特性有关，而且包含人耳结构、心理、生理等因素，涉及人的主观感觉。例如，同样一段音乐在你期望聆听时会感觉到悦耳，而在你不想听到时会感觉烦躁；同样强度但不同特点的声音会给你悠闲或危险等截然相反的主观感觉。

人们简单地用“响”与“不响”来描述声波的强度，但这一描述与声波的强度又不完全等同。人耳对声波响度的感觉还与声波的频率有关，即使是声压级相同但频率不同的声音，人耳听起来也会不一样响。例如，同样是 60 dB 的两种声音，但一个声音的频率为 100 Hz，而另一个声音为 1 000 Hz，人耳听起来会觉得 1 000 Hz 的声音要比 100 Hz 的声音响。要使频率为 100 Hz 的声音听起来和频率为 1 000 Hz、声压级为 60 dB 的声音同样响，则其声压级要达到 67 dB。为了定量地确定声音轻或响的程度，通常采用响度级这一参量。

如果把某个频率的纯音与一定响度的 1 000 Hz 纯音很快地交替比较，则当听者感觉两者为一样响时，这时 1 000 Hz 纯音的声压级就定义为该待定声音的响度级，响度级的符号为 $L_N$，单位为方（phon）。对各个频率的声音做这样的试听比较，把听起来同样响的各频率声强标在图上，便可画出一条等响曲线。图 3-1 是在自由声场中测得的等响曲线。每条曲线上各个频率的纯音听起来都一样响，但其声压级又差别很大。例如，图中 70 phon 曲线表示，95 dB 的 30 Hz 纯音、75 dB 的 100 Hz 纯音以及 61 dB 的 4 000 Hz 纯音听起来和 70 dB 的 1 000 Hz 纯音一样响。

图 3-1 中，零方的虚线是最小可听声场曲线，称为听阈曲线，一般低于此曲线的声音人耳无法听到；图中最上面的曲线是痛觉的界限，称为痛阈曲线，超过此曲线的声音，人耳感觉到的是痛觉。在听阈和痛阈之间的声音是人耳的正常可听声范围。从图 3-1 中可以看出，不同响度级的等响曲线之间是不平行的，较低响度的等响曲线弯得厉害些，较高响度的等响曲线变化较小。这是因为在很低的

频率，人耳对低强度的感觉很迟钝；但在一定强度以上，较小的强度变化将使人感到有较大的响度差别。

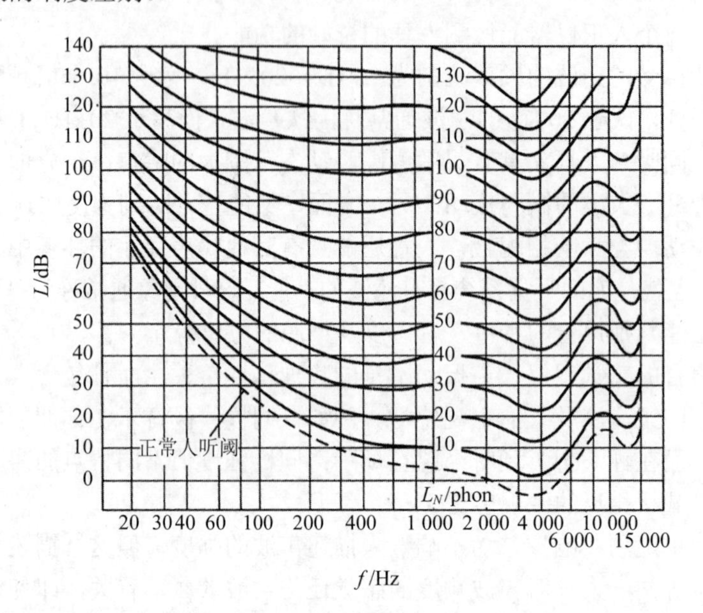


图 3-1　自由声场测得的等响曲线

响度级只是反映了不同频率声音的等响感觉，它的量度单位“方”仍基于客观量“dB”，所以不能表示一个声音比另一个声音响多少倍的那种主观感觉，也就是说，声音的响度级为 80 phon 并不意味着比 40 phon 响一倍。与主观感觉的轻响程度成正比的参量为响度，符号为 $N$，单位为宋（sone）。其定义为正常听者判断一个声音比响度级为 40 phon 的参考声强响度的倍数，规定响度级为 40 phon 时响度为 1 sone，则听者判断为其 2 倍响的是 2 sone，为其 10 倍响的是 10 sone。对大量听力正常的青年人从不同的响度级起做 2 倍响、10 倍响的试验，得到的结果很有规律，因而得到响度与响度级的关系，在半对数坐标纸上是一直线，如图 3-2 所示。响度级每增加 10 phon，响度就增加一倍。例如响度级为 50 phon 的声音响度为 2 sone，60 phon 的为 4 sone。则响度与响度级的关系为

$$L_N(\text{phon}) = 40 + 10\log_2 N \tag{3-1}$$

$$N(\text{sone}) = 2^{0.1(L_N - 40)} \tag{3-2}$$

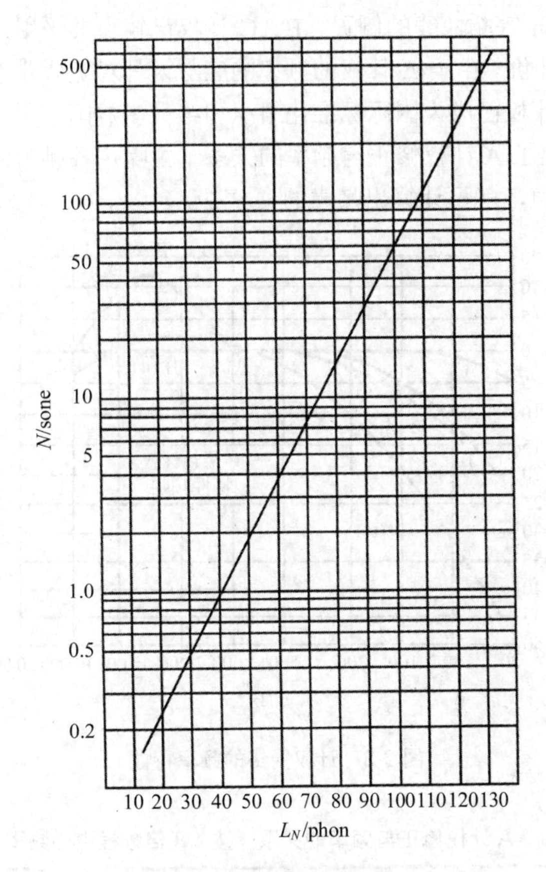


图 3-2　响度与响度级的关系

### 3.1.2　计权声级和计权网络

由等响曲线可以看出，人耳对于不同频率声波的敏感程度是不一样的。人耳对于高频声音，特别是频率在 1 000～5 000 Hz 的声音比较敏感；而对于低频声音，特别是对 100 Hz 以下的声音不敏感。即声压级相同的声音会因为频率的不同而使人产生不一样的主观感觉。为了使声音的客观量度和人耳的听觉主观感受近似取得一致，通常对不同频率声音的声压级经某一特定的加权修正后，再叠加计算可得到噪声总的声压级，此声压级称为计权声级。

因为在不同声强水平上的等响曲线不同，要使仪器能适应所有不同强度的响度修正值是困难的。常用的有 A、B、C、D 四种计权网络，图 3-3 所示的是国际电工委员会（IEC）规定的四种计权网络的频率曲线。其中 A 计权网络相当于 40 phon 等响曲线的倒置；B 计权网络相当于 70 phon 等响曲线的倒置；C 计权网络相当于 100 phon 等响曲线的倒置。B、C 计权已较少被采用，D 计权网络主要用于航空噪声的评价。由于 A 计权的频率响应与人耳对宽频带的声音的灵敏度相当，因而目前 A 计权已成为国际标准化组织和绝大多数国家用作评价噪声的主要指标。表 3-1 列出了 A 计权修正与频率的关系。由噪声各频带的声压级和对应频带的 A 计权修正值，就可计算出噪声的 A 声级。

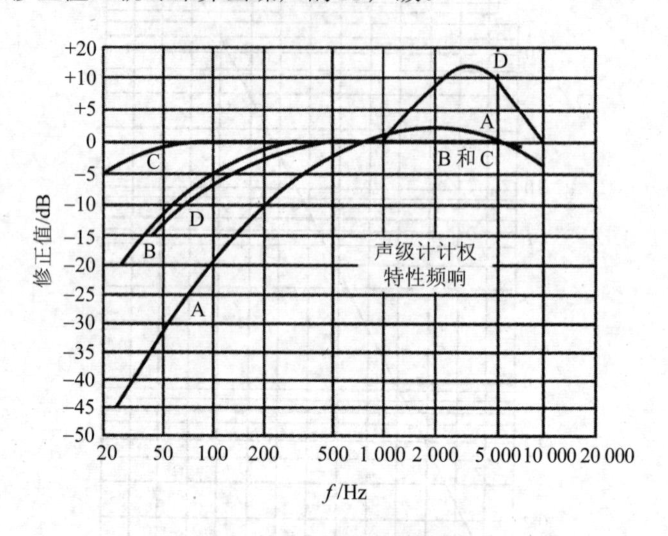


图 3-3 计权网络的频率特性

表 3-1 A 计权修正与频率的关系（按 1/3 倍频程中心频率计）

| 频率/Hz | A 计权修正/dB | 频率/Hz | A 计权修正/dB |
|---|---|---|---|
| 20 | −50.5 | 630 | −1.9 |
| 25 | −44.7 | 800 | −0.8 |
| 31.5 | −39.4 | 1 000 | 0 |
| 40 | −34.6 | 1 250 | +0.6 |
| 50 | −30.2 | 1 600 | +1.0 |
| 63 | −26.2 | 2 000 | +1.2 |
| 80 | −22.5 | 2 500 | +1.3 |
| 100 | −19.1 | 3 150 | +1.2 |
| 125 | −16.1 | 4 000 | +1.0 |
| 160 | −13.4 | 5 000 | +0.5 |
| 200 | −10.9 | 6 300 | −0.1 |
| 250 | −8.6 | 8 000 | −1.1 |
| 315 | −6.6 | 10 000 | −2.5 |
| 400 | −4.8 | 12 500 | −4.3 |
| 500 | −3.2 | 16 000 | −6.6 |

但是，A声级并不反映频率信息，即同一A声级值的噪声，其频谱差别可能非常大。所以对于相似频谱的噪声，用A声级排次序是完全可以的。但若要比较频谱完全不同的噪声，那就要注意到A声级的局限性。

C计权曲线在主要音频范围内基本上是平直的，只在最低与最高频段略有下跌，所以C声级与线性声压级是比较接近的。在低频段，C计权与A计权的差别最大，所以根据C声级与A声级的相差大小，可以大致判断该噪声是否以低频成分为主。

**例3-1**　根据表3-2的频带声级计算A声级。结果列于表3-2中。

表3-2　例3-1用表

| 中心频率/Hz | 31.5 | 63 | 125 | 250 | 500 | 1 000 | 2 000 | 4 000 | 8 000 |
|---|---|---|---|---|---|---|---|---|---|
| 频带声级/dB | 60 | 65 | 73 | 76 | 85 | 80 | 78 | 62 | 60 |
| A计权修正/dB | −39.4 | −26.2 | −16.1 | −8.6 | −3.2 | 0 | +1.2 | +1.0 | −1.1 |
| 修正后的频带声级/dB | 20.6 | 38.8 | 56.9 | 67.4 | 81.8 | 80 | 79.2 | 63.0 | 58.9 |
| 各频带声级叠加/dB | 84.0 | | | | | | 79.2 | | |
| A声级/dB | 85.2 | | | | | | | | |

## 3.1.3　等效连续A声级和昼夜等效声级

前面讲到的A计权声级对于稳态的宽频带噪声是一种较好的评价方法。但对于声级起伏或不连续的噪声，A计权声级就很难确切地反映噪声的状况。例如，交通噪声的声压级是随时间变化的，当有车辆通过时，噪声可达到85～90 dB；而当没有车辆通过时，噪声可能仅有55～60 dB，并且噪声的声压级还会随车流量、汽车类型等的变化而改变，这时就很难说交通噪声的A计权声级是多少分贝。又例如，两台同样的机器，一台连续工作，而另一台间断性地工作，其工作时辐射的噪声级是相同的，但两台机器噪声对人的总体影响是不一样的。对于这种声级起伏或不连续的噪声，采用噪声能量按时间平均的方法来评价噪声对人的影响更为确切，为此提出了等效连续A声级作为评价参量。等效连续A声级又称等能量A计权声级，它等效于在相同的时间间隔$T$内与不稳定噪声能量相等的连续稳定噪声的A声级，其符号为$L_{\mathrm{Aeq},T}$或$L_{\mathrm{eq}}$，数学表达式为：

$$L_{\mathrm{eq}}=10\lg\left[\frac{1}{t_2-t_1}\int_{t_1}^{t_2}\left(\frac{p_{\mathrm{A}}^2(t)}{p_0^2}\right)\mathrm{d}t\right] \tag{3-3}$$

$$L_{\mathrm{eq}}=10\lg\left[\frac{1}{t_2-t_1}\int_{t_1}^{t_2}10^{0.1L_{p_{\mathrm{A}}}(t)}\mathrm{d}t\right] \tag{3-4}$$

式中：$p_{\mathrm{A}}(t)$——噪声信号瞬时 A 计权声压，Pa；

$p_0$——基准声压，μPa；

$t_2-t_1$——测量时段 $T$ 的间隔，s；

$L_{p_{\mathrm{A}}}(t)$——噪声信号瞬时 A 计权声压级，dB（A）。

如果测量是在同样的采用时间间隔下，测试得到一系列 A 声级数据的序列，则测量时段内的等效连续 A 声级也可通过以下表达式计算：

$$L_{\mathrm{eq}}=10\lg\left[\frac{1}{T}\sum_{i=1}^{N}10^{0.1L_{\mathrm{A}_i}\tau_i}\right] \tag{3-5}$$

$$\text{或 } L_{\mathrm{eq}}=10\lg\left[\frac{1}{N}\sum_{i=1}^{N}10^{0.1L_{\mathrm{A}_i}}\right] \tag{3-6}$$

式中：$T$——总的测量时段，s；

$L_{\mathrm{A}_i}$——第 $i$ 个 A 计权声压级，dB；

$\tau_i$——采样间隔时间，s；

$N$——测试数据个数。

从等效连续 A 声级的定义中不难看出，对于连续的稳态噪声，等效连续 A 声级即等于所测得的 A 计权声级。等效连续 A 声级由于较为简单，易于理解，而且又与人的主观反应有较好的相关性，因而已成为许多国际国内标准所采用的评价量。

由于同样的噪声在白天和夜间对人的影响是不一样的，而等效连续 A 声级评价量并不能反映人对噪声主观反应的这一特点。为了考虑噪声在夜间对人们烦恼的增加，规定在夜间测得的所有声级均应加上 10 dB（A）作为修正值，再计算昼夜噪声能量的加权平均，由此构成昼夜等效声级这一评价参量，用符号 $L_{\mathrm{dn}}$ 表示。昼夜等效声级主要预计人们昼夜长期暴露在噪声环境中所受的影响。由上述规定，昼夜等效声级 $L_{\mathrm{dn}}$ 可表示为：

$$L_{\mathrm{dn}}=10\lg[\frac{5}{8}\times10^{0.1\overline{L}_{\mathrm{d}}}+\frac{3}{8}\times10^{0.1(\overline{L}_{\mathrm{n}}+10)}] \tag{3-7}$$

式中：$\overline{L}_{\mathrm{d}}$——昼间（07：00～22：00）测得的噪声能量平均 A 声级 $L_{\mathrm{eq,\,d}}$，dB（A）；

$\overline{L}_{\mathrm{n}}$——夜间（22：00～次日 07：00）测得的噪声能量平均 A 声级 $L_{\mathrm{eq,\,n}}$，dB（A）。

昼间和夜间的时段可以根据当地的情况作适当的调整，或按照当地政府的规定。

昼夜等效声级可用来作为几乎包含各种噪声的城市噪声全天候的单值评价量。自美国环境保护局 1974 年 6 月发布以来，等效连续 A 声级 $L_{\mathrm{Aeq}}$ 和昼夜等效声级 $L_{\mathrm{dn}}$ 逐步代替了以前一些其他评价参量，成为各国普遍采用的环境噪声评价量。

**例 3-2** 某城市区域噪声普查时，统计得昼间等效声级为 58.2 dB（A），夜间等效声级为 49.6 dB（A），试求该区域的昼夜等效声级。

解：应用公式（3-7）得

$$L_{dn}=10\lg[\frac{5}{8}\times10^{5.82}+\frac{3}{8}\times10^{0.1\times(49.6+10)}]$$
$$=10\lg[4.1293\times10^{5}+3.4200\times10^{5}]=58.8\ \text{dB（A）}$$

### 3.1.4　累计百分数声级

在现实生活中经常碰到的是非稳态噪声，前面介绍了可以采用等效连续 A 声级 $L_{Aeq}$ 来反映噪声对人影响的大小，但噪声的随机起伏程度却没有表达出来。这种起伏可以用噪声出现的时间概率或累计概率来表示，目前采用的评价量为累计百分数声级 $L_n$。它表示在测量时间内高于 $L_n$ 声级所占的时间为 $n$%。例如，$L_{10}$=70 dB（A），表示在整个测量时间内，噪声级高于 70 dB（A）的时间占 10%，其余 90%的时间内噪声级均低于 70 dB（A）；同样，$L_{90}$=50 dB（A）表示在整个测量时间内，噪声级高于 50 dB（A）的时间占 90%。对于同一测量时段内的噪声级，按从大到小的顺序进行排列，就可以清楚地看出噪声涨落的变化程度。

通常认为，$L_{90}$ 相当于本底噪声级，$L_{50}$ 相当于中值噪声级，$L_{10}$ 相当于峰值噪声级。

在对累计百分数声级和人的主观反应所做的相关性调查中，发现 $L_{10}$ 用于评价涨落较大的噪声时相关性较好。因此，$L_{10}$ 已被美国联邦公路局作为公路设计噪声限值的评价量。总的来讲，累计百分数声级一般只用于有较好正态分布的噪声评价。对于统计特性符合正态分布的噪声，其累计百分数声级与等效连续 A 声级之间有近似关系：

$$L_{eq}\approx L_{50}+\frac{(L_{10}-L_{90})^2}{60} \tag{3-8}$$

### 3.1.5　噪声评价数（NR）曲线

为了知道噪声的频谱特性，至少应对噪声进行倍频程频谱分析，在频谱分析后仍能用一个数来表示噪声水平，国际标准化组织推荐使用噪声评价曲线 NR（图 3-4）。每条曲线所标的数字称噪声评价数，记为 NR 数或 N 数。它与这条曲线上 1 kHz 的声压级数相同。

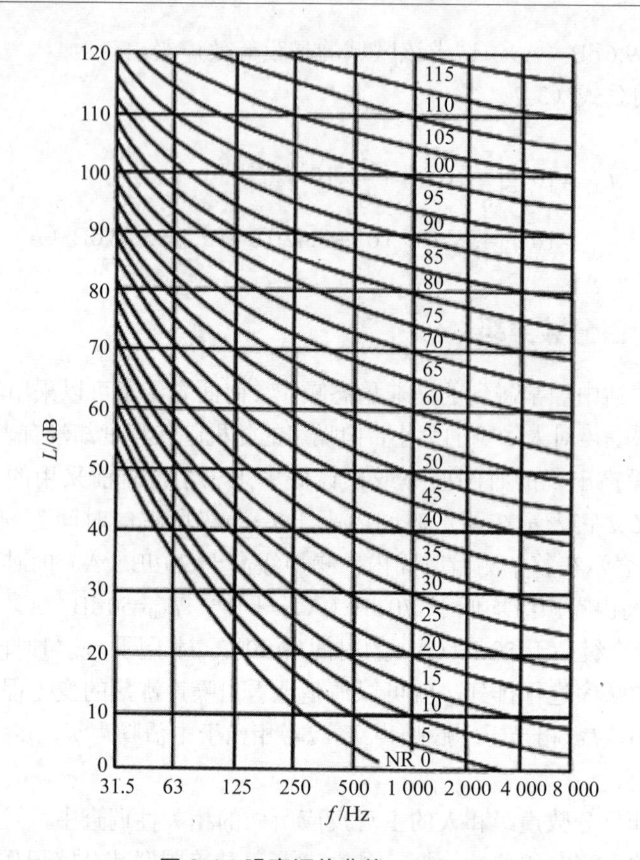


图 3-4 噪声评价曲线（NR）

NR 曲线有两方面的用途。一种是对某种噪声环境，主要是室内环境做出评价。其方法是将一组要评价的噪声测得的各频带声压级标在这种 NR 曲线图上，在各个倍频程带声压级所对应的 NR 数中选取其最大值再加上 1，即为该噪声的 NR 评价数。各倍频程的声压级和 NR 数之间有如下关系：

$$L_p = a + b\mathrm{NR} \tag{3-9}$$

式中：$L_p$——各中心频率下 NR 数对应的声压级，dB；

$a$、$b$——各中心频率所对应的系数，见表 3-3。

表 3-3 不同中心频率的系数 $a$ 和 $b$

| 中心频率/Hz | 63 | 125 | 250 | 500 | 1 000 | 2 000 | 4 000 | 8 000 |
|---|---|---|---|---|---|---|---|---|
| $a$ | 35.5 | 22.0 | 12.0 | 4.8 | 0 | −3.5 | −6.1 | −8.0 |
| $b$ | 0.790 | 0.870 | 0.930 | 0.974 | 1.000 | 1.015 | 1.025 | 1.030 |

如果把 NR 曲线上的各倍频程带声压级读数，经 A 计权来计算它的 A 声级值 $L_A$，则近似有

$$\mathrm{NR} \approx L_A - 5 \tag{3-10}$$

NR 曲线的另一用途是用于室内环境噪声控制设计，如各类厅堂音质设计，公共场所、宾馆、旅店等的噪声控制，可以设定室内环境噪声不高于第几号 NR 曲线。但有些标准只规定 A 声级限制，因此在进行噪声控制设计时，可以按比允许 A 声级值低 5dB 的噪声评价 NR 曲线来对各个倍频程带进行控制。例如某场所要求噪声低于 55dB（A），则在进行噪声控制设计时，可以按 NR-50 号曲线所对应的各倍频程带声压级进行设计，即 63Hz 不超过 75dB，125Hz 不超过 66dB，250Hz 不超过 53dB，500Hz 不超过 54dB，1kHz 不超过 50dB，2kHz 不超过 47dB，4kHz 不超过 46dB，8kHz 不超过 44dB。

### 3.1.6 噪声污染级

噪声污染级也是用于评价噪声造成人的烦恼程度的一种评价量，它既包含对噪声能量的评价，同时也包含噪声涨落的影响。噪声污染级用标准偏差来反映噪声的涨落，标准偏差越大，表示噪声的离散程度越大，即噪声的起伏越大。噪声污染级用符号 $L_{NP}$ 表示，其表达式为

$$L_{NP} = L_{eq} + K\sigma \tag{3-11}$$

$$\sigma = \sqrt{\frac{1}{n-1}\sum_{i=1}^{n}(L_i - \overline{L})^2} \tag{3-12}$$

式中：$\sigma$——规定时间内噪声瞬时声级的标准偏差，dB；

$\overline{L}$——算术平均声级，dB；

$L_i$——第 $i$ 次声级，dB；

$n$——采样总数；

$K$——常数，一般取 2.56。

从噪声污染级 $L_{NP}$ 的表达式可以看出：式中第一项取决于噪声能量，累积了各个噪声在总的噪声暴露中所占的比例；第二项取决于噪声事件的持续时间，平均能量中难以反映噪声起伏，起伏大的噪声 $K\sigma$ 项也大，对噪声污染级的影响也大，更易引起人的烦恼。

对于随机分布的噪声，噪声污染级和等效连续 A 声级或累计百分数声级之间有如下关系：

$$L_{NP}=L_{eq}+(L_{10}-L_{90}) \tag{3-13}$$

或 $$L_{NP}=L_{50}+(L_{10}-L_{90})+\frac{1}{60}(L_{10}-L_{90})^2 \tag{3-14}$$

从以上关系式中可以看出，$L_{NP}$ 不但和 $L_{eq}$ 有关，而且和噪声的起伏值 $(L_{10}-L_{90})$ 有关，当 $(L_{10}-L_{90})$ 增大时 $L_{NP}$ 明显增加，说明 $L_{NP}$ 比 $L_{eq}$ 更能显著地反映出噪声起伏的作用。

噪声污染级的提出，最初是试图对各种变化的噪声给出一个统一的评价量，但到目前为止的主观调查结果并未显示出其与主观反应的良好相关性。事实上，噪声污染级并不能说明噪声环境中许多较小的起伏和一个大的起伏（如脉冲声）对人影响的区别。但它对许多公共噪声的评价，如道路交通噪声、航空噪声以及公共场所的噪声等是非常适当的；它与噪声暴露的物理测量具有很好的一致性。

### 3.1.7 噪声冲击指数

评价噪声对环境的影响，除要考虑噪声级的分布外，还应考虑受噪声影响的人口。人口密度较低情况下的高声级与人口密度较高条件下的低声级对人群造成的总体干扰可以相仿。为此，从噪声干扰的主观评价角度出发，声环境评价引入了噪声冲击指数及相应的评价方法。其计算和表达式如下：

$$N\text{II}=\frac{\sum W_iP_i}{\sum P_i} \tag{3-15}$$

式中：$N\text{II}$——区域噪声冲击指数，代表噪声影响下评价区内高烦恼人数的比例；

$W_i$——噪声冲击因子，指暴露在某一等效声级下高烦恼人群所占比例（表3-4）；

$P_i$——暴露在某一等效声级下的人口数。

表 3-4 对应于不同等效声级的噪声冲击因子

| $L_{dn}$/dB | 50 | 51 | 52 | 53 | 54 | 55 | 56 | 57 | 58 | 59 |
|---|---|---|---|---|---|---|---|---|---|---|
| 噪声冲击因子 | 0.023 | 0.026 | 0.03 | 0.035 | 0.04 | 0.046 | 0.052 | 0.06 | 0.068 | 0.077 |
| $L_{dn}$/dB | 60 | 61 | 62 | 63 | 64 | 65 | 66 | 67 | 68 | 69 |
| 噪声冲击因子 | 0.087 | 0.098 | 0.11 | 0.123 | 0.137 | 0.152 | 0.168 | 0.185 | 0.204 | 0.224 |

噪声冲击指数 $N\text{II}$ 作为一个辅助评价指标，以人对特定噪声水平的主观响应

为焦点，能够很好地反映噪声对区域环境的实际影响程度，可用做对声环境质量的评价及不同声环境的相互比较，以及供城市规划布局中考虑噪声对环境的影响，并由此作出选择。噪声冲击指数大，表明污染严重，利用噪声冲击指数可按表 3-5 来确定声环境的等级。

表 3-5 环境噪声评价等级

| *N*II | ≤0.03 | ≤0.07 | ≤0.25 | ≤0.44 | ≤1 | >1 |
|---|---|---|---|---|---|---|
| 等级 | 1 | 2 | 3 | 4 | 5 | 6 |
| | 优 | 良 | 合格 | 差 | 很差 | 恶化 |

## 3.2 噪声评价标准和方法

环境噪声不但影响到人的身心健康，而且干扰人们的工作、学习和休息，使正常的工作生活环境受到破坏。前面介绍了噪声的评价量，采用这些评价量，可以从各个方面描述噪声对人的影响程度。但理想的宁静工作生活环境与现实环境往往有很大差距，因此必须对环境噪声加以控制，从保护人的身心健康和工作生活环境角度出发，制定噪声的允许限值。这样就形成环境噪声标准和法规。我国目前的环境噪声法规有《环境噪声污染防治法》，环境噪声标准可以分为产品噪声标准、噪声排放标准和环境质量标准几大类。

### 3.2.1 《环境噪声污染防治法》

《中华人民共和国环境噪声污染防治法》在 1996 年 10 月经第八届全国人民代表大会表决通过。制定《环境噪声污染防治法》的目的是为了保护和改善人们的生活环境，保障人体健康，促进经济和社会的发展。《环境噪声污染防治法》（以下简称《防治法》）共分八章六十四条，从污染防治的监督管理、工业噪声污染防治、建筑施工噪声污染防治、交通运输噪声污染防治、社会生活噪声污染防治这几方面作出具体规定，并对违反其中各条规定所应受的处罚及所应承担的法律责任作出明确规定。它是制定各种噪声标准的基础。

《防治法》中明确提出了任何单位和个人都有保护声环境的义务，城市规划部门在确定建设布局时，应当依据国家声环境质量标准和民用建筑隔声设计规范，合理划定建筑物与交通干线的防噪声距离。对可能产生环境噪声污染的建设项目，必须提出环境影响报告书以及规定环境噪声污染的防治措施，并规定防治设施必须与主体工程同时设计、同时施工、同时投产使用，即实现“三同时”。

《防治法》中对工业生产设备造成的环境噪声污染，规定必须向地方政府申报并采取防治措施。对建筑施工噪声，《防治法》中规定在城市市区噪声敏感建筑物集中区域内，禁止夜间进行产生环境噪声污染的建筑施工作业。交通运输噪声的防治，除对交通运输工具的辐射噪声作出规定外，对经过噪声敏感建筑物集中区域的高速公路、城市高架和轻轨道路，应当设置屏障或采取其他有效的防治措施；民用航空器不得飞越城市市区上空。对社会生活中可能产生的噪声污染，《防治法》中规定了新建营业性文化娱乐场所的边界噪声必须符合环境噪声排放标准，才可核发经营许可证及营业执照；使用家用电器、乐器及进行家庭活动时，应避免对周围居民造成环境噪声污染。

### 3.2.2 声环境质量标准

我国城市区域环境噪声标准最早是在1982年颁布试行，并经一段时间的试用修订后，在1993年正式颁布实施了《城市区域环境噪声标准》(GB 3096—93)。2008年对《城市区域环境噪声标准》（GB 3096—93）和《城市区域环境噪声测量方法》（GB/T 14623—93）进行修订，并颁布了《声环境质量标准》（GB 3096—2008）。

《声环境质量标准》（以下简称《标准》）主要进行了4方面修订。一是扩大了标准适用区域，将乡村地区纳入标准适用范围；二是将环境质量标准与测量方法标准合并为一项标准；三是明确了交通干线的定义，对交通干线两侧4类区的环境噪声限值作了调整；四是提出了声环境功能区监测和噪声敏感建筑物监测的要求。

《声环境质量标准》规定了5类声环境功能区的环境噪声限值及测量方法，适用于声环境质量评价与管理，见表3-6，并规定机场周围区域因受飞机通过（起飞、降落、低空飞越）噪声的影响，不适用于此标准。

按照区域使用功能特点和环境质量的要求，声环境功能区分为以下5种类型：

0类声环境功能区指康复疗养区等特别需要安静的区域。

1类声环境功能区指以居民住宅、医疗卫生、文化教育、科研设计、行政办公为主要功能，需要保持安静的区域。

2类声环境功能区指以商业金融、集市贸易为主要功能，或者居住、商业、工业混杂，需要维护住宅安静的区域。

3类声环境功能区指以工业生产、仓储物流为主要功能，需要防止工业噪声对周围环境产生严重影响的区域。

4 类声环境功能区指交通干线两侧一定距离之内，需要防止交通噪声对周围环境产生严重影响的区域，又分为 4a 类和 4b 类两种。4a 类为高速公路、一级公路、二级公路、城市快速路、城市主干路、城市次干路、城市轨道交通（地面段）、内河航道两侧区域；4b 类为铁路干线两侧区域。

**表 3-6 各类声环境功能区的环境噪声限值** 单位：dB（A）

<table>
<tr><th colspan="2" rowspan="2">声环境功能区类别</th><th colspan="2">时段</th></tr>
<tr><th>昼间</th><th>夜间</th></tr>
<tr><td colspan="2">0 类</td><td>50</td><td>40</td></tr>
<tr><td colspan="2">1 类</td><td>55</td><td>45</td></tr>
<tr><td colspan="2">2 类</td><td>60</td><td>50</td></tr>
<tr><td colspan="2">3 类</td><td>65</td><td>55</td></tr>
<tr><td rowspan="2">4 类</td><td>4a</td><td>70</td><td>55</td></tr>
<tr><td>4b</td><td>70</td><td>60</td></tr>
</table>

注：①表中 4b 类声环境功能区环境噪声限值，适用于 2011 年 1 月 1 日起环境影响评价文件通过审批的新建铁路（含新开廊道的增建铁路）干线建设项目两侧区域。

②在下列情况下，铁路干线两侧区域不通过列车时的环境背景噪声限值，按昼间 70 dB（A）、夜间 55 dB（A）执行。

a. 穿越城区的既有铁路干线（既有铁路是指 2010 年 12 月 31 日前已建成运营的铁路或环境影响评价文件已通过审批的铁路建设项目）；

b. 对穿越城区的既有铁路干线进行改建、扩建的铁路建设项目。

根据《中华人民共和国环境噪声污染防治法》中昼间和夜间时间的划分，通常认为 6：00～22：00 为昼间，22：00～次日 6：00 为夜间，但由于我国幅员辽阔，各地习惯有较大差异，因此标准中规定昼间和夜间的时间由当地人民政府按当地习惯和季节变化划定。

各类声环境功能区夜间突发噪声，其最大声级超过环境噪声限值的幅度不得高于 15 dB（A）。

## 3.2.3 环境噪声排放标准

### 3.2.3.1 工业企业厂界环境噪声排放标准

《工业企业厂界环境噪声排放标准》（GB 12348—2008）是将《工业企业厂界噪声标准》（GB 12348—90）和《工业企业厂界噪声测量方法》（GB 12349—90）综合后进行的修订。该标准适用于工业企业和固定设备厂界环境噪声排放的管理、评价及控制，同时也适用于机关、事业单位、团体等对外环境排放噪声的单位。

该标准规定了五类声功能区中工业企业厂界环境噪声的排放限值（表 3-7）。

表 3-7　工业企业厂界/社会生活环境噪声的排放限值

单位：dB（A）

| 厂界外声环境功能区类别 | 时段 | |
|---|---|---|
| | 昼间 | 夜间 |
| 0 类 | 50 | 40 |
| 1 类 | 55 | 45 |
| 2 类 | 60 | 50 |
| 3 类 | 65 | 55 |
| 4 类 | 70 | 55 |

标准中规定昼间和夜间的时间由当地人民政府按当地习惯和季节变化划定。对夜间噪声：夜间频发噪声的最大声级超过限值的幅度不得高于 10 dB（A），夜间偶发噪声的最大声级超过限值的幅度不得高于 15 dB（A）。

工业企业若位于未划分声环境功能区的区域，当厂界外有噪声敏感建筑物时，由当地县级以上人民政府参照 GB 3096 和 GB/T 15190 的规定确定厂界外区域的声环境质量要求，并执行相应的厂界环境噪声排放限值。当厂界与噪声敏感建筑物距离小于 1 m 时，厂界环境噪声应在噪声敏感建筑物的室内测量，并将表 3-7 中相应的限值减 10 dB（A）作为评价依据。

此外，该标准还给出了结构传播固定设备室内噪声排放限值，当固定设备排放的噪声通过建筑物结构传播至噪声敏感建筑物室内时，噪声敏感建筑物室内等效声级不得超过表 3-8 和表 3-9 规定的限值。

表 3-8　结构传播固定设备室内噪声排放限值（等效声级）

单位：dB（A）

| 噪声敏感建筑物所处声环境功能区类别 \ 房间类型 / 时段 | A 类房间 | | B 类房间 | |
|---|---|---|---|---|
| | 昼间 | 夜间 | 昼间 | 夜间 |
| 0 类 | 40 | 30 | 40 | 30 |
| 1 类 | 40 | 30 | 45 | 35 |
| 2，3，4 类 | 45 | 35 | 50 | 40 |

表 3-9 结构传播固定设备室内噪声排放限值（倍频带声压级）

单位：dB（A）

| 噪声敏感建筑所处声环境功能区类别 | 时段 | 倍频程中心频率/Hz<br>房间类型 | 室内噪声倍频带声压级限值 | | | | |
|---|---|---|---|---|---|---|---|
| | | | 31.5 | 63 | 125 | 250 | 500 |
| 0 类 | 昼间 | A、B 类房间 | 76 | 59 | 48 | 39 | 34 |
| | 夜间 | A、B 类房间 | 69 | 51 | 39 | 30 | 24 |
| 1 类 | 昼间 | A 类房间 | 76 | 59 | 48 | 39 | 34 |
| | | B 类房间 | 79 | 63 | 52 | 44 | 38 |
| | 夜间 | A 类房间 | 69 | 51 | 39 | 30 | 24 |
| | | B 类房间 | 72 | 55 | 43 | 35 | 29 |
| 2，3，4 类 | 昼间 | A 类房间 | 79 | 63 | 52 | 44 | 38 |
| | | B 类房间 | 82 | 67 | 56 | 49 | 43 |
| | 夜间 | A 类房间 | 72 | 55 | 43 | 35 | 29 |
| | | B 类房间 | 76 | 59 | 48 | 39 | 34 |

上述限值中的 A 类房间是指以睡眠为主要目的、需要保证夜间安静的房间，包括住宅卧室、医院病房、宾馆客房等；B 类房间是指主要在昼间使用，需要保证思考与精神集中、正常讲话不被干扰的房间，包括学校教室、会议室、办公室、住宅中卧室以外的其他房间等。

对工业企业厂界环境噪声监测，也按标准中规定的测量方法执行，具体监测的规定及要求将在本章的后面介绍。

#### 3.2.3.2 建筑施工场界噪声限值

建筑施工往往带来较大的噪声，对城市建筑施工期间施工场地产生的噪声，《建筑施工场界噪声限值》（GB 12523—90）规定了不同施工阶段与敏感区域相应的建筑施工场地边界线处的噪声限值（表 3-10）。

表 3-10 不同施工阶段与敏感区域相应的建筑施工场地边界线处的噪声限值（等效声级）

单位：dB（A）

| 施工阶段 | 主要噪声源 | 噪声限值 | |
|---|---|---|---|
| | | 昼间 | 夜间 |
| 土石方 | 推土机、挖掘机、装载机 | 75 | 55 |
| 打桩 | 各种打桩机 | 85 | 禁止施工 |
| 结构 | 混凝土搅拌机、振捣棒、电锯等 | 70 | 55 |
| 装修 | 吊车、升降机 | 65 | 55 |

建筑施工有时会出现几个施工阶段同时进行的情形，该标准规定这种情况下以高噪声阶段的限值为准。

建筑施工场地边界线处的等效声级测量按《建筑施工场界噪声测量方法》（GB 12524—90）进行。

#### 3.2.3.3 铁路及机场周围环境噪声标准

《铁路边界噪声限值及其测量方法》（GB 12525—90）中规定在距铁路外侧轨道中心线 30m 处（铁路边界）的等效 A 声级不得超过 70dB。《机场周围飞机噪声环境标准》（GB 9660—88）中规定了机场周围飞机噪声环境及受飞机通过所产生噪声影响的区域的噪声，采用一昼夜的计权等效连续感觉噪声级 $L_{WECPN}$ 作为评价量。标准中规定了两类适应区域及其标准限值（表 3-11）。

**表 3-11 机场周围飞机噪声标准值及适应区域** 单位：dB（A）

| 适用区域 | 标准值 $L_{WECPN}$ |
| --- | --- |
| 一类区域 | ≤70 |
| 二类区域 | ≤75 |

注：一类区域：特殊住宅区，居住、文教区；
二类区域：除一类区域以外的生活区。

#### 3.2.3.4 社会生活环境噪声排放标准

近年来，我国商业和文化娱乐产业发展迅速，居民环保维权意识持续提高，文化娱乐场所和商业经营活动的噪声扰民投诉占城市噪声污染投诉的比例也在持续增加。为此我国于 2008 年专门实施颁布了《社会生活环境噪声标准》（GB 22337—2008）。根据《环境噪声污染防治法》对社会生活噪声污染源达标排放义务的规定，该标准规定了营业性文化娱乐场所和商业经营活动中可能产生环境噪声污染的设备、设施的边界噪声排放限值，并不覆盖所有的社会生活噪声源，例如建筑物配套的服务设施产生的噪声，街道、广场等公共活动场所噪声，家庭装修等邻里噪声等均不适用该标准。该标准适用于对营业性文化娱乐场所、商业经营活动中使用的向环境排放噪声的设备、设施的管理、评价与控制。

位于 0～4 类声环境功能区中的社会生活噪声排放源的边界噪声不得超过表 3-7 中规定的 0～4 类声环境功能区噪声排放限值。在社会生活噪声排放源边界处无法进行噪声测量或测量的结果不能如实反映其对噪声敏感建筑物的影响程度的情况下，噪声测量应在可能受影响的敏感建筑物窗外 1m 处进行；当社会生活噪声排放源边界与噪声敏感建筑物距离小于 1 m 时，应在噪声敏感建筑物的室内测量，并将表 3-7 中相应的限值减 10 dB（A）作为评价依据。

在社会生活噪声排放源位于噪声敏感建筑物内的情况下，噪声通过建筑物结构传播至噪声敏感建筑物室内时，噪声敏感建筑物室内等效声级不得超过表 3-8 和表 3-9 规定的限值。对于在噪声测量期间发生非稳态噪声（如电梯噪声等）的情况，最大声级超过限值的幅度不得高于 10 dB（A）。

## 3.2.4　产品噪声标准

环境噪声控制的基本要求是在声源处将噪声控制在一定范围内。从这个意义上来讲，应对所有机电产品制定噪声允许标准，超过标准的产品不允许进入市场。我国对产品噪声的标准还在不断地完善中，这些产品噪声标准包括各类家用电器产品（如电冰箱、洗衣机、空调、微波炉、电视机等），办公类用品（如计算机、打印机、显示器、扫描仪、投影仪等）以及其他机电产品（如车辆、供配电设备等）。甚至这些产品的各个部件的噪声都有相应的噪声标准。由于产品种类繁多，因而噪声标准也很多，在此主要介绍汽车和地铁车辆的噪声标准。

### 3.2.4.1　汽车定置噪声

《汽车定置噪声限值》（GB 16170—1996）对城市道路允许行驶的在用汽车规定了定置噪声的限值。汽车定置是指车辆不行驶，发动机处于空载运转状态；定置噪声反映了车辆主要噪声源——排气噪声和发动机噪声的状况。标准中规定的对各类汽车的定置噪声限值见表 3-12。

表 3-12　各类汽车的定置噪声限值　　单位：dB（A）

| 车辆类型 | 燃料种类 | 车辆出厂日期 | |
|---|---|---|---|
| | | 1998 年 1 月 1 日前 | 1998 年 1 月 1 日起 |
| 轿车 | 汽油 | 87 | 85 |
| 微型客车、货车 | 汽油 | 90 | 88 |
| 轻型客车、货车、越野车 | 汽油 $n \leqslant 4\,300$ r/min | 94 | 92 |
| | 汽油 $n > 4\,300$ r/min | 97 | 95 |
| | 柴油 | 100 | 98 |
| 中型客车、货车、大型客车 | 汽油 | 97 | 95 |
| | 柴油 | 103 | 101 |
| 重型客车 | 额定功率 $P \leqslant 147$ kW | 101 | 99 |
| | 额定功率 $P > 147$ kW | 105 | 103 |

#### 3.2.4.2 地铁车辆噪声

《城市轨道交通列车噪声限值和测量方法》（GB 14892—2006）规定了城市轨道交通系统中地铁和轻轨列车噪声等效 A 声级 $L_{eq}$ 的最大允许限值（表 3-13）。

表 3-13 地铁和轻轨列车噪声等效 A 声级 $L_{eq}$ 的最大允许限值 单位：dB（A）

| 车辆类型 | 运行线路 | 位置 | 噪声限值 |
|---|---|---|---|
| 地铁 | 地下 | 司机室内 | 80 |
| | 地下 | 客室内 | 83 |
| | 地上 | 司机室内 | 75 |
| | 地上 | 客室内 | 75 |
| 轻轨 | 地上 | 司机室内 | 75 |
| | 地上 | 客室内 | 75 |

### 3.2.5 噪声卫生标准

#### 3.2.5.1 工业企业噪声卫生标准

该标准是我国卫生部和国家劳动总局颁发的试行标准，同时还颁布了《工业企业噪声控制设计规范》（GBJ 87—85）。设计规范中提出了工业企业厂区内各类地点的噪声 A 声级限值（表 3-14）。对于每天接触噪声不足 8h 的场合，可根据实际接触噪声的时间，按接触时间减半、噪声限值增加 3dB 的原则来确定噪声限值（表 3-15）。

表 3-14 工业企业厂区内各类地点的噪声限值 单位：dB（A）

| 序号 | 地点类别 | | 噪声限值 |
|---|---|---|---|
| 1 | 生产车间及作业场所（每天连续接触噪声 8h） | | 90 |
| 2 | 高噪声车间设置的值班室、观察室、休息室（室内背景噪声级） | 无电话通信要求时 | 75 |
| | | 有电话通信要求时 | 70 |
| 3 | 精密装配线、精密加工车间的工作地点、计算机房（正常工作状态） | | 70 |
| 4 | 车间所属办公室、实验室、设计室（室内背景噪声级） | | 70 |
| 5 | 主控制室、集中控制室、通信室、电话总机室、消防值班室（室内背景噪声级） | | 60 |
| 6 | 厂部所属办公室、会议室、设计室、中心实验室（包括试验、化验、计量室）（室内背景噪声级） | | 60 |
| 7 | 医务室、教室、哺乳室、托儿所、工人值班宿舍（室内背景噪声级） | | 55 |

表 3-15 车间内部允许噪声级

| 每个工作日噪声暴露时间/h | 8 | 4 | 2 | 1 | 1/2 | 1/4 | 1/8 | 1/16 |
|---|---|---|---|---|---|---|---|---|
| 允许噪声级/dB（A） | 90 | 93 | 96 | 99 | 102 | 105 | 108 | 111 |
| 最高噪声级/dB（A） | 不得超过 115 | | | | | | | |

注：表中的噪声级是指裸耳直接接触的噪声级；若使用个人防护器具，则应采用使用个人防护器具后耳朵实际接收的噪声级。测量时传声器应放在操作人员耳朵位置（操作人员离开）。

相对于《工业企业噪声控制设计规范》（GBJ 87—85），我国 2007 年颁布的《工作场所有害因素职业接触限制 第 2 部分：物理因素》（GBZ 2.2—2007）对工业企业内的噪声限值提出了更高的要求。该标准规定对于每周工作 5d，每天工作 8h，稳态噪声限值为 85dB（A）；每周工作 5d，每天工作不等于 8h，需计算 8h 等效声级，限值为 85dB（A）；每周工作不是 5d，需计算 40h 等效声级，限值为 85dB（A）。

此外，对于非噪声工作地点，《工作场所有害因素职业接触限制 第 2 部分：物理因素》（GBZ 2.2—2007）规定了非噪声工作地点的噪声声级和功效限值（表 3-16）。对于冲床、锤锻、爆炸等产生的脉冲噪声的工作场所，2010 年颁布的《工业企业设计卫生标准》（GBZ 1—2010）规定了工作场所脉冲噪声的接触限值（表 3-17）。

表 3-16 工作场所脉冲噪声职业接触限值

| 工作日接触脉冲次数（$n$）/次 | 声压级峰值/dB（A） |
|---|---|
| $n \leqslant 100$ | 140 |
| $100 < n \leqslant 1\,000$ | 130 |
| $1\,000 < n \leqslant 10\,000$ | 120 |

表 3-17 非噪声工作地点噪声声级设计要求

| 地点名称 | 噪声声级/dB（A） | 工效限值/dB（A） |
|---|---|---|
| 噪声车间观察（值班室） | ≤75 | ≤55 |
| 非噪声车间办公室、会议室 | ≤60 | |
| 主控室、精密加工室 | ≤70 | |

对于非稳态噪声的工作环境或工作位置流动的情况，根据测量规范的规定，应测量等效连续 A 声级，或测量不同的 A 声级和相应的暴露时间，然后按如下的方法计算等效连续 A 声级或计算噪声暴露率。

等效连续 A 声级的计算是将一个工作日（8h）内所测得的各 A 声级从大到小分成八段排列，每段相差 5dB，以其算术平均的中心声级表示，如 80dB 表示 78～82dB 的声级范围，85dB 表示 83～87dB 的声级范围，依此类推。低于 78dB 的声级可以不予考虑，则一个工作日的等效连续 A 声级可通过下式计算：

$$L_{eq}=80+10\lg\frac{\sum_n 10^{\frac{(n-1)}{2}}\times T_n}{480} \qquad (3\text{-}16)$$

式中：$n$——中心声级的段数号，$n$=1～8，见表 3-18；

$T_n$——第 $n$ 段中心声级在一个工作日内所累积的暴露时间，min；

480——8h 工作时间的分钟数，min。

表 3-18 各段中心声级和暴露时间

| $n$（段数号） | 1 | 2 | 3 | 4 | 5 | 6 | 7 | 8 |
|---|---|---|---|---|---|---|---|---|
| 中心声级 $L_i$/dB（A） | 80 | 85 | 90 | 95 | 100 | 105 | 110 | 115 |
| 暴露时间 $T_n$/min | $T_1$ | $T_2$ | $T_3$ | $T_4$ | $T_5$ | $T_6$ | $T_7$ | $T_8$ |

**例 3-3** 某车间中，工作人员在一个工作日内噪声累积的暴露时间分别为 90 dB（A）计 4h，75 dB（A）计 2h，100 dB（A）计 2h，求该车间的等效连续 A 声级。

解：根据表 3-16，90 dB（A）噪声处在段数号 $n$=3 的中心声级段，100 dB（A）噪声处在段数号 $n$=5 的中心声级段，75 dB（A）噪声处可以不予考虑。因此，根据式（3-15）可得：

$$L_{eq}=80+10\lg\frac{[10^{(3-1)/2}\times 240+10^{(5-1)/2}\times 120]}{480}=94.8\text{ dB（A）}$$

这一结果已超过表 3-15 中所规定的限值。

噪声暴露率的计算是将声级的暴露时间除以该声级的允许暴露时间。设在 $L_i$ 声级的暴露时间为 $T_i$，$L_i$ 声级允许暴露时间为 $T_{si}$，则按每天 8h 工作可算出噪声暴露率

$$D=\frac{T_1}{T_{s1}}+\frac{T_2}{T_{s2}}+\frac{T_3}{T_{s3}}+\cdots=\sum_i\frac{T_i}{T_{si}} \qquad (3\text{-}17)$$

如果 $D$>1，表明工作的噪声暴露剂量超过允许标准，如上例中的噪声暴露率 $D=\frac{4}{8}+\frac{2}{1}=2.5>1$，表明已超过标准限值。

### 3.2.5.2 室内环境噪声允许标准

为保证生活及工作环境的宁静，世界各国都颁布了室内环境噪声标准，但由于地区之间的差异，因此各国及地区的标准并不完全一致。国际标准化组织

（ISO）在 1971 年提出的《环境噪声允许标准》中规定：住宅区室内环境噪声的允许声级为 35～45 dB，并根据不同时间、不同地区等条件进行修正，修正值见表 3-19 及表 3-20；非住宅区环境噪声的允许声级见表 3-21。我国民用建筑室内允许噪声级见表 3-22。

**表 3-19　一天内不同时间住宅内室内环境噪声的允许声级修正值**

| 不同的时间 | 修正值（$L_{pA}$）/dB |
|---|---|
| 白天 | 0 |
| 晚上 | –5 |
| 深夜 | –10～–15 |

**表 3-20　不同地区住宅室内环境噪声的允许声级修正值**

| 不同的地区 | 修正值（$L_{pA}$）/dB |
|---|---|
| 农村、医院、休养区 | 0 |
| 市郊区、交通很少地区 | +5 |
| 市居住区 | +10 |
| 市居住区、少量工商业或交通混合区 | +15 |
| 市中心（商业区） | +20 |
| 工业区（重工业） | +25 |

**表 3-21　非住宅区的室内环境噪声允许标准**

| 房间功能 | 修正值（$L_{pA}$）/dB |
|---|---|
| 大型办公室、商店、百货公司、会议室、餐厅 | 35 |
| 大餐厅、秘书室（有打字机） | 45 |
| 大打字间 | 55 |
| 车间（根据不同用途） | 45～75 |

**表 3-22　民用建筑室内允许噪声级**

| 建筑物类型 | 房间功能或要求 | 允许噪声级（$L_{pA}$）/dB | | | |
|---|---|---|---|---|---|
| | | 特级 | 一级 | 二级 | 三级 |
| 医院 | 病房、医护人员休息室 | — | ≤40 | ≤45 | ≤50 |
| | 门诊室 | — | ≤55 | ≤55 | ≤60 |
| | 手术室 | — | ≤45 | ≤45 | ≤50 |
| | 测听室 | — | ≤25 | ≤25 | ≤30 |
| 住宅 | 卧室、书房 | — | ≤40 | ≤45 | ≤50 |
| | 起居室 | — | ≤45 | ≤50 | ≤50 |

| 建筑物类型 | 房间功能或要求 | 允许噪声级（$L_{pA}$）/dB | | | |
|---|---|---|---|---|---|
| | | 特级 | 一级 | 二级 | 三级 |
| 学校 | 有特殊安静要求的房间 | — | ≤40 | — | — |
| | 一般教室 | — | — | ≤50 | — |
| | 无特殊安静要求的房间 | — | — | — | ≤55 |
| 旅馆 | 客房 | ≤35 | ≤40 | ≤45 | ≤55 |
| | 会议室 | ≤40 | ≤45 | ≤50 | ≤50 |
| | 多用途大厅 | ≤40 | ≤45 | ≤50 | — |
| | 办公室 | ≤45 | ≤50 | ≤55 | ≤55 |
| | 餐厅、宴会厅 | ≤50 | ≤55 | ≤60 | — |

## 3.3 噪声测量仪器

噪声测量是环境噪声监测、控制以及研究的重要手段。环境噪声的测量大部分是在现场进行的，条件很复杂，声级变化范围大。因此其所需的测量仪器和测量方法与一般的声学测量有所不同。本书仅介绍环境噪声测量中常用的一些仪器设备和相关的测量方法。

声学测量的基本系统一般应包含以下三大部分：接收部分、分析部分、指示或记录部分。这三部分可以总汇成一台仪器（如声级计），也可以分成几台专用仪器。

### 3.3.1 声级计

在噪声测量中声级计是常用的基本声学仪器。它是一种可测量声压级的便携式仪器。国际电工委员会 IEC651 和《声级计电、声性能及测量方法》（GB 3785—83）将声级计分作 0、Ⅰ、Ⅱ、Ⅲ四种等级（表 3-23）。在环境噪声测量中，主要使用Ⅰ型（精密级）和Ⅱ型（普通级）。

表 3-23 声级计的分类

| 类型 | 精密级 | | 普通级 | |
|---|---|---|---|---|
| | 0 | Ⅰ | Ⅱ | Ⅲ |
| 精度 | ±0.4 dB | ±0.7 dB | ±1.0 dB | ±1.5 dB |
| 用途 | 实验室标准仪器 | 声学研究 | 现场测量 | 监测、普查 |

《声环境质量标准》(GB 3096—2008)规定，用于城市区域环境噪声测量的仪器精度为Ⅱ型或Ⅱ型以上的积分平均声级计或环境噪声自动监测仪器，其性能需符合 GB 3785 或 GB/T 17181 的规定，并定期校验。

声级计一般由传声器、放大器、衰减器、计权网络、检波器和指示器等组成。图 3-5 是声级计的典型结构框图。

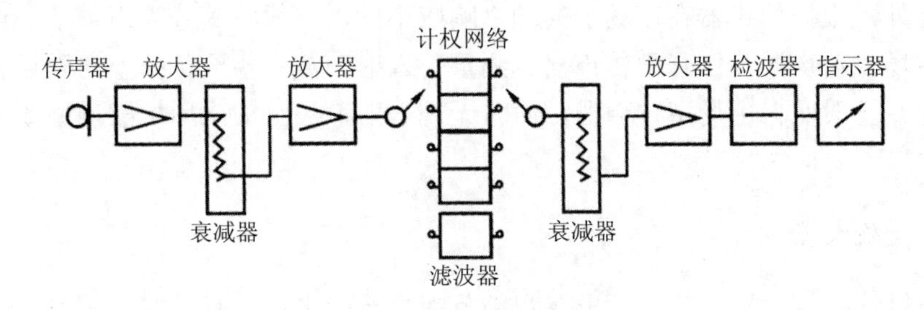


图 3-5　声级计的典型结构框图

3.3.1.1　传声器

这是一种将声压转换成电压的声电换能器。传声器的类型很多，它们的转换原理及结构各不相同。要求测试用的传声器在测量频率范围内有平直的频率响应、动态范围大、无指向性、本底噪声低、稳定性好。在声级计中，大多选用电容传声器和驻极体电容传声器。

(1) 电容传声器：它的振膜本身就是换能机构的主要部分。由于振膜又薄又轻，因此电容传声器具有优良的频率特性和瞬态特性，而且振动噪声低。因此，从质量指标上看，电容传声器是电声特性最好的一种传声器，它在很宽的频率范围内具有平直的响应曲线，输出高，失真小，瞬态响应好，因而被广泛使用。图 3-6 是电容传声器的结构示意图。

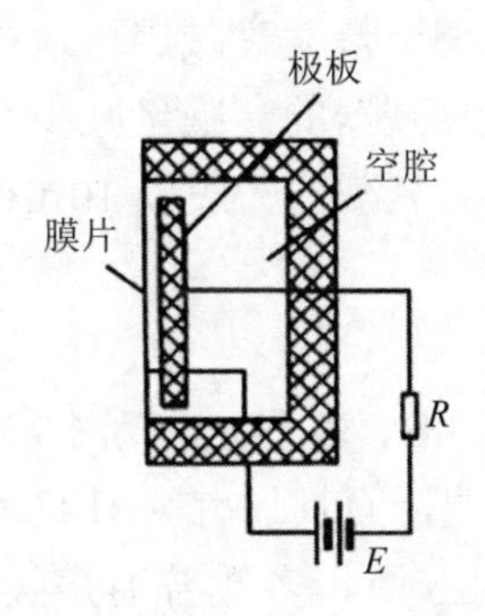


图 3-6　电容传声器的结构示意图

（2）驻极体电容传声器：一种利用驻极体材料做成的电容传声器。主要结构形式有两种：一种是用驻极体高分子薄膜材料做振膜；另一种是用驻极体材料做后极板。因为驻极体本身带电，所以这种传声器无需外部笨重的极化电源，从而简化了电容传声器的结构。驻极体传声器电声性能较好，抗振能力强，容易小型化，因此被广泛用于一般录音机，特别是盒式录音机中。

此外，根据传声器在声场中的频率响应不同，一般将其分为声场型（自由场和扩散场）传声器和压强型传声器。测量正入射声波（声波传播方向垂直于传声器膜片）一般取自由场型传声器，而对无规入射声波一般采用扩散场型或压强型传声器。

#### 3.3.1.2 放大器

声级计的放大器部分，要求在音频范围内响应平直，有足够低的本底噪声。精密声级计的声级测量下限一般在 24 dB 左右，如果传声器灵敏度为 50 mV/Pa，则放大器的输出电压约为 15 μV，因此要求放大器的本底噪声应低于 10 μV。当声级计使用“线性”（L）挡，即不加频率计权时，要求在线性频率范围内有这样低的本底噪声。

声级计内的放大器，要求具有较高的输入阻抗和较低的输出阻抗，并有较小的线性失真，放大系统一般包括输入放大器和输出放大器两组。

#### 3.3.1.3 衰减器

声级计的量程范围较大，一般为 25～130 dB。但检波器和指示器不可能有这么宽的量程范围，这就需要设置衰减器。衰减器分为输入衰减器和输出衰减器。声级计中，前者位于输入放大器之前，功能是将接收到的强信号给予衰减，以免输入放大器过载；但在信号衰减时，输入放大器所产生的噪声却不能被衰减，信噪比得不到提高。后者接在输入放大器和输出放大器之间，为了提高信噪比，一般测量时应尽量将输出衰减器调至最大衰减挡。这样，当测量较强信号时，由于输出衰减器的衰减作用，输入衰减器的衰减量减少，加到输入放大器上的输入信号增强了，信噪比也就提高了。衰减器一般以 10 dB 分挡。

#### 3.3.1.4 滤波器

声级计中的滤波器包括 A、B、C、D 计权网络和 1/1 倍频程或 1/3 倍频程滤波器。A 计权网络应用最为普遍，而且只有 A 计权网络的普通声级计，还可以做成袖珍式的，且价格低、使用方便。多数普通声级计还有“线性”挡，可以测量声压级，用途更为广泛。在一般噪声测量中 1/1 倍频程或 1/3 倍频程带宽的滤波器就足够了。

#### 3.3.1.5　检波器和指示器

检波器是将放大器输出的交流信号检波（整流）成直流信号，然后在指示器表头上指示读数或显示数字。指示器的响应时间一般有“快”和“慢”两挡。精密测量仪器有更多的不同平均时间。对于脉冲声级计，还有“脉冲”挡、“脉冲保持”和“峰值保持”等不同功能。

“慢”挡检波时间常数为 1 s，用以表示信号长时间的平均有效值，常用于变化缓慢信号的测量；“快”挡检波时间常数为 125 ms，用以表示信号短时间内的平均有效值，常用于迅速变化信号的测量；“脉冲”挡检波时间常数为 35 ms，用于表示信号短时间内的最大有效值，常用于短时间脉冲信号的测量。

对于无规起伏的连续噪声，如果要测量它的平均值，一般都用“慢”挡读数。如果要测量某种噪声变化的最大值，而又没有“最大保持”挡，应该用“快”挡，观察它的最大指示值。若要测量机动车辆噪声，声级计应放在距离车辆驶过中心 7.5 m 的位置上。若要测量车辆驶过时的最大噪声，就应该用“快”挡。

对于 1 s 以上的稳定声信号，用“慢”、“快”和“脉冲”挡测量，得到的读数应相同。

#### 3.3.1.6　声级计的主要附件

（1）防风罩：在室外测量时，为避免风噪声对测量结果的影响，可在传声器上罩一个防风罩，通常可降低风噪声 10～12 dB。但防风罩的作用是有限的，如果风速超过 20 km/h，即使采用防风罩，风速对不太高的声压级的测量结果也仍有影响。显然，所测噪声声压级越高，风速的影响越小。

（2）鼻形锥：若要在稳定的高速气流中测量噪声，应在传声器上装配鼻形锥，使其尖端朝向来流，从而降低气流扰动产生的影响。

（3）无规入射校正器：由于传声器在声场中会引起声波的散射作用，这特别会使高频段的频率响应受到明显影响。这种影响随声波入射方向的不同而变化。对无规入射声波如采用自由场型传声器，则应加一无规入射校正器，使传声器的扩散场响应接近平直。校正器与 1 英寸[①]声场型传声器配用，使用时校正器替代传声器的原有护罩。它可以改善传声器的无规入射特性，使传声器的扩散声场响应接近平直。

（4）延长杆：用来使传声器延伸到离声级计一定距离之外，以减少人体对测

① 1 英寸=2.54 cm。

量的影响。

（5）延长电缆：当测量精度要求较高或在某些特殊情况下，测量仪器与测试人员相距较远时，可用一种屏蔽电缆连接传声器和声级计。屏蔽电缆长度为几米至几十米，电缆的衰减很小，通常可以忽略。但是如果插头与插座接触不良，将会带来较大的衰减。因此，需要对连接电缆后的整个系统用校准器再次校准。

（6）三脚架：用来支撑声级计或传声器。

#### 3.3.1.7 声级计的校准

在声学测量中通常使用活塞发声器、声级校准器或其他声压校准仪器对声级计进行校准。

（1）活塞发声器：这是一种较精确的校准器。其主体是一个刚性腔室，一端可以放置待校准仪器的传声器，另一端连有一个圆柱体活塞。它在传声器的膜片上产生一个恒定的声压级（如 124 dB）。活塞发声器的信号频率一般为 250 Hz，所以在校准声级计时，频率计权必须放在“线性”挡或“C”挡，而不能在“A”挡校准。应用活塞发声器校准时，要注意环境大气压对它的修正，特别是在海拔较高地区进行校准时不能忘记这一点。使用时要注意校准器与传声器之间的紧密配合，否则读数不准。国产的 NX6 活塞发声器产生的腔内声压级为（124±0.2）dB，工作频率为（250±2.5）Hz。

（2）声级校准器：这是一种简易校准器，如国产 ND9 校正器。它的发声方法是采用压电陶瓷片的弯曲振动，后面耦合一个亥姆霍兹共鸣器。不同型号的校准器产生的声压级有所不同，大多为 90～94 dB，工作频率为 1 000 Hz。使用它进行校准时，因为它的信号频率是 1 000 Hz，声级计可置任意计权开关位置。因为在 1 000 Hz 处，任何计权或线性响应，灵敏度都相同。校准器应定期送计量部门做鉴定。

为保证测量结果的准确可靠，每次测量使用前后或在长时间测量过程中须对仪器进行校准。校准时将校准器紧密套在传声器上，并将仪器的滤波器置于校准器工作频率所在的频段内，压动校准器的启动按钮，观察仪器读数并与校准器标定的声压级比较。如果两者有差异，可以根据仪器的使用说明对仪器的灵敏度做适当调节使二者一致，或记录这个差值，在测量结束后对测量值进行修正。

### 3.3.2 频谱分析仪和滤波器

具有对声信号进行频谱分析功能的设备称为频谱分析仪或叫频率分析仪。

由能量叠加原理可知，频率不同的声波是不会产生干涉的，即使这些不同频率成分的声波是由同一声源发出的，它们的总声能仍旧是各频率分量上的能量叠加。在进行频谱分析时，对线状谱声音可以测出单个频率的声压级或声强级。但是对于连续谱声音，则只能测出某个频率附近$\Delta f$带宽内的声压级或声强级。

为了方便起见，常将连续的频率范围划分成若干相连的频带（或称频程），并且经常假定每个小频带内声能量是均匀分布的。显然，频带宽度不同，所测得的声压级或声强级也不同。对于足够窄的带宽$\Delta f$，定义$W(f)=p^2/\Delta f$称为谱密度。

频谱分析仪的核心是滤波器。图 3-7 是一个典型的带通滤波器的频率响应，带宽$\Delta f=f_2-f_1$。滤波器的作用是让频率在$f_1$和$f_2$间的所有信号通过，且不影响信号的幅值和相位，同时，阻止频率在$f_1$以下和$f_2$以上的任何信号通过。

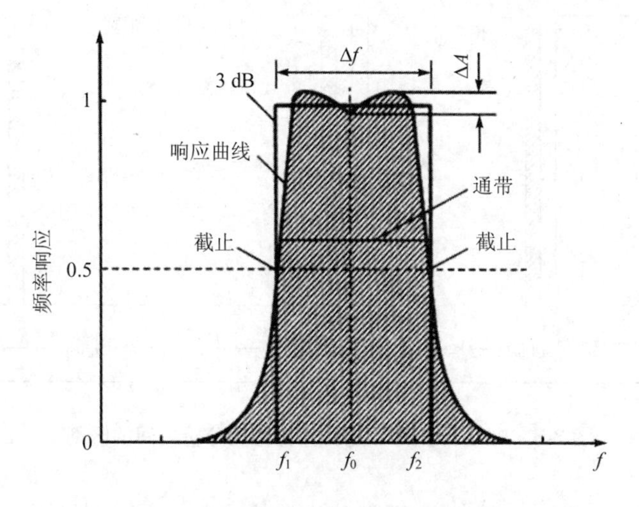


图 3-7　带通滤波器的频率响应

频率分析仪通常分两类：一类是恒定带宽的分析仪，另一类是恒定百分比带宽的分析仪。图 3-8 是恒定带宽与恒定百分比带宽分析之间的区别。

恒定带宽分析仪用一固定滤波器，信号用外差法将频率移到滤波器的中心频率，因此带宽与信号无关。

一般噪声测量多用恒定百分比带宽的分析仪，其滤波器的带宽是中心频率的一个恒定百分比值，故带宽随中心频率的增加而增大，即高频时的带宽比低频时宽，对于测量无规噪声或振动，这种分析仪特别有用。目前测量中最常用的是倍频程和 1/3 倍频程频谱仪。

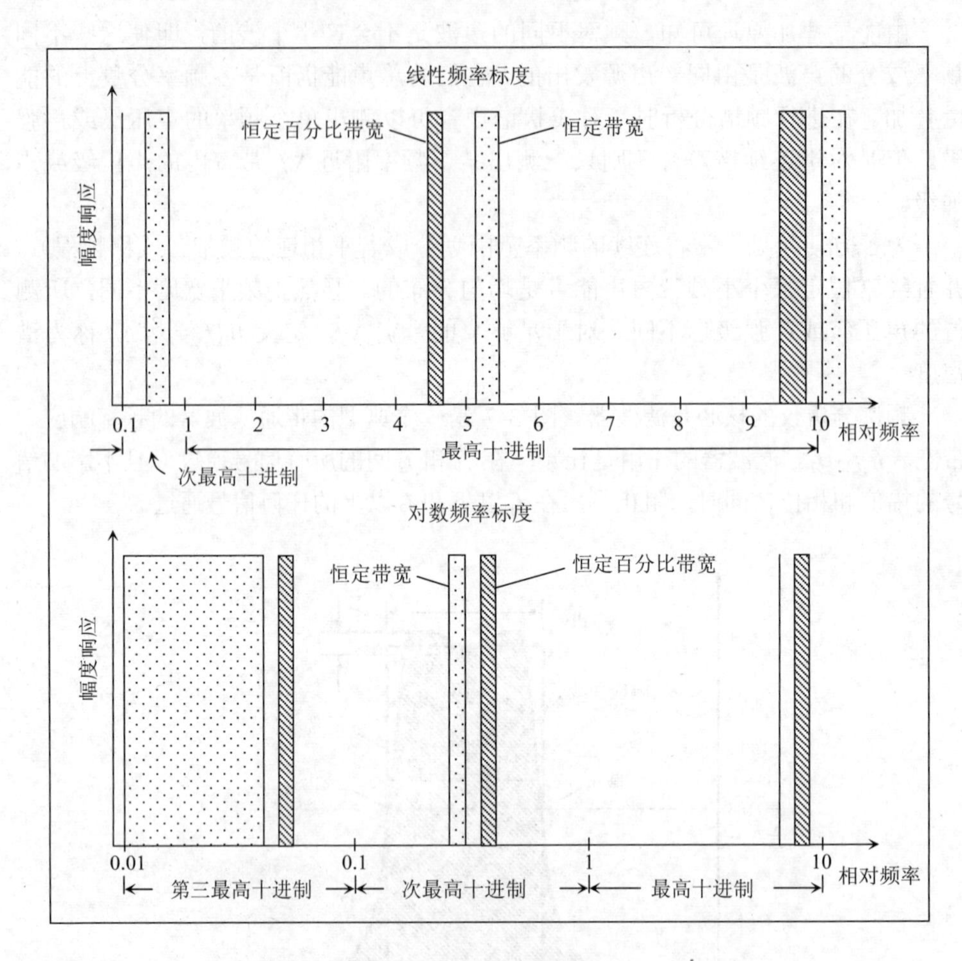


图 3-8 恒定带宽与恒定百分比带宽分析之间的区别

上述的分析仪都是扫频式的，即被分析的信号在某一时刻只通过一个滤波器，故这种分析是逐个频带递次分析的，只适用于分析稳定的连续噪声，对于瞬时的噪声要用这种仪器分析测量时，必须先用记录器将信号记录下来，然后连续重放，使其形成一个连续的信号再进行分析。

### 3.3.3 磁带记录仪

在现场测量中有时受到测试场地或供电条件的限制，不可能携带复杂的测试分析系统和较多的分析仪器，这时可以考虑采用磁带记录仪。

磁带记录仪具有携带简便、直流供电等优点，能将现场信号连续不断地记录在磁带上，带回实验室重放分析。

测量使用的磁带记录仪除要求畸变小、抖动少和动态范围大外，还要求在20～20 000 Hz 频率范围内（至少要求在所分析的频带内）有平直的频率响应。

磁带记录仪的品种繁多，有的采用调频技术可以记录直流信号，有的本身带有声级计功能（传声器除外），有的具有两种以上的走带速度。近期开发的记录仪可达数十个通道，信号记录在专用的录像带上。

除了模拟磁带记录仪外，数字磁带记录仪在声和振动测量中也已广泛应用。它具有精度高、动态范围大（可达 160 dB）、能直接与微机连接等优点。

为了能在回放时确定所录信号声压级的绝对值，必须在测量前后对测量系统进行校准。在磁带上录入一段校准信号作为基准值，在重放时所有的记录信号都与这个基准值比较，便可得到所录信号的绝对声压级。磁带记录仪一般多与声级计（或者其他放大设备）配用。由传声器接收的声信号经声级计放大后从“交流”（AC）输出端送至记录仪的输入端。

对于多通道磁带记录仪，常常可以选定其中的一个通道来记录测试状态，以及测量者口述的每项测试记录的测量条件、仪器设置和其他相关信息。

### 3.3.4 读出设备

噪声或振动测量的读出设备是相同的，读出设备的作用是让观察者得到测量结果。读出设备的形式很多，最常用的有：将输出的数据以指针指示或数字显示的方式直接读出，目前，以数字显示居多，如声级计面板上的显示窗；还有就是将输出以几何图形的形式描画出来，如声级记录仪和 X-Y 记录仪。它可以在预印的声级及频率刻度纸上做迅速而准确的曲线图描绘，以便于观察和评定测量结果，并与频率分析仪做同步操作，为频率分析及响应等提供自动记录。需要注意的是，以上这些能读出幅值的设备，通常读出的是被测信号的有效值，但有些设备也能读出被测信号的脉冲值和幅值。还有一种是数字打印机，将输出信号通过模数转换（A/D）变成数字由打印机打出。此种读出设备常用于实时分析仪，用计算机操作进行自动测试和运算，最后结果由打印机打出。

### 3.3.5 实时分析仪

声级计等分析装置是通过开关切换逐次接到不同的滤波器来对信号进行频谱分析的。这种方法只适宜于分析稳态信号，需要较长的分析时间。对于瞬态信号则采用先由磁带记录，再多次反复重放来进行频谱分析。显然，这种分析手段很不方便，迫切需要一种分析仪器能快速（实时）分析连续的或瞬态的信号。

实时分析仪经历了一段发展过程。早期在 20 世纪 60 年代研制的 1/3 倍频程实时分析仪是采用多挡模拟滤波器并联的方法来实现“实时”分析的。20 世纪 70

年代初出现的窄带实时分析仪兼有模拟和数字两种特征。随着大规模集成电路和信号处理技术的迅速发展，到70年代中期出现了全数字化的实时分析仪。

根据需要，可将分析结果进行实时显示、机内贮存、软盘贮存、打印输出或与外部微机联机处理。某些实时分析仪具有电容传声器输入的多芯插口，可以直接与电容传声器的前置放大器连接。

## 3.4 噪声测量方法和技术

噪声控制是研究在现实经济与使用条件下怎样获得“可允许”的环境噪声。“可允许”的环境噪声应该有一个客观标准，这就涉及噪声评价参数与评价标准问题。除了与噪声问题有关的政策、行政措施、社会措施外，主要内容是噪声防治和减噪技术。要控制噪声必须先测量噪声，以便了解现场实际情况，为进行噪声控制提供分析依据和评价噪声控制的效果。

噪声测量是定量地确定噪声的一个或 $n$ 个特性的过程。噪声控制技术是采用吸声、隔声、隔振等方法，使各种环境噪声低于允许的最高噪声标准，因此，噪声测量主要包括两部分，即噪声源的测量和允许噪声级的测量。第一部分包括噪声源声压级的测量、方向分布的测量和噪声源声功率的测量等。第二部分主要是测量噪声声压级频谱，用于计算各种噪声评价参数，以便与噪声评价标准比较。对于某些随时间变化的噪声，则应该根据某段时间范围内连续测得的声压级来计算。本章仅讨论与噪声控制技术有关的噪声测量。

噪声测量系统的方案很多，基本测量系统包括换能器、分析器、读出单元。换能器通常是传声器，虽然有时也可能用加速度计判断复杂噪声源中各类噪声的位置。系统的分析部分比较复杂，为了使测量结果能够反映人们对噪声的主观感觉，对信号常进行时间计权和频率计权。频率计权最简单的是应用标准网络，如A、B、C、D计权网络，或用滤波器，如1/1和1/3倍频程滤波器。时间计权通常也是一个重要参数，对于变化缓慢的信号，采用的时间常数为 1 000ms；对于快速变化的信号采用125ms时间常数；对于脉冲信号则采用35ms的时间常数。输出部分可以是一个已校准的对数刻度并具有标准时间响应的电压表，或者用记录器记录测量的声压级。最近在噪声测量系统中已使用直接用数字读出或能打印测量结果的数字式仪表。

最简单的噪声测量设备是声级计，它可以测量总声压级和A、B、C、D计权声级。分析噪声时需要测量频谱或主要频率分量，可以将1/1倍频程或1/3倍频程滤波器与声级计连用，也可以先录在磁带上，然后在实验室内分析。在实验室内则常用测量放大器和滤波器组合成的频谱分析器，更为方便的是使用 1/3 倍频程实时分析器。1970 年以来，数字计算机在噪声测量中的应用逐渐增多，它可以存储和计算长时间内测得的噪声信号数据，并计算平均值和相关函数等。

### 3.4.1　声强的测量

在第二章中已介绍了声强的概念，在声场中某点处，与质点速度方向垂直的单位面积上在单位时间内通过的声能称为瞬时声强。它是一个矢量，$I = pu$。实际应用中，常用的是瞬时声强的时间平均值：

$$I_r = \frac{1}{T}\int_0^T p(t)u_r(t)\mathrm{d}t = \overline{p(t)\cdot u_r(t)} \tag{3-18}$$

式中：$u_r(t)$——某点的瞬时质点速度在声传播 $r$ 方向上的分量；

$p(t)$——该点 $t$ 时刻的瞬时声压；

$T$——取声波周期的整数倍。

显然，声强是矢量。如果测量出某点的声压和质点速度，就可求出该点的声强。声压的测量是容易的，所以声强测量的困难在于如何测量质点的振动速度。这个困难是采用双传感器来解决的。

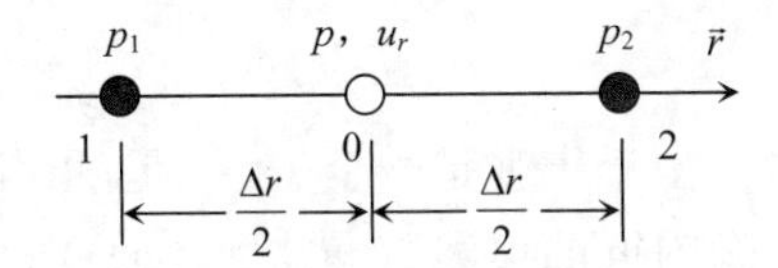


图 3-9　双传感器声强测量方法示意图

在图 3-9 中，0 点是两个完全相同的传声器 1 和 2 距离的中心。设 $p$ 和 $u_r$ 为 0 点的声压和质点速度，$p_1$ 和 $p_2$ 分别为两传声器测得的声压。当两传声器之间的距离 $\Delta r$ 远小于声波波长时，可得

$$p = \frac{1}{2}(p_1 + p_2) \tag{3-19}$$

根据声波方程中的运动方程式，在声波传播方向上

$$\frac{\partial p}{\partial r} = -\rho_0\frac{\partial u_r}{\partial t}$$

当 $\Delta r$ 远小于声波波长时，则有

$$\frac{p_2 - p_1}{\Delta r} \approx -\rho_0\frac{\partial u_r}{\partial t} \tag{3-20}$$

对式（3-20）积分可得

$$u_r = -\frac{1}{\rho_0 \Delta r}\int (p_2 - p_1)\mathrm{d}t \tag{3-21}$$

将式（3-19）和式（3-21）代入式（3-18），得 0 点的声强为

$$I_r = -\frac{1}{2\rho_0 \Delta r}\overline{(p_1 + p_2)\int (p_2 - p_1)\mathrm{d}t} \tag{3-22}$$

上式说明，通过测量两点的声压，把它们的差值送入积分器就可得到质点振动速度，再经过其他演算就可得到声强。

目前，声强测量仪一般采用双传声器接收声信号，装置方式可面对面、背靠背或并行。两传声器的间距 $\Delta r$ 应与所测得的最高频率的波长有关，一般取相应的最短波长值的 1/6～1/10。例如最高测量频率为 10 kHz 时，则 $\Delta r$ 可取 3～6 mm。

此外，互功率谱法也是计算声强的一种通用方法：将声压传声器测得的声压信号 $p_1(t)$、$p_2(t)$ 进行傅里叶变换，得到 $p_1(\omega)$ 和 $p_2(\omega)$，然后求出声强 $I_r$ 的频谱密度：

$$I_r(\omega) = -\frac{1}{\rho_0 \omega \Delta r} I_{\mathrm{m}}[R_{12}] \tag{3-23}$$

$$R_{12} = [p_1(\omega) \cdot p_2^*(\omega)] \tag{3-24}$$

式中：$R_{12}$——互功率谱密度；

$I_{\mathrm{m}}$——取声强虚部；

*——复数共轭。

声强测量的用处很多，由于声强是一个矢量，因此声强测量可用来鉴别声源和判定它的方位，画出声源附近的声能流动路线，研究材料吸声系数随入射角度的变化，并不需要特殊声学环境；甚至在现场强背景噪声条件下，通过测量包围声源的封闭包络面上各面元的声强矢量就可求出声源的声功率。

目前，大致有三类声强测量仪器：

①小型声强仪。它只给出线性的或 A 计权的单值结果，且基本上采用模拟电路。

②双通道快速傅里叶（FFT）分析仪或其他实时分析仪，通过互功率谱计算声强。

③利用数字滤波器技术，由两个具有归一化 1/3 倍频程滤波器的双路数字滤波器获得声强的频谱。

如果只需要测量线性的或 A 计权的声强级，可以采用小型声强仪；如果需要进行窄带分析，而在设备和时间上没有什么限制，则可以采用 FFT 分析仪。

### 3.4.2 环境噪声的测量

环境噪声的测量包括城市区域环境噪声测量、道路交通噪声测量、机动车辆

噪声测量和航空噪声测量等。

#### 3.4.2.1　城市区域环境噪声测量

为了掌握城市区域环境噪声的总体水平，为制定噪声控制规划和管理提供依据，需要对城市区域环境噪声进行测量。《声环境质量标准》（GB 3096—2008）规定了具体的方法。

（1）城市区域环境噪声普测——网格测量法

将要普查测量的城市某一区域或整个城市划分成若干个等大的正方格，网格要完全覆盖住被普查的区域和城市。每一网格中的工厂、道路及非建成区的面积之和不得大于网格面积的 50%，否则视该格无效。有效网格总数应多于 100 个。通常以 500 m×500 m 为网格单元，如果城市区域小，可按 250 m×250 m 划分网格单元。测点应设在每一个网格的中心，测点条件为一般户外条件。测量时间分昼间和夜间两部分。每次每个测点测量 10 min 的连续等效 A 声级（$L_{\mathrm{Aeq}}$）。将全部网格中心测点测得的 10 min 连续等效声级做算术平均运算，所得到的平均值代表某一区域或全市的噪声水平。测量结果通常以等效 A 声级 $L_{\mathrm{Aeq}}$ 绘出的区域噪声污染图表示。一般按 5 dB 为一挡分级（如 60～65 dB，65～70 dB，70～75 dB……），用不同颜色或阴影线表示每一挡等效 A 声级，绘制在覆盖某一区域或城市的网格上，用来表示区域或城市的噪声污染分布情况。根据每个网格中心的噪声值及对应的网格面积，统计不同噪声影响水平下的面积百分比，以及昼间、夜间的达标面积比例。有条件时可估算受影响人口。

还可用全部各网点的等效 A 声级 $L_{\mathrm{Aeq}}$ 和累计声级 $L_{10}$、$L_{50}$、$L_{90}$ 的算术平均值、最大值及标准偏差 $\delta$ 表示城市或区域的噪声水平，并与各城市区域噪声水平作比较。

（2）城市区域环境噪声监测——定点测量方法

在标准规定的城市建设区中，优化选取一个或多个能代表某一区域或整个城市建设区域环境噪声平均水平的测点，进行长期噪声定点监测，每次测量的位置、高度应保持不变。监测至少进行一昼夜 24 h 的连续监测，测量每小时的 $L_{\mathrm{Aeq}}$ 及昼间 A 声级的能量平均值 $L_{\mathrm{d}}$、夜间 A 声级的能量平均值 $L_n$ 和最大声级 $L_{\max}$。监测应避开节假日和非正常工作日。某一区域或城市昼间（或夜间）的环境噪声水平由下式计算：

$$L=\sum_{i=1}^{n}L_i\frac{S_i}{S} \tag{3-25}$$

式中：$L_i$——第 $i$ 个测点测得的昼间或夜间的连续等效 A 声级，dB（A）；

$S_i$——第 $i$ 个测点所代表的区域面积，$\mathrm{m}^2$；

$S$——整个区域或城市的总面积，$m^2$。

将每小时测得的连续等效 A 声级按时间排列，得到 24h 的时间变化图形，可用于表示某一区域或城市环境噪声的时间分布规律。

#### 3.4.2.2 道路交通噪声测量方法

根据《声学—环境噪声测试方法》（GB/T 3222—94）的规定进行测量。

道路交通噪声的测点应选在市区交通干线两路口之间、道路边人行道上或距马路沿 20cm 处，此处距两交叉路口应大于 50m。交通干线是指机动车辆每小时流量不小于 100 辆的马路。

测量仪器选用普通声级计或精密声级计，测点离地面高度大于 1.2m，垂直指向公路，可以手持，也可用三脚架，并尽可能避开周围的反射物（离反射物至少 3.5m），以减少周围反射对测试结果的影响。

由于测量点设在人行道上，应尽量避免人群围观或有意在声级计附近大声喧哗。在测量时段内，应记录车流量。在测量前或测量后，应测量路面宽度和两路口间的路长。

测量结果可按有关规定绘制成交通噪声污染图，并以全市各交通干线的等效 A 声级 $L_{Aeq}$ 和统计声级 $L_{10}$、$L_{50}$、$L_{90}$ 的算术平均值、最大值及标准偏差 $\delta$ 表示全市的交通噪声水平，用于城市间交通噪声的比较。

交通噪声等效声级和统计声级的平均值用加权算术平均方法计算，即

$$L=\frac{1}{l}\sum_{i=1}^{n}L_i l_i \tag{3-26}$$

式中：$l$——全市交通干线的总长度，km；

$l_i$——第 $i$ 段干线的长度，km；

$L_i$——第 $i$ 段干线测得的等效声级或统计声级，dB。

交通噪声的声级起伏一般符合正态分布，等效声级可近似为：

$$L_{eq}\approx L_{50}+\frac{(L_{10}-L_{90})^2}{60} \tag{3-27}$$

#### 3.4.2.3 机动车辆噪声测量方法

交通噪声是城市噪声的主要污染源，而交通噪声的声源是机动车辆本身及其组成的车流。由于车辆噪声随行驶状况不同会有变化，因此测定的车辆噪声级，既要反映车辆的特性，又要代表车辆行驶的常用状况。《机动车辆噪声测量方法》（GB 1496—79）和《声学—机动车辆定置噪声测量方法》（GB/T 14369—93）具体规定了机动车辆的车外噪声、车内噪声和定置噪声的测试规范。

（1）车外噪声测量

与城市环境密切相关的是车辆行驶时的车外噪声。车外噪声测量需要平坦开阔的场地，在测试中心周围 25m 半径范围内不应有大的反射物。测试跑道应有 20m 以上平直、干燥的沥青路面或混凝土路面，路面坡度不超过 0.5%。

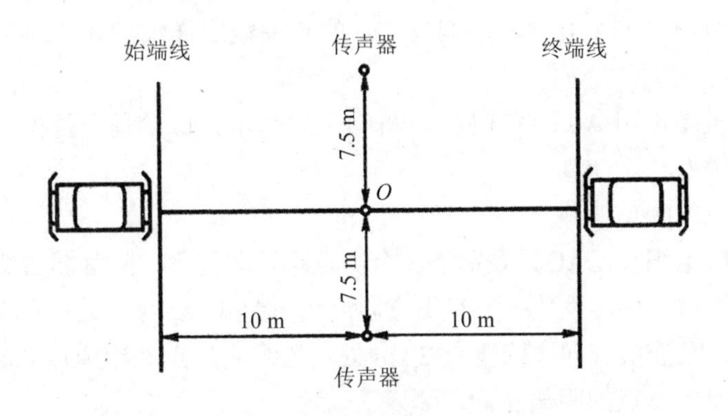


**图 3-10 机动车辆噪声测试位置**

测试话筒位于 20m 跑道中心 *O* 点两侧，各距中线 7.5m，距地面高度 1.2m，用三脚架固定（图 3-10）。话筒平行于路面，其轴线垂直于车辆行驶方向。本地噪声（包括风噪声）至少应比所测车辆噪声低 10dB，并保证测量不被偶然的其他声源所干扰；为避免风噪声干扰，可采用防风罩，但应注意防风罩对声级计灵敏度的影响。测量时要避免测试人员对读数的影响。各类车辆按测试方法所规定的行驶挡位分别以加速和匀速状态驶入测试跑道。声级计用 A 计权网络，“快”挡读取车辆驶过时的最大读数。同样的测量往返进行一次。车辆同侧两次测量结果之差不应大于 2dB。若只用一个声级计测量，则同样的测量应进行 4 次，即每侧测量 2 次。

（2）车内噪声测量

测量跑道应有足够试验需要的长度，应是平直、干燥的沥青路面或混凝土路面；测量时风速（指相对于地面）应不大于 20km/h；测量时车辆门窗应关闭；车内环境噪声必须比所测车内噪声低 10dB，并保证测量不被偶然的其他声源干扰；车内除驾驶员和测量人员外，不应有其他人员。

车内噪声测点位置通常在人耳附近。

车内噪声主要是影响驾驶人员对车外声音信号的识别和车内人员的舒适性，对环境影响不大。

#### 3.4.2.4 航空噪声测量方法

航空噪声测量主要包括单个飞行事件引起的噪声、连续一系列飞行事件引起的噪声和在监测时间内机场周围飞机噪声测量方法及检测。国际标准 ISO 3891《表述地面听到飞机噪声的方法》、《机场周围飞机噪声测量方法》（GB 9661—88）和国际民航组织（ICAO）《航空器噪声》的有关规定详细叙述了航空噪声的测量方法。

测量飞机噪声用 A 或 D 计权，飞机噪声的基本评价量是一昼夜的计权连续等效感觉噪声级 $L_{PN}$。

（1）飞机的噪声检测

国际民航组织（ICAO）规定了 3 个测量点，即起飞、降落和边线测量点。起飞测量点在跑道的中心线上，沿起飞方向离飞机起飞点 6 km 处；降落测量点在跑道中心线上，沿降落方向离降落点 2 km 处；边线测量点离跑道边 0.65 km 处，与飞机降落点和起飞点的距离相同。

（2）机场周围飞机噪声测量方法

机场周围飞机噪声测量方法包括精密测量和简易测量。精密测量需要做时间函数的频谱分析，简易测量只需频率计权测量。现介绍简易测量方法。

①测量条件：气候条件为无雨、无雪，地面 10m 高处的风速不大于 5m/s，相对湿度不超过 90%和不小于 30%。

②传声器位置：传声器应安装在开阔平坦的地方，高于地面 1.2m，距离其他反射壁面不小于 1m，主要避开高压电线和大型变压器。所有测量都应使传声器膜片基本位于飞机飞行航线和测点所确定的平面内。

在机场的近处应使用声压型传声器，其频率响应的平直部分要达到 10 kHz。要求测量的飞机噪声级最大值至少超过环境背景噪声级 20dB。

③测量仪器：精度不低于Ⅱ型声级计或机场噪声检测系统及其他适当仪器。声级计的性能要符合 GB 3785 的规定。

使用声级计接声级记录器，或用声级计接测量录音机。读 A 声级或 D 声级最大值，记录飞行时间、状态、机型等测量条件。读取一次飞行过程的 A 声级最大值，一般用慢响应；在飞机低空高速通过及离跑道近处的测量点用快响应。当用声级计输出与声级记录器连接时，记录器的笔速对应于声级计上的慢响应为 16mm/s，快响应为 100mm/s。记录纸上要注明纸速、飞行时间、状态和机型。没有声级记录器时可用录音记录飞行信号的时间历程，在录音带上说明时间、状态、机型等测量条件，然后在实验室进行信号回放分析。

### 3.4.3 工业企业噪声的测量

工业企业噪声问题分为两类：一类是工业企业内部的噪声，另一类是工业企业对外界环境的影响。内部噪声又分为生产环境噪声和机器设备噪声。

#### 3.4.3.1 生产环境噪声测量

《工业企业噪声控制设计规范》（GBJ 87—85）规定生产车间及作业场所工人每天连续接触噪声 8h 的噪声限制值为 90dB。这个数值是指工人在操作岗位上的噪声级。

测量时传声器应置于工作人员的耳朵附近，测量时工作人员应从岗位上暂时离开，以避免声波在工作人员头部引起的散射声使测量产生误差。对于流动的工种，应在流动的范围内选择测点，高度应与工作人员耳朵的高度相同，并求出测量值的平均值。

车间内部各点声级分布差异小于 3dB 时，只需要在车间选择 1～3 个测点；若声级分布差异大于 3dB，则应按声级大小将车间分成若干区域，使每个区域内的声级差异小于 3dB；相邻两个区域的声级差异应大于或等于 3dB，并在每个区域选取 1～3 个测点。这些区域必须包括所有工人因观察和管理生产过程而经常工作活动的地点和范围。

#### 3.4.3.2 机器噪声的现场测量

机器噪声的现场测量应遵照各有关测量规范（包括国家标准、部颁标准、行业规范）进行，必须设法避免或减小环境的背景噪声和反射声的影响，如使测点尽可能接近机器声源、除待测机器外尽可能关闭其他运转设备、减少测量环境的反射面和增加吸声面积等。对于室外或高大车间内的机器噪声，在没有其他声源影响的条件下，测点可选得远一点，一般情况可按如下原则选择测点：

小型机器（外形尺寸小于 0.3m），测点距表面 0.3m；

中型机器（外形尺寸在 0.3～1m），测点距表面 0.5m；

大型机器（外形尺寸大于 1m），测点距表面 1m；

特大型机器或有危险性的设备，可根据具体情况选择较远位置为测点。

测点数目可视机器的大小和发声部位的多少选取 4、6、8 个。测点高度以机器半高度为准或选择在机器轴水平线的水平面上，传声器对准机器表面，测量 A、C 声级和倍频程频带声压级，并在相应测点上测量背景噪声。

对空气动力性的进、排气噪声，进气噪声测点应取在进气口轴线上，距管口平面 0.5m 及 1m（或等于一个管口直径）处；排气噪声测点应取在排气口轴线 45°

方向上或管口平面上，距管口中心 0.5m、1m 或 2m 处，如图 3-11 所示。进、排气噪声应测量 A、C 声级和倍频程频带声压级，必要时测量 1/3 倍频程频带声压级。

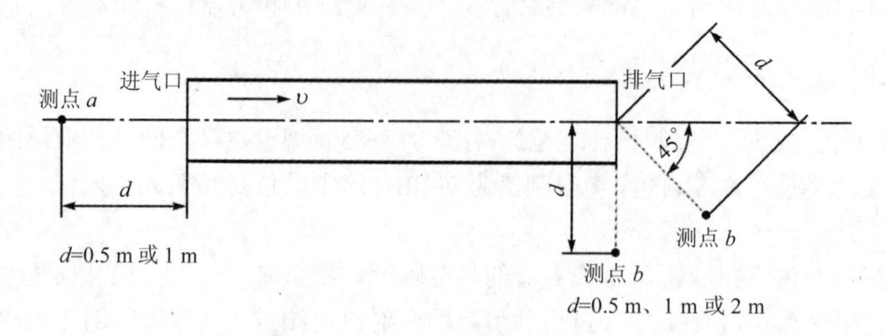


图 3-11 进、排气噪声测点

3.4.3.3 厂界环境噪声测量

《工业企业厂界环境噪声排放标准》（GB 12348—2008）规定了工业企业和固定设备厂界环境噪声排放限值及其测量方法。

（1）测量仪器

测量仪器为积分平均声级计或环境噪声自动监测仪，其性能应不低于 GB 3785—83 或 GB/T 17181—1997 对 2 型仪器的要求。测量 35 dB 以下的噪声应使用 1 型声级计，且测量范围应满足所测量噪声的需要。校准所用仪器应符合 GB/T 15173—94 对 1 级或 2 级声校准器的要求。当需要进行噪声的频谱分析时，仪器性能应符合 GB/T 3241—1998 中对滤波器的要求。测量仪器时间计权特性设为“F”挡，采样时间间隔不大于 1 s。

（2）测量条件

测量应在无雨雪、无雷电天气，风速为 5 m/s 以下，在被测声源正常工作时间内进行。

（3）测点位置

根据工业企业声源、周围噪声敏感建筑物的布局，以及毗邻的区域类别，在工业企业厂界布设多个测点，其中包括距噪声敏感建筑物较近以及受被测声源影响较大的位置。一般情况下，测点选在工业企业厂界外 1 m，高度 1.2 m 以上，距任一反射面距离不小于 1 m 的位置上。当厂界无法测量到声源的实际排放状况（如声源位于高空、厂界设有声屏障等）时，应同时在受影响的噪声敏感建筑物户外 1 m 处另设测点。室内噪声测量时，室内测量点位设在距任一反射面至少 0.5 m 以上、距地面 1.2m 高度处，在受噪声影响方向的窗户开启状态下测量。当固定设备结构噪声传播至噪声敏感建筑物室内，在噪声敏感建筑物室内测量时，测点应距任一反射面至少 0.5m 以上、距地面 1.2m、距外窗 1m 以上，在窗户关闭状态下测量。被测房间内的其他可能干扰测量的声源（如电视机、空调、排风扇以及镇流器较响的日光灯、运转时出声的时钟等）应关闭。

（4）测量时段

分别在昼间、夜间两个时段测量。夜间有频发、突发噪声影响时同时测量最大声级。被测声源是稳态噪声源，采用 1min 的等效声级；被测声源是非稳态噪声源，测量被测声源有代表性时段的等效声级，必要时测量被测声源整个正常工作时段的等效声级。

（5）背景噪声测量及测量结果修正

测量环境不受被测声源影响，且其他声环境与测量被测声源的环境保持一致，测量时段与被测声源测量的时间长度相同。

噪声测量值与背景噪声值相差大于 10dB（A）时，噪声测量值不做修正。噪声测量值与背景噪声值相差在 3～10dB（A）时，噪声测量值与背景噪声值的差值取整后，按表 3-24 进行修正。噪声测量值与背景噪声值相差小于 3 dB（A）时，应在采取措施降低背景噪声后，视情况按以上要求执行；仍无法满足以上要求的，应按环境噪声监测技术规范的有关规定执行。

**表 3-24　环境噪声测量结果修正值**　　单位：dB（A）

| 差值 | 3 | 4～5 | 6～10 |
|---|---|---|---|
| 修正值 | −3 | −2 | −1 |

### 3.4.4　噪声测量的步骤

通常，噪声测量的步骤可概括如下：

（1）要清楚测量的目的：是仅为了需要一个简单的声级，还是需要为后续的噪声控制提供资料；对于后续可能的噪声控制方法，仅用窄带分析就能得出结论，还是需要以后在实验室内进行复杂的分析。

（2）要清楚测量的方法和标准，了解所需仪器系统的精度、测量技术和测量现场的布置等方面的相关标准。

（3）要了解噪声源的基本情况：所要测量的是何种类型的噪声，是否是脉冲型的，是否需要统计数值变化，是否含有显著的纯音。

（4）记住上述三点，选择最合适的仪器系统进行所需的噪声测量，可以得到需要的结果。应当考虑测量的频率范围，这些测量的统计分析以及是否需要特殊的仪器系统，例如轰声、冲击或脉冲噪声。

（5）选择仪器系统并进行整套装置的检验和校准。

（6）绘一张所用仪器连接的草图并记下所有仪器的参考号码。

（7）对测量情况、声源位置、传声器、反射情况或主要表面，做一简要说明。

（8）记录下气象条件，包括风向和风力强弱、温度、湿度。

（9）检验一下背景噪声级，总声级或为以后分析需要的同一频带上的背景噪声级。

（10）进行噪声的测量，记下有关设备的调节位置，例如“dB（A）”“快”等。

（11）要做记录，包括仪器调节位置的变动和任何非常事件。

## 习题

1．测得各倍频带声压值如下表：

| $f_c$/Hz | 63 | 125 | 250 | 500 | 1k | 2k | 4k | 8k |
|---|---|---|---|---|---|---|---|---|
| 声压级/dB | 55 | 57 | 59 | 65 | 67 | 73 | 65 | 41 |

试求总响度和总响度级。

2．在某测点处测得噪声的倍频带声压值如下表：

| 中心频率/Hz | 63 | 125 | 250 | 500 | 1k | 2k | 4k | 8k |
|---|---|---|---|---|---|---|---|---|
| 声压级/dB | 98 | 101 | 103 | 102 | 99 | 92 | 80 | 60 |

试计算其总声压级值。

3．某纺织工厂操作工，每天工作 8h；6h 在织机前巡回检查，声级为 92dB；1h 在休息室休息，声级为 75dB；1h 在 55dB 以下的环境下就餐等。求该工人每天接触噪声的等效声级。

4．甲每天在 82dB（A）的噪声下工作 8h；乙在 81dB（A）下工作 2h，在 84dB（A）下工作 4h，在 86dB（A）下工作 2h。试问谁受到噪声的危害大。

5．某工人，在一天 8h 工作时间内，4h 接触 100dB 的噪声，2h 接触 90dB 的噪声，2h 接触 80dB 的噪声，求一天的等效连续 A 声级。

6．某卡拉 OK 厅，女声演唱时平均声级为 100dB，占总时长的 30%；男声演唱时的平均声级为 96dB，占总时长的 20%，其余时间在 85dB 左右，一场共计 6 h，求该场卡拉 OK 厅的等效连续声级。

7．为考核某车间 8h 的等效声级，每 5min 测量一次 A 声级，共有 96 个数据。经统计，12 次是 85dB（包括 83～87dB），12 次 90dB（90～92dB），48 次是 95dB

（包括 93～97dB），24 次 100dB（98～102dB）。试求该车间的等效声级。

8．某地区白天的等效声级为 64dB，夜间为 45dB；另一地区白天为 60dB，夜间为 50dB。试问哪一地区的环境噪声对人的影响大？

9．求下列倍频程声压级的 NR 数。

| $f_c$/Hz | 63 | 125 | 250 | 500 | 1k | 2k | 4k | 8k |
| --- | --- | --- | --- | --- | --- | --- | --- | --- |
| 声压级/dB | 60 | 70 | 80 | 82 | 80 | 83 | 78 | 76 |

10．在铁路旁某处测得：当蒸汽货车经过时，在 2.5min 内的平均声级为 72dB；当内燃机客车通过时，在 1.5min 内的平均声级为 68dB；无车通过时的环境噪声约为 50dB。该处白天 12h 内共有 65 列火车通过，其中货车 45 列，客车 20 列。计算该地点白天的等效连续 A 声级。

# 第四章

# 噪声控制原理

## 4.1　噪声控制基本原理

通过前面对噪声的产生、传播规律的学习，我们知道，只有当噪声源、介质、接收者三因素同时存在时，噪声才对听者形成干扰，因此控制噪声必须从这三个方面考虑，既要对其进行分别研究，又要将它作为一个系统综合考虑。控制噪声的原理，就是在噪声到达耳膜之前，采用阻尼、隔声、吸声、个人防护和建筑布局等措施，尽力降低声源的振动，或者将传播中的声能吸收掉，或者设置障碍，使声音全部或部分反射出去。

### 4.1.1　噪声控制的基本措施

声学系统一般是由声源、传播途径和接收者三个环节组成的，如图 4-1 所示。

图 4-1　声学系统基本框图

根据上述三个环节，分别采取措施控制噪声。

（1）声源控制。根据形成噪声污染的因素可知，消除噪声污染首先应从机器设备本身考虑，这是最积极最彻底的措施：通过研制和选用低噪声设备和改进工艺，提高设备的制造精度和安装技术，使发声体变为不发声体或将其改造成弱发声体，降低发声体的辐射功率等。这样使声源不存在或声功率大大降低，从而从根本上消除或降低噪声的污染。

（2）传播途径控制。这是噪声控制中的普遍技术，从传播途径上控制噪声主要有两方面：一是阻断或屏蔽声波的传播，二是使声波的能量随距离而衰减。常见的方法包括隔声、吸声、消声、隔振和阻抗失配等措施。

（3）接收者的防护措施。在声源和声源传播途径上无法采取各种有效措施，或采取措施后仍达不到预期效果，或者工作过程中不可避免地有噪声时，就需要对接收者采取个人防护措施，如戴防声耳塞、耳罩、头盔等，使人耳接收到的噪声减少到允许水平。对于精密仪器设备，可将其安置在隔声间内或隔振台上。

上述关于噪声控制的基本途径，可以单独使用也可以联合使用，均应根据具体情况综合考虑，声源可以单个作用，也可以多个同时作用；传播途径也通常不止一条，且非固定不变；接收者可能是人，也可能是若干灵敏设备，对噪声的反应也各不相同。所以，在考虑噪声问题时，既要注意这种统一性质，又要考虑个体特性。噪声控制应从声源特性调查入手，通过传播途径分析和降噪量确定等一系列步骤选定最佳方案，最后对噪声控制工程进行评价，采取相应措施。对于声源产生的噪声，则必须设法抑制它的产生、传播和对听者的干扰，最终达到降低噪声的强度和控制噪声的目的。

### 4.1.2　噪声控制的一般原则

噪声控制设计一般应坚持科学性、先进性和经济性的原则。

所谓科学性，首先应正确分析发声机理和声源特性，然后确定针对性的相应措施。

其次是噪声控制技术的先进性，这是设计追求的重要目标。

最后应考虑噪声污染治理的经济性。噪声污染是声能污染，为达到噪声排放标准值必须考虑当时在经济上的承受能力。

### 4.1.3　噪声控制技术的工作程序

在实际工作中噪声控制技术一般应用于下面两类情况：一类是现有的企业噪声污染严重，超过了国家的有关标准，需采取噪声控制措施达到降噪的目的。另一类是在新建、扩建和改建的工程项目设计时就考虑噪声的污染问题，噪声防治措施与主体工程同时设计、同时施工、同时投产运行，这样便可确定合理的噪声控制方案，减少噪声污染。

噪声控制的程序一般如下：

（1）调查噪声源、分析噪声污染情况。在制定噪声控制方案之前，应到噪声污染的现场，调查主要噪声源及产生噪声的原因，了解噪声源传播途径，进行现场实际噪声测量，将测得的结果绘制成噪声的分布图，并在该地区的地图上用不同的等声级曲线表示。

（2）确定减噪量。根据实际现场测得的数据和国家有关法律、法规及地方和企业标准进行比较，确定总的降噪量，即各声源、传播途径减噪量的数值。

（3）选定噪声控制措施。在确定噪声控制方案时，首先要防止所确定的噪声控制措施妨碍甚至破坏正常的生产程序。确定方案时要因地制宜，既经济又合理，技术上也切实可行。控制措施可以是综合噪声控制技术，也可以是单项噪声控制技术。要抓住主要的噪声源，否则，很难取得良好的噪声控制效果。

（4）降噪效果评价。工程施工完成后，要对所采取的措施效果进行测试，看是否达到降噪要求，如未达到预期效果，应及时查找原因，根据实际情况重新设计或改进，直至达到预期的效果，如图 4-2 所示。

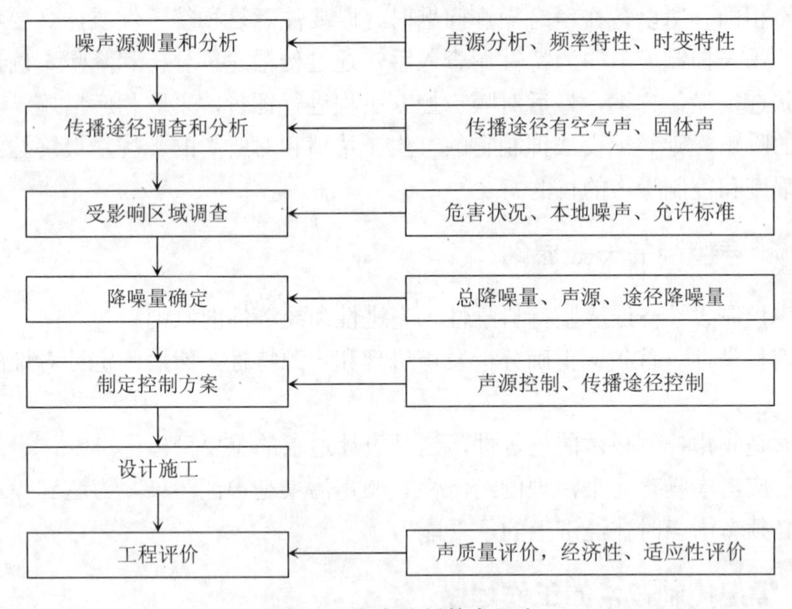


图 4-2 噪声控制基本程序

## 4.2 噪声源分析

为有效地控制噪声，首先必须研究声源的发声机理以及噪声与各种物理因素的关系。噪声源按其产生机理可以分为机械性噪声源、空气动力性噪声源和电磁性噪声源。实际的调查统计结果表明，三类噪声中以机械性声源为主，空气动力性噪声源次之，电磁性噪声源最少。

### 4.2.1 机械性噪声源

机械性噪声是由固体振动产生的。在撞击、摩擦、交互的机械应力作用下，金属板、轴承、齿轮或其他固体零部件发生振动，就产生机械性噪声。机械性噪声源又分为：

（1）由机械零件运动产生的噪声。机械运动可分为上下、左右、前后的往复运动和绕此方向的旋转运动，因此，机械运动噪声源又分为：

1）机械中旋转零部件不平衡产生的噪声。旋转机械的振动，多数是由转动零部件（简称转子）的不平衡引起的，尤其是矿山的一些固定机械，由于转子的形状不对称、材质不均匀、毛坯缺陷、热处理变形、加工和装配误差以及与转速有关的变形等原因，其质量分布不均匀，造成转子偏心。当转子运转时，就产生了不平衡的离心惯性力，从而使机械产生振动和噪声。

为了减少不平衡的离心惯性力，要对转子进行静、动平衡，各种转子需要进行何种平衡可参见表 4-1 所列的原则，其他特殊的转子静、动平衡可参照有关标准。

**表 4-1　静平衡与动平衡的选择原则**

| 平衡方法 | 转子长度 $L$ 与外径 $D$ 之比 | 工作转速 $n$/（r·min$^{-1}$） |
|---|---|---|
| 静平衡 | $D/L \geqslant 5$ | 任何转速 |
| 动平衡 | $D/L \leqslant 1$ | ＞1 000 |

在进行低噪声设计时，轴（转子）都应按其大、小旋转速度等确定许用不平衡量。当存在旋转不平衡时，所产生的噪声由基频及高频谐波组成，它的基频为 $f_1$（Hz）$=n/60$，$n$ 表示转子的转速（r/min）。如果 $n$ 在 1 450～2 000 r/min，它的基频为 20～34 Hz。虽然这些基频很低，人耳对于这些低频声也并不敏感，但是高速轴的不平衡产生了很大的离心惯性力，造成了齿轮、轴承等零件的冲击、振动，破坏了正常平衡工作状态，从而产生许多高频振动与噪声。也就是说，这种噪声源往往本身不辐射空气声，实际上是作为振动能源，通过支撑结构传递到某些结构上，迫使结构振动和辐射空气声。它们的振动频率若恰好和转子不平衡频率的基频或它的谐频相同时，就会发生共振。所以，转子不平衡是真正的噪声源。这说明，真正的噪声源本身并不直接向外发射空气声，而是作为振源。机械的箱体、罩壳、盖板、薄壁管道、底座等部件，由于有较大的噪声辐射面，因而，很容易被声源诱发而产生振动和噪声。

对此类噪声的控制，除提高转子平衡精度外，还应减少噪声的辐射或者将辐射面与振源隔开。

2）往复机械的不平衡产生的噪声。对于往复机械，如空压机中的曲柄连杆机构，除了转动零件出现的不平衡质量产生的离心惯性力外，还有往复运动和平面运动的零件不平衡产生的惯性力，这些都是引起往复机械振动噪声的主要原因。

因此，曲柄连杆机械的惯性力包括：曲柄不平衡质量的旋转惯性力；活塞或往复运动质量的往复惯性力和连杆的惯性力。

由于这些惯性力的存在，使得机械不能平稳地沿轨道运行，而是不断撞击和振动。故在设计往复机械中，应保证滑块的往复、连杆的平面和曲柄的旋转运动平稳，避免有其他运动的力产生。

（2）机械零件之间接触产生的噪声。主要有：

1）滚动零件发生，如滚动轴承、摩擦轮机构和皮带轮机构等；

2）滑动零件发生，如摩擦离合器、制动器等；

3）敲击元件发生。

（3）机械零件之间力的传递产生的噪声。主要有：

1）机械传动零件力的不平衡产生的噪声；

2）液压传动元件力的不平衡产生的噪声。

（4）工具和工件间互相作用产生的噪声（加工噪声）。

在冶金、煤炭等矿山系统，有不少机械设备的噪声，主要是旋转、往复运动的不平衡、接触不良力传递不均匀等引起的噪声。追究起来，机械噪声都是由机械振动引起的。当机械噪声的声源是由固体面的振动引起时，其振动速度越大，噪声级越高。因此，降低噪声就要减小机械运转时零部件的振动量。所以，从广义上讲，噪声控制包括振动控制。通常通过计算可以预知所设计的零部件的频率范围。通过测试，根据频谱，可找出主要噪声源所在。

### 4.2.2 空气动力性噪声源

由于空气动力机构广泛应用于国民经济各部门和国防事业中，因此，由空气动力发生的噪声，危害影响面也较广且严重。大型涡轮发电机组、高压大流量放风、喷气式飞机的噪声已达150～160 dB，声功率高达1 000～10 000 W，在作业场所，有些高声强的空气动力噪声，不仅严重危害工人的健康，而且还会使自动控制设备和灵敏的测试仪器因声疲劳而失效。因此，解决空气动力性噪声源的控制问题，在现代技术中具有重要意义。

空气动力性噪声是气体的非稳定过程，或者说气体的扰动、气体与物体的相互作用产生的。例如风机、空压机以及燃烧用气、放空等的噪声都属于此类。从声源特性来说，主要可以分为三类：单源、双源、四极子源。

#### 4.2.2.1 单源

单源又叫零级辐射。当高速气流周期性地从排气口排出，或稳态气流周期性地被截止时，就会产生单源辐射。这种声源可以认为是一个辐射质量源的点源，这好比将一个气球安置在这个点源，该气球随着质量的加入或排出而膨胀或收缩，球体这种径向状态的变化引起周围的介质做周期性的疏密运动，这样便产生了球对称的声场。

#### 4.2.2.2　双源（偶极子源）

偶极子源是由两个相距很近，并以相同的振动幅值和相反的相位（相位差180°）振动的小脉动球源组成的声源。这种偶极声源也可以看成是由一个小实心球体在其平衡位置附近作前后振动所产生的。双源辐射的声波具有指向性。指向性呈倒“8”字形。

#### 4.2.2.3　四极子源

四极子源是由一对具有相反极性的偶极子组成，也就是由四个单极源组成。四极子源也具有辐射指向性，产生四个辐射声瓣。如喷气噪声和阀门噪声等都是四极声源。

### 4.2.3　电磁性噪声源

电磁性噪声主要是由交替变化的电磁场激发金属零部件和空气间隙周期性振动产生的。对于电动机来说，由于电源不稳定也可以激发定子振动，从而产生噪声。电动机、发电机噪声和变压器噪声是典型的电磁性噪声。常见的电磁性噪声产生原因有线圈和铁心空隙大、线圈松动、载波频率设置不当和线圈磁饱和等。

#### 4.2.3.1　电机噪声源及控制

电机产生噪声的原因很多，有电磁的，也有机械的。如定子和转子之间电磁场的相互作用，转力不平衡，沟槽谐振，电机结构固有频率激振，空气流动和空气腔谐振等。其噪声幅度和频谱，一般是电机转速、尺寸、结构和功率的函数。

电机定子和转子间的电磁力，具有旋转或脉动的动力波特性，其大小取决于电磁负荷和电机转子设计的有关参数。对大多数类型电机来说，其电磁振动的频率范围是 100～4 000 Hz。在设计时必须保证最大限度地消除传到机壳上的电磁力。

此外，在直流电机中，还有电刷与整流子或接触环摩擦所激发的高频噪声。由电机产生的噪声，应按《旋转电机　噪声限值》（IEC 60034-9—2003）的有关规定进行测量。

降低电动机电磁噪声的主要措施是合理选择沟槽数和极数；在转子沟槽中充

填一些环氧树脂材料，降低振动；增加定子的刚性；提高电源稳定度；提高制造和装配精度等。

4.2.3.2 变压器噪声控制

电力变压器发出的噪声大部分是叠片的磁致伸缩、接合处磁通量畸变等引起的铁芯振动辐射。大多数电力变压器是油浸式的，铁芯振动是通过油传到箱壁再向空气辐射噪声的。铁芯材料过去大部分采用热轧硅钢片，磁通量密度约 1 350 高斯。近几年用冷轧硅钢片，工作磁通量密度可达 16 000 高斯以上，其磁致伸缩效应也相应增大，因此考虑降低电力变压器噪声就更显得重要了。

降低变压器电磁噪声的主要措施是减少磁力线密度，选择低磁性硅钢材料，合理选择铁芯结构，铁芯间隙充填树脂性材料，硅钢之间采用树脂材料黏结。

## 4.3 城市环境噪声控制

环境噪声就是指所产生的噪声超过国家或地方规定的环境噪声标准，影响人们的正常生活、工作和学习的声音。城市环境噪声主要是由运行中的各种工业设备产品噪声以及人群活动噪声向周围生活环境辐射而产生的：在工业生产活动中使用固定机械设备产生工业噪声，在建筑施工过程中产生建筑施工噪声，各种交通工具运行产生交通运输噪声，除此之外，还有各种人为活动产生的社会生活噪声。据近年来的统计，在影响城市环境的各种噪声来源中，工业噪声来源比例占8%～10%；建筑施工噪声影响范围在 5%左右，因施工机械运行噪声较高，施工时间不加控制，近年来建筑施工噪声扰民现象较频繁；交通噪声影响比例将近30%，因交通工具运行噪声大，又直接向环境辐射，其对生活环境干扰最大；社会生活噪声影响面最广，已经达到城市范围的47%，是干扰生活环境的主要噪声污染源。

### 4.3.1 交通噪声

造成交通噪声的原因有以下几点：①由于交通规划和市政建设不合理造成的，比如说道路规划设计过程中居民区与道路之间的距离过近，市政设施（如井盖）设计安装不合理等；②由于重型、中型、轻型载重车辆、摩托车、拖拉机和农用车的行驶噪声是小轿车的几倍甚至几十倍，道路两侧交通噪声污染更加严重；③由于非机动车、行人交通组织不合理，影响机动车正常通行，产生不必要的交通噪声等。

### 4.3.2 工业噪声

工业噪声是指工厂在生产过程中由于机械振动、摩擦撞击及气流扰动而产生的噪声。例如化工厂的空气压缩机、鼓风机和锅炉排气放空时产生的噪声，都是由于空气振动而产生的气流噪声。球磨机、粉碎机和织布机等产生的噪声，是由于固体零件机械振动或摩擦撞击而产生的机械噪声。工业噪声主要包括空气动力性噪声、机械性噪声和电磁性噪声。

### 4.3.3 建筑施工噪声

建筑施工噪声主要指建筑施工现场产生的噪声。在施工中要大量使用各种动力机械，要进行挖掘、打洞、搅拌，要频繁地运输材料和构件，从而产生大量噪声。不同的施工阶段噪声来源不同，如土石方施工阶段是推土机、挖掘机、装载机等，打桩施工阶段是各种打桩机等，结构施工阶段是混凝土搅拌机、振动棒、电锯等，装修施工阶段是吊车、升降机等。

### 4.3.4 社会生活噪声

社会生活噪声主要指街道和建筑物内部各种生活设施、人群活动等产生的声音。如家庭里娱乐所发出的噪声、户外或街道人声喧哗、商店开高音喇叭招揽顾客发出的噪声和在广场开喇叭进行文娱活动所发出的噪声等。这些噪声又可以分为居室噪声和公共场所噪声两类。

**习题**

1．试述噪声控制的一般原则和基本程序。

2．按发声的机理划分，噪声源分为哪几类？简述各种噪声的发声机理，并比较机械性噪声源和空气动力性噪声源的异同。

3．污染城市声环境的声源有几类？你所在的城市哪类是最主要的噪声源？如何控制？

4．某城市交通干道一侧的第一排建筑物距道路边沿 20m，夜间测得建筑物前交通噪声 62dB（1 000Hz），若在建筑物和道路间种植 20m 宽的厚草地和灌木丛，建筑物前的噪声为多少？欲使达标，绿地需多宽？

# 第五章

# 吸声技术

在实际生活中，同样的噪声源发出的噪声，在室内感受到的响度远比在室外感受的响度要大，这说明我们在室内所接收到的噪声除了有通过空气直接传来的直达声外，还包括室内各壁面多次反射回来的反射声（混响声）。实验表明，由于反射声的缘故，室内噪声会提高 10～12 dB。所以，必须采取吸收处理的措施降低混响声。

## 5.1 吸声系数和吸声量

### 5.1.1 吸声系数

吸声系数定义为材料吸收的声能与入射到材料上的总声能之比，可用吸声系数$\alpha$来描述吸声材料或吸声结构的吸声特性。计算式为：

$$\alpha=\frac{E_{\mathrm{a}}}{E_{\mathrm{i}}}=\frac{E_{\mathrm{i}}-E_{\mathrm{r}}}{E_{\mathrm{i}}}=1-r \tag{5-1}$$

式中：$E_{\mathrm{i}}$——入射声能；

$E_{\mathrm{a}}$——被材料或结构吸收的声能；

$E_{\mathrm{r}}$——被材料或结构反射的声能；

$r$——反射系数。

由式（5-1）可知，当入射声波被完全反射时，$\alpha=0$，表示无吸声作用；当入射声波完全没有被反射时，$\alpha=1$，表示完全吸收。一般的材料或结构的吸声系数在 0～1，值越大，表示吸声性能越好，它是目前表征吸声性能最常用的参数。一般地，$\alpha$ 在 0.2 以上的材料被称为吸声材料，$\alpha$ 在 0.5 以上的材料就是理想的吸声材料。

吸声系数是频率的函数，同一种材料，对于不同的频率，具有不同的吸声系数。为表示方便，有时还用中心频率 125 Hz、250 Hz、500 Hz、1 000 Hz、2 000 Hz、4 000 Hz 六个倍频程的吸声系数的平均值，称为平均吸声系数。

## 5.1.2 吸声量

吸声系数反映房间壁面单位面积的吸声能力，材料实际吸收声能的多少，除了与材料的吸声系数有关外，还与材料表面积大小有关。吸声材料的吸声量为材料的面积 $S$ 与材料的吸声系数 $\alpha$ 的乘积，用 $A$ 表示，单位是 $m^2$。

$$A = S\alpha \tag{5-2}$$

若房间中有敞开的窗，而且其边长远大于声波的波长，则入射到窗口上的声能几乎全部传到室外，不再有声能反射回来。这敞开的窗，即相当于吸声系数为 1 的吸声材料。若某吸声材料的吸声量为 1 $m^2$，则其所吸声能相当于 1 $m^2$ 敞开的窗户所引起的吸声。房间中的家具、人等，也会吸收声能，而这些物体并不是房间壁面的一部分。因此，房间总的吸声量 $A$ 可以表示为：

$$A = \sum_i \overline{\alpha_i} S_i + \sum_i A_i \tag{5-3}$$

右式第一项为所有壁面吸声量的总和，第二项是室内各个物体吸声量的总和。

## 5.1.3 吸声系数的测量

吸声材料的吸声系数可由实验方法测出，常用的方法有混响室方法和驻波管方法两种。测量方法不同，所得的测试结果也有所不同。

### 5.1.3.1 混响室方法

把被测吸声材料（或吸声结构）按一定的要求放置于专门的声学实验室——混响室中进行测定。将不同频率的声波以相同几率从各个角度入射到材料的表面，这与吸声材料在实际应用中声波入射的情况比较接近。然后根据混响室内放进吸声材料（或吸声结构）前后混响时间的变化来确定材料的吸声特性。用此方法所测得的吸声系数，称为混响室吸声系数或无规入射吸声系数，记作$\alpha_T$。

### 5.1.3.2 驻波管方法

使用驻波管（图 5-1）测定的数据表示垂直入射在材料上的吸声系数，用$\alpha_0$表示。用驻波法测定较为简便，在混响室内测定的数据更接近实际。系数$\alpha_T$与系数$\alpha_0$的近似换算可查表 5-1。如$\alpha_0$＝0.51，查表得$\alpha_T$＝0.77。

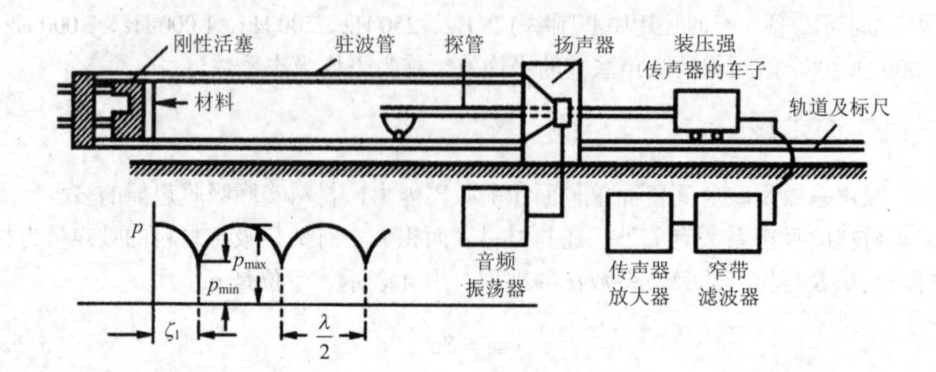


图 5-1 驻波管结构及测量装置

表 5-1 无规入射吸声系数$\alpha_T$*与正入射吸声系数$\alpha_0$的近似换算表

| $\alpha_0$ | 0.00 | 0.01 | 0.02 | 0.03 | 0.04 | 0.05 | 0.06 | 0.07 | 0.08 | 0.09 |
|---|---|---|---|---|---|---|---|---|---|---|
| 0.00 | 0.00 | 0.02 | 0.04 | 0.06 | 0.08 | 0.10 | 0.12 | 0.14 | 0.16 | 0.18 |
| 0.10 | 0.20 | 0.22 | 0.24 | 0.26 | 0.27 | 0.29 | 0.31 | 0.33 | 0.34 | 0.36 |
| 0.20 | 0.38 | 0.39 | 0.41 | 0.42 | 0.44 | 0.45 | 0.47 | 0.48 | 0.50 | 0.51 |
| 0.30 | 0.52 | 0.54 | 0.55 | 0.56 | 0.58 | 0.59 | 0.60 | 0.61 | 0.63 | 0.64 |
| 0.40 | 0.65 | 0.66 | 0.67 | 0.68 | 0.70 | 0.71 | 0.72 | 0.73 | 0.74 | 0.75 |
| 0.50 | 0.76 | 0.77 | 0.78 | 0.78 | 0.79 | 0.80 | 0.81 | 0.82 | 0.83 | 0.84 |
| 0.60 | 0.84 | 0.85 | 0.86 | 0.87 | 0.88 | 0.88 | 0.89 | 0.90 | 0.91 | 0.91 |
| 0.70 | 0.92 | 0.92 | 0.93 | 0.94 | 0.93 | 0.95 | 0.95 | 0.96 | 0.97 | 0.97 |
| 0.80 | 0.98 | 0.98 | 0.99 | 0.99 | 1.00 | 1.00 | 1.00 | 1.00 | 1.00 | 1.00 |
| 0.90 | 1.00 | 1.00 | 1.00 | 1.00 | 1.00 | 1.00 | 1.00 | 1.00 | 1.00 | 1.00 |

* 表格中间部分的数据即为$\alpha_T$。

表 5-2 至表 5-4 列出了一些常见材料的吸声系数，可供实际应用时参考。

表 5-2 纤维类多孔吸声材料的吸声系数（驻波管法）

| 序号 | 材料名称 | 厚度/cm | 密度/(kg/m³) | 腔厚/cm | 各频率（Hz）吸声系数 | | | | | |
|---|---|---|---|---|---|---|---|---|---|---|
| | | | | | 125 | 250 | 500 | 1 000 | 2 000 | 4 000 |
| 1 | 超细玻璃棉（棉径 4 μm） | 2 | 20 | — | 0.04 | 0.08 | 0.29 | 0.66 | 0.66 | 0.66 |
| | | 4 | 20 | — | 0.05 | 0.12 | 0.48 | 0.88 | 0.72 | 0.66 |
| | | 2.5 | 15 | — | 0.02 | 0.07 | 0.22 | 0.59 | 0.94 | 0.94 |
| | | 5 | 15 | — | 0.05 | 0.24 | 0.72 | 0.97 | 0.90 | 0.98 |
| | | 10 | 15 | — | 0.11 | 0.85 | 0.88 | 0.83 | 0.93 | 0.97 |
| 2 | 沥青玻璃棉毡 | 3 | 80 | — | — | 0.10 | 0.27 | 0.61 | 0.94 | 0.99 |
| 3 | 酚醛玻璃棉毡 | 3 | 80 | — | — | 0.12 | 0.26 | 0.57 | 0.85 | 0.94 |

| 序号 | 材料名称 | 厚度/cm | 密度/（kg/m³） | 腔厚/cm | 各频率（Hz）吸声系数 | | | | | |
|---|---|---|---|---|---|---|---|---|---|---|
| | | | | | 125 | 250 | 500 | 1 000 | 2 000 | 4 000 |
| 4 | 防水超细玻璃棉毡 | 10 | 20 | — | 0.25 | 0.94 | 0.93 | 0.90 | 0.96 | — |
| 5 | 矿渣棉 | 5 | 175 | — | 0.25 | 0.35 | 0.70 | 0.76 | 0.89 | 0.91 |
| 6 | 甘蔗纤维板 | 1.5 | 220 | — | 0.06 | 0.19 | 0.42 | 0.42 | 0.47 | 0.58 |
| | | 2 | 220 | — | 0.09 | 0.19 | 0.26 | 0.37 | 0.23 | 0.21 |
| | | 2 | 220 | 5 | 0.30 | 0.47 | 0.20 | 0.18 | 0.22 | 0.31 |
| | | 2 | 220 | 10 | 0.25 | 0.42 | 0.53 | 0.21 | 0.26 | 0.29 |
| 7 | 海草 | 1 | 100 | — | 0.10 | 0.10 | 0.14 | 0.25 | 0.77 | 0.86 |
| | | 3 | 100 | — | 0.10 | 0.14 | 0.17 | 0.65 | 0.80 | 0.98 |
| | | 5 | 100 | — | 0.10 | 0.19 | 0.50 | 0.94 | 0.85 | 0.86 |
| 8 | 工业毛毡 | 1 | 370 | — | 0.04 | 0.07 | 0.21 | 0.50 | 0.52 | 0.57 |
| | | 3 | 370 | — | 0.10 | 0.28 | 0.55 | 0.60 | 0.60 | 0.59 |
| | | 5 | 370 | — | 0.11 | 0.30 | 0.50 | 0.50 | 0.50 | 0.52 |
| 9 | 水泥木丝板 | 1.5 | 470 | — | 0.05 | 0.17 | 0.31 | 0.49 | 0.37 | 0.68 |
| | | 1.5 | 470 | 3 | 0.08 | 0.11 | 0.19 | 0.56 | 0.59 | 0.74 |
| | | 2.5 | 470 | — | 0.06 | 0.13 | 0.28 | 0.49 | 0.49 | 0.85 |

表 5-3 泡沫和颗粒类吸声材料的吸声系数（驻波管法）

| 序号 | 材料名称 | 厚度/cm | 密度/（kg/m³） | 腔厚/cm | 各频率（Hz）的吸声系数 | | | | | |
|---|---|---|---|---|---|---|---|---|---|---|
| | | | | | 125 | 250 | 500 | 1 000 | 2 000 | 4 000 |
| 1 | 聚氨酯泡沫塑料 | 3 | 45 | — | 0.07 | 0.14 | 0.47 | 0.88 | 0.70 | 0.77 |
| | | 5 | 45 | — | 0.15 | 0.33 | 0.84 | 0.68 | 0.82 | 0.82 |
| | | 8 | 45 | — | 0.20 | 0.40 | 0.95 | 0.90 | 0.98 | 0.85 |
| 2 | 氨基甲酸酯泡沫塑料 | 2.5 | 25 | — | 0.05 | 0.07 | 0.26 | 0.87 | 0.69 | 0.87 |
| | | 5 | 36 | — | 0.21 | 0.31 | 0.86 | 0.71 | 0.86 | 0.82 |
| 3 | 泡沫玻璃 | 6.5 | 150 | — | 0.10 | 0.33 | 0.29 | 0.41 | 0.39 | 0.48 |
| 4 | 泡沫水泥 | 5 | — | — | 0.32 | 0.39 | 0.48 | 0.49 | 0.47 | 0.54 |
| | | 5 | — | 5 | 0.42 | 0.40 | 0.43 | 0.48 | 0.47 | 0.55 |
| 5 | 加气微孔砖 | 3.5 | 370 | — | 0.08 | 0.22 | 0.38 | 0.45 | 0.65 | 0.66 |
| | | 3.3 | 620 | — | 0.20 | 0.40 | 0.60 | 0.52 | 0.65 | 0.62 |
| 6 | 膨胀珍珠岩（自然堆放） | 4 | 106 | — | 0.12 | 0.13 | 0.67 | 0.68 | 0.82 | 0.92 |
| 7 | 水玻璃膨胀珍珠岩制品 | 10 | 250 | — | 0.44 | 0.73 | 0.50 | 0.56 | 0.53 | — |
| | | 10 | 350～450 | — | 0.45 | 0.65 | 0.59 | 0.62 | 0.68 | — |
| 8 | 水泥膨胀珍珠岩制品 | 6 | 300 | — | 0.18 | 0.43 | 0.48 | 0.53 | 0.33 | 0.51 |
| 9 | 石英砂吸声砖 | 6.5 | 1 500 | — | 0.08 | 0.24 | 0.78 | 0.43 | 0.40 | 0.40 |
| 10 | 水泥蛭石粉砌砖 | 3 | — | — | 0.07 | 0.07 | 0.16 | 0.47 | 0.43 | — |
| 11 | 石棉蛭石板 | 3.4 | 420 | — | 0.22 | 0.30 | 0.39 | 0.41 | 0.50 | 0.50 |
| | | 3.8 | 240 | — | 0.12 | 0.14 | 0.35 | 0.39 | 0.55 | 0.54 |

表 5-4 常用建筑材料的吸声系数（混响法）

| 序号 | 材料名称 | | 厚度/cm | 腔厚/cm | 各频率（Hz）的吸声系数 | | | | | |
|---|---|---|---|---|---|---|---|---|---|---|
| | | | | | 125 | 250 | 500 | 1 000 | 2 000 | 4 000 |
| 1 | 砖墙 | 清水面 | — | — | 0.02 | 0.03 | 0.04 | 0.04 | 0.05 | 0.07 |
| | | 普通抹灰面 | — | — | 0.02 | 0.02 | 0.02 | 0.03 | 0.04 | 0.04 |
| | | 拉毛水泥面 | — | — | 0.04 | 0.04 | 0.05 | 0.06 | 0.07 | 0.05 |
| 2 | 混凝土 | 未油漆毛面 | — | — | 0.01 | 0.01 | 0.02 | 0.02 | 0.02 | 0.03 |
| | | 油漆面 | — | — | 0.01 | 0.01 | 0.01 | 0.02 | 0.02 | 0.02 |
| 3 | 水磨石 | | — | — | 0.01 | 0.01 | 0.01 | 0.02 | 0.02 | 0.02 |
| 4 | 石棉水泥板 | | 0.4 | 10 | 0.19 | 0.04 | 0.07 | 0.05 | 0.04 | 0.04 |
| | | | 0.6 | 10 | 0.08 | 0.02 | 0.03 | 0.05 | 0.03 | 0.03 |
| 5 | 板条抹灰、钢板条抹灰 | | — | — | 0.15 | 0.10 | 0.06 | 0.06 | 0.04 | 0.04 |
| 6 | 木格栅 | | — | — | 0.15 | 0.10 | 0.10 | 0.07 | 0.06 | 0.07 |
| 7 | 铺实木地板、沥青黏性混凝土 | | — | — | 0.04 | 0.04 | 0.07 | 0.06 | 0.06 | 0.07 |
| 8 | 玻璃 | | — | — | 0.35 | 0.25 | 0.18 | 0.12 | 0.07 | 0.04 |
| 9 | 木板 | | 1.3 | 2.5 | 0.30 | 0.30 | 0.15 | 0.10 | 0.10 | 0.10 |
| 10 | 硬质纤维板 | | 0.4 | 10 | 0.25 | 0.20 | 0.14 | 0.08 | 0.06 | 0.04 |
| 11 | 胶合板 | | 0.3 | 5 | 0.20 | 0.70 | 0.15 | 0.09 | 0.04 | 0.04 |
| | | | 0.3 | 10 | 0.29 | 0.43 | 0.17 | 0.10 | 0.15 | 0.05 |
| | | | 0.5 | 5 | 0.11 | 0.26 | 0.16 | 0.14 | 0.04 | 0.04 |
| | | | 0.5 | 10 | 0.36 | 0.24 | 0.10 | 0.05 | 0.04 | 0.04 |

## 5.2 多孔吸声材料

多孔吸声材料是目前应用最广泛的吸声材料。最初的多孔吸声材料是以麻、棉、棕丝、毛发、甘蔗渣等天然动植物纤维为主。目前则以玻璃棉、矿渣棉等无机纤维替代。这些材料可以是松散的，也可以加工成棉絮状或采用适当的黏结剂加工成毡状或板状。在这些材料中，气泡的状态有两种：一种是大部分气泡成为单个闭合的孤立气泡，没有通气性能；另一种是气泡相互连接成为连续气泡。噪声控制中所用的吸声材料，是指有连续气泡的材料。

### 5.2.1 多孔吸声材料的吸声原理

多孔材料内部具有无数细微孔隙，孔隙间彼此贯通，且通过表面与外界相通，当声波入射到材料表面时，一部分在材料表面上反射，另一部分则透入到材料内部向前传播。声波在传播过程中，引起孔隙中的空气运动，与形成孔壁的固体筋络发生摩擦，由于黏滞性和热传导效应，将声能转变为热能而耗散掉。声波在刚性壁面反射后，经过材料回到其表面时，一部分声波透回空气中，一部分又反射回材料内部。声波的这种反复传播过程，就是能量不断转换耗散的过程，如此反复，直到平衡，这样，材料就"吸收"了部分声能。

由此可见，只有材料的孔隙对表面开口，孔孔相连，且孔隙深入材料内部，才能有效地吸收声能。有些材料内部虽然也有许多微小气孔。但气孔密闭，彼此不相通。当声波入射到材料表面时，很难进入材料内部，只是使材料作整体振动，其吸声机理和吸声特性与多孔材料不同，不应作为多孔吸声材料来考虑。如聚苯和部分聚氯乙烯泡沫塑料以及加气混凝土等，内部虽有大量气孔，但多数气孔为单个闭孔，互不相通，它们可以作为隔热材料，但不能作为吸声材料。

在实际工作中，为防止松散的多孔材料飞散，常用透声织物缝制成袋，再内充吸声材料。为保持固定几何形状并防止对材料的机械损伤，可在材料间加筋条（龙骨），材料外表面加穿孔护面板，制成多孔材料吸声结构。

### 5.2.2 影响多孔吸声材料吸声特性的因素

多孔材料一般对中高频声波具有良好的吸声效果。多孔材料的吸声特性与材料的空气流阻、孔隙率、结构因子、体积密度（工程中常称容重）、厚度等结构参数以及背后空腔、护面层、环境温度、湿度等有关。

#### 5.2.2.1 空气流阻

材料的流阻的定义是：当声波引起空气振动时，有微量空气在多孔材料的孔隙中通过，这时材料两面的静压差$\Delta p$与气流线速度之比称为流阻，用$R_t$表示：

$$R_t = \frac{\Delta p}{\upsilon} \tag{5-4}$$

式中：$\Delta p$——材料两面声压差，Pa；

$\upsilon$——通过材料孔隙的气流线速度，m/s。

当流阻接近空气的特性阻抗，即 407 Pa·s/m，就可获得较高的吸声系数，因此，一般希望吸声材料流阻的为 100～1 000 Pa·s/m，过高和过低流阻的材料，其吸声系数都不大。通常取适当的密度、厚度的玻璃棉和矿渣棉，就可取得较高的吸声系数。对于过低的流阻材料，则要求有较大的厚度；过高流阻的材料则希望薄一些。表 5-5 列出了几种吸声材料的流阻。

表 5-5 几种吸声材料的流阻

| 材料名称 | 流阻/（$Pa \cdot s \cdot m^{-1}$） | 材料名称 | 流阻/（$Pa \cdot s \cdot m^{-1}$） |
|---|---|---|---|
| 1.6 cm 甘蔗板 | 3 600 | 2.0 cm 玻璃纤维（260 $kg/m^3$） | 480 |
| 2.5 cm 甘蔗板 | 1800 | 6.0 cm 毛毡（350 $kg/m^3$） | 3 200 |

空气流阻是指在稳定气流状态下，吸声材料中压力梯度与气流线速度之比，它反映了空气通过多孔材料时阻力的大小。单位厚度材料的流阻，称为比流阻。当材料厚度不大时，比流阻越大，说明空气穿透量越小，吸声性能会下降；但若比流阻太小，声能因摩擦力、黏滞力而损耗的效率也低，吸声性能也会下降。所以，多孔材料存在一个最佳流阻。当材料厚度充分大时，比流阻越小，吸声越大。

#### 5.2.2.2 孔隙率

多孔材料中孔隙体积 $V_0$ 与材料的总体积 $V$ 之比，称为孔隙率 $q$，即由下式表示：

$$q = \frac{V_0}{V} \tag{5-5}$$

对于所有孔隙都是开通孔的吸声材料，孔隙率可按下式计算：

$$q = 1 - \frac{\rho_1}{\rho_2} \tag{5-6}$$

式中：$\rho_1$——吸声材料的密度，$kg/m^3$；

$\rho_2$——制造吸声材料物质的密度，$kg/m^3$。

一般多孔材料的孔隙率 $q$ 在 70%以上，矿渣棉为 80%，玻璃棉为 95%以上。对于复杂结构和不均匀材料，其孔隙率应该由测量获得。

#### 5.2.2.3 结构因子

结构因子是多孔吸声材料孔隙排列状况对吸声性能影响的一个量。在吸声理论中，通常将多孔材料中的微小间隙简化看做毛细管沿厚度方向做纵向排列，但实际上材料中的细小间隙的形状和排列是极其复杂和不规则的，为了使理论分析和实际情况相结合，就引入结构因子（$S$）这一修正量，这是一个无量纲量。若要准确地求出多孔材料的结构因子，则是很困难的。对于孔隙无规则排列的吸声材料，一般的 $S$ 为 2～10，但也有的 $S$ 高达 20～25。玻璃棉为 2～4；木丝板为 3～6；毛毡为 5～10；聚氨酯泡沫塑料为 2～8；微孔吸声砖为 16～20。纤维材料的结构因子 $S$ 与孔隙率 $q$ 之间有一定关系，见表 5-6。

表 5-6　纤维材料的 $S$ 与 $q$ 的近似关系

| 孔隙率 $q$ | 0.4 | 0.6 | 0.8 | 1.0 |
|---|---|---|---|---|
| 结构因子 $S$ | 15 | 4.5 | 2 | 1.0 |

### 5.2.2.4　材料容重及厚度的影响

在实际工程中，测定材料的流阻及孔隙率通常比较困难。因此可以通过材料的密度粗略估算其比流阻。同一种纤维材料，密度越大，孔隙率越小，比流阻越大。图 5-2 表示不同厚度和密度的超细玻璃棉的吸声系数。从图中可以看出，随着厚度增加，中低频吸声系数显著增加，而高频则保持原先较大的吸收，变化不大；当厚度不变而增加密度时，也可以提高中低频吸声系数，不过比增加厚度的效果小。在同样用料情况下，当厚度不限制时，多孔材料以松散为宜；在厚度一定的情况下，密度增加，则材料就密实，引起流阻增大，减少空气穿透量，造成吸声系数下降。所以材料密度也有一个最佳值，如常用的超细玻璃棉的最佳密度范围是 15～25 kg/m$^3$。同样密度下增加厚度而不改变比流阻，则吸声系数一般总是增大，但增至一定厚度时，吸声性能的改善就不明显了。在实用中，考虑到制作成本及工艺的方便，对于中高频噪声，一般可采用 2～5 cm 厚的成型吸声板；对于低频吸声要求较高时，则采用 5～10 cm 厚的吸声板。

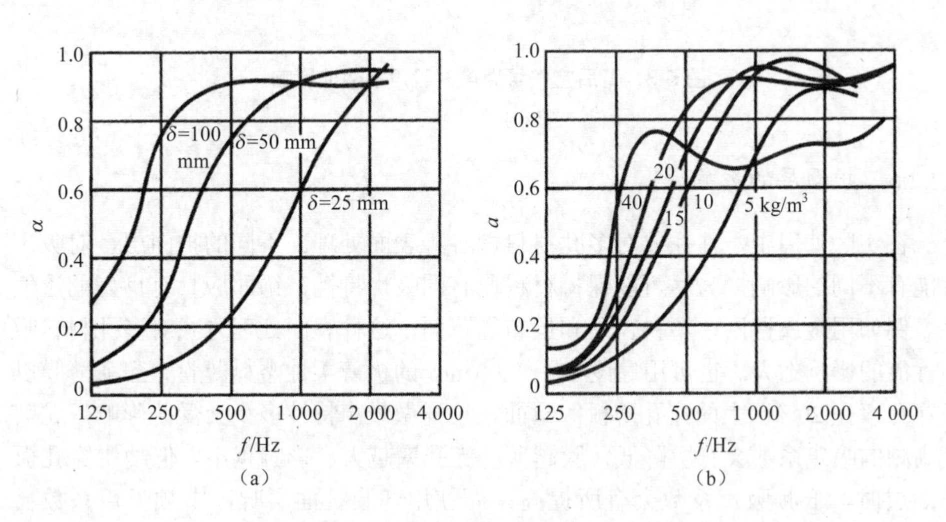


（a）密度为 27 kg/m$^3$ 的超细玻璃棉厚度变化对吸声系数的影响；

（b）5 cm 厚的超细玻璃棉密度变化对吸声系数的影响。

图 5-2　不同厚度和密度的超细玻璃棉的吸声系数

#### 5.2.2.5 背后空腔的影响

当多孔吸声材料背后留有空气层时，与该空气层用同样的材料填满的吸声效果近似；而与多孔材料直接贴实在硬底面上相比，中低频吸声性能都会有所提高，其吸声系数随空气层厚度的增加而增加，但增加到一定厚度后，效果不再继续明显增加，如图 5-3 所示。通常，空气层的厚度为 1/4 波长的奇数倍时，吸声系数最大；而为 1/2 波长的整数倍时，吸声系数最小。

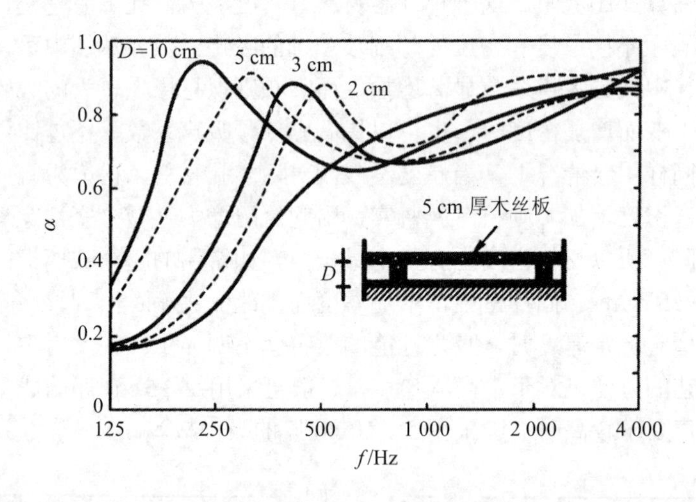


图 5-3 背后空气层厚度对吸声系数的影响

#### 5.2.2.6 护面层的影响

在实际使用中，往往要对多孔材料做各种表面处理。不同的护面层，对吸声性能有不同的影响。为尽可能保持材料原有的吸声特性，饰面应具有良好的透气性。例如用金属格网、塑料窗纱和丝布等罩面，这种表面处理方式对多孔材料吸声性能的影响不大。也可用厚度小于 0.05 mm 的极薄柔性塑料薄膜、穿孔薄膜以及穿孔率在 20%以上的穿孔薄板等罩面，这样做吸声特性多少会受些影响，尤其是高频的吸声系数会有所降低，膜越薄，穿孔率越大，影响越小。但使用穿孔板护面层时，低频吸声系数会有所提高；而使用薄膜护面层时，中频吸声系数会有所提高。在多孔材料上使用穿孔板以及薄膜罩面，实际上构成了一种复合吸声结构。

对于一些成型的多孔材料板材，如木丝板、软质纤维板等，有时需进行表面粉饰，这时要防止涂料把孔隙封闭，以采用水质涂料喷涂为好，不宜用油漆涂刷。

高温高湿会引起材料变质，其中温度的影响较小，湿度的影响较大。材料一旦受潮吸湿吸水，其中的孔隙数就要减少，先是使高频吸声系数降低，而后随着含湿量的增加，受影响的频率范围将进一步扩大。

## 5.3　共振吸声结构

在室内声源所发出的声波的激励下，房间壁、顶、地面等围护结构以及房间中的其他物体都将发生振动。振动着的结构或物体由于自身的内摩擦和与空气的摩擦，要把一部分振动能量转变成热能而消耗掉，根据能量守恒定律，这些损耗掉的能量必定来自激励它们振动的声能量。因此，振动结构或物体都要消耗声能，从而降低噪声。结构或物体都有各自的固有频率，共振吸声结构的吸声机理是当声波频率与它们的固有频率相同时，就会发生共振。这时，结构或物体的振动最强烈，振幅和振动速度都达到最大值，从而引起的能量损耗也最多，因此，吸声系数在共振频率处为最大。利用这一特点，可以设计出各种共振吸声结构，以便更多地吸收噪声能量，降低噪声。

### 5.3.1　薄膜与薄板共振吸声结构

#### 5.3.1.1　薄膜共振吸声结构

皮革、人造革、塑料薄膜等材料具有不透气、柔软、受张拉时有弹性等特性。这些薄膜材料可与其背后封闭的空气形成共振系统。共振频率由单位面积膜的质量、膜后空气层厚度及膜的张力大小决定。实际工程中，膜的张力很难控制，而且长时间使用后膜会松弛，张力会随时间变化。因此不受张拉或张力很小的膜，其共振频率可按下式计算：

$$f_0 = \frac{1}{2\pi}\sqrt{\frac{\rho_0 c^2}{M_0 L}} \approx \frac{600}{\sqrt{M_0 L}} \tag{5-7}$$

式中：$M_0$——膜的单位面积质量，$kg/m^2$；

$L$——膜与刚性壁之间空气层的厚度，cm。

薄膜吸声结构的共振频率通常在 200～1 000 Hz，最大吸声系数为 0.3～0.4，一般把它作为中频范围的吸声材料。当薄膜作为多孔材料的面层时，结构的吸声特性取决于膜和多孔材料的种类以及安装方法。

薄塑盒式吸声体是一种根据薄膜共振吸声结构原理制成的吸声体。它是由改性的聚氯乙烯塑料薄片成型制成，外形像个塑料盒扣在塑料基片上，其截面形状如图 5-4 所示。当声波入射时，盒体的各个表面受迫做弯曲振动，由于塑料薄片弯曲劲变的作用，薄片将产生许多振动模式，这些模式取决于它的边界条件。在振动过程中，薄片自身的阻尼作用将部分声能转换为热能，从而起到了吸声的作用。

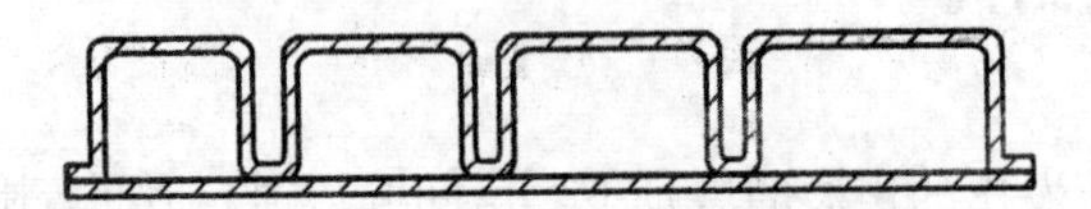

图 5-4 薄塑盒式吸声体剖面图

这种结构的吸声特性和薄片厚度、内腔变化、断面形状及结构后面的空气层厚度等因素有关。塑料薄片的厚度直接影响结构吸声性能的变化。在保证强度的条件下，面层薄片以薄为宜，有利于高频吸收；而适当增加基片厚度，可以改善低频吸声效果。由于具有结构轻、耐腐蚀、易冲洗等优点，因此薄塑盒式吸声体是一种很有发展前途的吸声结构。

5.3.1.2 薄板共振吸声结构

把胶合板、硬质纤维板、石膏板、石棉水泥板、金属板等板材周边固定在框架上，连同板后的封闭空气层，就构成薄板共振吸声结构，如图 5-5 所示。

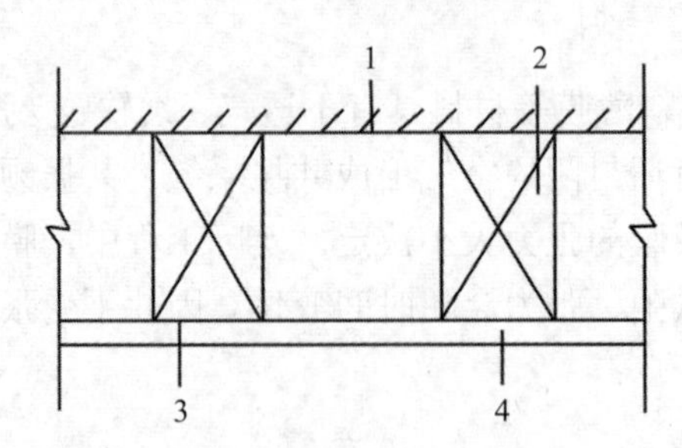


1—墙体或天花板；2—龙骨；3—阻尼材料；4—薄板

图 5-5 薄板共振吸声结构示意图

当声波入射到薄板上时引起板面振动，薄板振动要克服本身的阻尼和板与框架之间的摩擦，使一部分声能转化为热能而耗散，尤其当边缘的阻尼较大时，声能消耗就更大。当入射声波的频率接近于振动系统的固有频率时将发生共振，吸收的声能达到最大值。这就是薄板共振吸声的机理。

这种结构的共振频率可用下式计算：

$$f_0=\frac{1}{2\pi}\sqrt{\frac{\rho_0 c^2}{M_0 L}+\frac{K}{M_0}} \tag{5-8}$$

式中：$\rho_0$——空气密度，kg/m$^3$；

$c$——空气中的声速，m/s；

$M_0$——膜的单位面积质量，kg/m$^2$；

$L$——膜与刚性壁之间空气层的厚度，cm；

$K$——结构的刚度因素，kg/（m$^2$·s$^2$）。

$K$ 与板的弹性、骨架构造、安装情况有关。对于边长为 $a$ 和 $b$，厚度为 $h$ 的矩形筒支薄板则有：

$$K=\frac{Eh^2}{12(1-\sigma^2)}\left[\left(\frac{\pi}{a}\right)^2+\left(\frac{\pi}{b}\right)^2\right]^2 \tag{5-9}$$

式中：$E$——板材料的动态弹性模量，N/m$^2$；

$\sigma$——泊松比。

对于一般板材在一般构造条件下，$K$=（1～3）×10$^6$ kg/（m$^2$·s$^2$），当板的刚度因素 $K$ 和空气层厚度 $L$ 都比较小时，则式（5-8）根号内第二项比第一项小得多，可以略去，结果和式（5-7）相同，这时的薄板结构可以看成薄膜结构。但是当 $L$ 较大，超过 100 cm，式（5-8）根号内第一项比第二项小得多时，则共振频率就几乎与空气层厚度无关了。

由式（5-7）和式（5-8）可见，薄膜和薄板共振结构的共振频率主要取决于板的面密度和背后空气层的厚度，增大 $M_0$ 和 $L$ 均可以使 $f_0$ 下降，实用中薄板厚度常取 3～6 mm，空气层厚度一般取 3～10 cm，共振频率在 80～300 Hz，属低频吸声。常用的薄膜、薄板共振结构的吸声系数见表 5-7 及表 5-8。

**表 5-7　薄膜共振结构的吸声系数**

| 吸声结构 | 背衬材料厚度/mm | 倍频程中心频率/Hz | | | | | |
|---|---|---|---|---|---|---|---|
| | | 125 | 250 | 500 | 1 000 | 2000 | 4 000 |
| 帆布 | 空气层 45 | 0.05 | 0.10 | 0.4 | 0.25 | 0.25 | 0.20 |
| | 空气层 45+矿棉 25 | 0.20 | 0.50 | 0.65 | 0.50 | 0.32 | 0.20 |
| 人造革 | 玻璃棉 25 | 0.20 | 0.70 | 0.90 | 0.55 | 0.33 | 0.20 |
| 聚乙烯薄膜 | 玻璃棉 50 | 0.25 | 0.70 | 0.90 | 0.90 | 0.60 | 0.50 |

表 5-8 薄板共振结构的吸声系数（混响室法）

| 材料 | 构造/cm | 倍频程中心频率/Hz | | | | | |
|---|---|---|---|---|---|---|---|
| | | 125 | 250 | 500 | 1 000 | 2 000 | 4 000 |
| 三夹板 | 空气层厚 5，框架间距 45×45 | 0.21 | 0.73 | 0.21 | 0.19 | 0.08 | 0.12 |
| 三夹板 | 空气层厚 10，框架间距 45×45 | 0.59 | 0.38 | 0.18 | 0.05 | 0.04 | 0.08 |
| 五夹板 | 空气层厚 5，框架间距 45×45 | 0.08 | 0.52 | 0.17 | 0.06 | 0.10 | 0.12 |
| 五夹板 | 空气层厚 10，框架间距 45×45 | 0.41 | 0.30 | 0.14 | 0.05 | 0.10 | 0.16 |
| 刨花压轧板 | 板厚 1.5，空气层厚 5，框架间距 45×45 | 0.35 | 0.27 | 0.20 | 0.15 | 0.25 | 0.39 |
| 木丝板 | 板厚 3，空气层厚 5，框架间距 45×45 | 0.05 | 0.30 | 0.81 | 0.63 | 0.70 | 0.91 |
| 木丝板 | 板厚 3，空气层厚 10，框架间距 45×45 | 0.09 | 0.36 | 0.62 | 0.53 | 0.71 | 0.89 |
| 草纸板 | 板厚 2，空气层厚 5，框架间距 45×45 | 0.15 | 0.49 | 0.41 | 0.38 | 0.51 | 0.64 |
| 草纸板 | 板厚 3，空气层厚 10，框架间距 45×45 | 0.50 | 0.48 | 0.34 | 0.32 | 0.49 | 0.60 |
| 胶合板 | 空气层厚 5 | 0.28 | 0.22 | 0.17 | 0.09 | 0.10 | 0.11 |
| 胶合板 | 空气层厚 10 | 0.34 | 0.19 | 0.10 | 0.09 | 0.12 | 0.11 |

## 5.3.2 穿孔板共振吸声结构

穿孔板共振器是噪声控制中使用非常广泛的一种共振吸声结构。为了阐述穿孔板共振吸声结构的原理，可先了解单腔共振吸声结构，如图 5-6 所示。

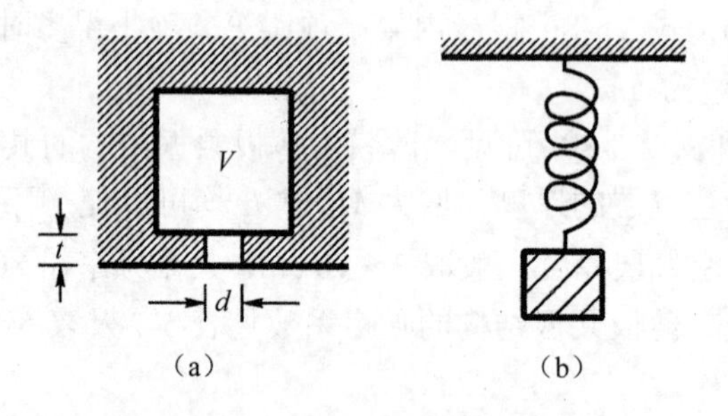


图 5-6 单腔共振吸声结构

单腔共振吸声结构是一个中间封闭有一定体积的空腔，并通过有一定深度的小孔和声场空间相连[图 5-6（a）]。当孔的深度 $t$ 和孔径 $d$ 比声波波长小得多时，孔中的空气柱的弹性形变很小，可以看做是一个无形变的质量块（质点），而封闭空腔 $V$ 的体积比孔颈大得多，随声波做弹性振动，起着空气弹簧的作用。于是整个系统类似于图 5-6（b）中的弹簧振子，称为亥姆霍兹共振器。孔颈中的空气柱（质量块）在振动过程中与孔开口壁面摩擦，由于黏滞阻尼和热传导的作用，会使声能损耗，它的声学作用相当于一个声阻。当外界入射声波频率 $f$ 和系统的固有

频率 $f_0$ 相等时，孔颈中的空气柱就由于共振而产生剧烈振动。在振动过程中，由于克服摩擦阻力而消耗声能，从而起到吸声效果。

单腔共振器的共振频率 $f_0$ 可用下式计算：

$$f_0=\frac{c}{2\pi}\sqrt{\frac{S}{V(t+\delta)}} \tag{5-10}$$

式中：$c$——声速，一般取 340m/s；

$S$——孔颈开口面积，$m^2$；

$V$——空腔容积，$m^3$；

$t$——孔颈深度，m；

$\delta$——开口末端修正量，m。

因为颈部空气柱两端附近的空气也参与振动，所以对 $t$ 加以修正，（$t+\delta$）为小孔有效颈长。对于直径 $d$ 的圆孔，$t$ 为小孔有效颈长。

亥姆霍兹共振器的特点是吸收低频噪声并且频率选择性强。因此多用在有明显音调的低频噪声场合。若在口颈处加一些诸如玻璃棉之类的多孔材料，或加贴一层尼龙布等透声织物，则可以增加颈口部分的摩擦阻力，增宽吸声频带。

多孔穿孔板共振吸声结构是在薄板上按一定排列方式钻很多小孔或开狭缝，将穿孔板固定在框架上，框架安装在刚性板壁上，板后留有一定厚度的空气层，如图 5-7 所示。

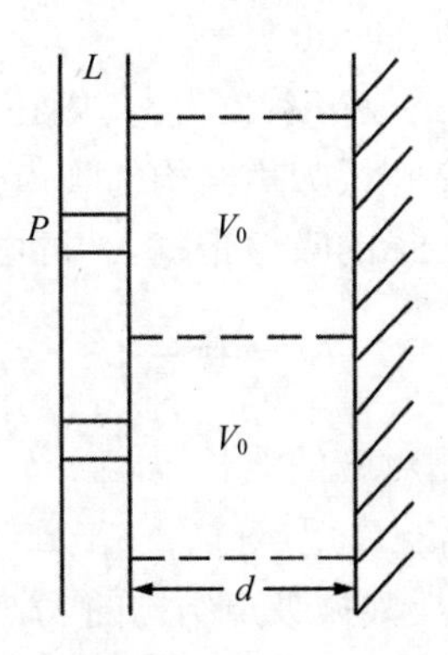


图 5-7　多孔穿孔板共振吸声结构示意图

穿孔板共振吸声结构的共振频率可按下式计算：

$$f_0=\frac{c}{2\pi}\sqrt{\frac{P}{L(t+\delta)}} \tag{5-11}$$

式中：$c$——声速，m/s；

$L$——板后空气层厚度，m；

$t$——板厚，m；

$\delta$——孔口末端修正量；

$P$——穿孔率，即穿孔面积与总面积之比。圆孔正方形排列[图 5-8（a）]时，$P=\frac{\pi}{4}\left(\frac{d}{B}\right)^2$，圆孔等边三角形排列[图 5-8（b）]时，$P=\frac{\pi}{2\sqrt{3}}\left(\frac{d}{B}\right)^2$。式中，$d$ 为孔径，mm；$B$ 为孔中心距，mm。

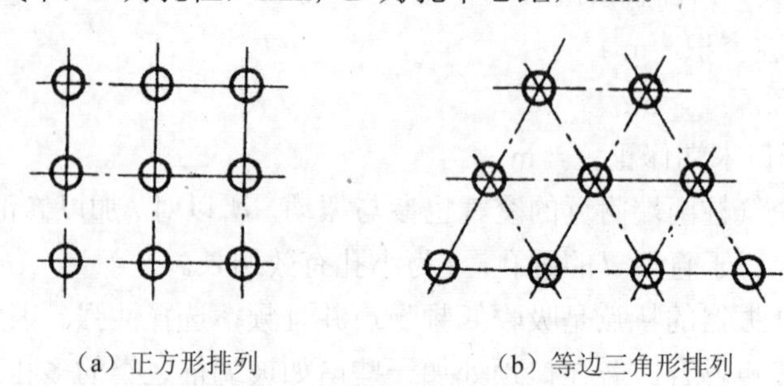

（a）正方形排列　（b）等边三角形排列

图 5-8　穿孔板穿孔排列示意图

由式（5-9）、式（5-10）可知，板的穿孔面积越大，共振吸声的频率越高。空腔越深或板越厚，共振吸声的频率越低。一般穿孔板吸声结构主要用于吸收低中频噪声的峰值。吸声系数为 0.4～0.7。

设在共振频率 $f_0$ 处的最大吸声系数为$\alpha$，则在 $f_0$ 附近能保持吸声系数为$\alpha/2$的频带宽度$\Delta f$为吸声带宽。穿孔板吸声结构的吸声带宽较窄，通常仅几十赫兹到二三百赫兹。吸声系数高于 0.5$\alpha$的吸声带宽 $\Delta f$ 可由下式计算：

$$\Delta f = 4\pi\frac{f_0}{\lambda_0}L \tag{5-12}$$

式中：$\lambda_0$——与共振频率 $f_0$ 相对应的波长，m；

$L$——空腔深（板后的空气层厚度），m。

由式（5-12）可知，穿孔板共振吸声结构的$\Delta f$ 与腔深 $L$ 有很大的关系，而腔深又影响到共振频率的大小，故需综合考虑，合理选择腔深。工程上一般取板厚 2～5mm，孔径 2～4mm，穿孔率 1%～10%，空腔深（板后空气层厚度）以 10～25cm 为宜。尺寸超以上范围，多有不良影响，例如穿孔率在 20%以上时，几乎没有共振吸声作用，而仅仅成为护面板了。

在确定穿孔板共振吸声结构的主要尺寸后，可制作模型在实验室测定其吸声系数，或根据主要尺寸查阅手册，选择近似或相近结构的吸声系数，再按实际需要的减噪量，计算应铺设吸声结构的面积。

由于穿孔板自身的声阻很小，这种结构的吸声带宽较窄，如在穿孔板背后填充一些多孔的材料或敷上声阻较大的纺织物等材料，便可改进其吸声特性。填充吸声材料时，可以把空腔填满，也可以只填一部分，关键在于要控制适当的声阻率。图 5-9 是填充多孔材料前后吸声特性的比较。由图 5-9 可见，填充多孔材料后，不仅提高了穿孔板的吸声系数，而且展宽了有效吸声带宽。为展宽吸声带宽，还可以采用不同穿孔率、不同腔深的多层穿孔板吸声结构的组合。

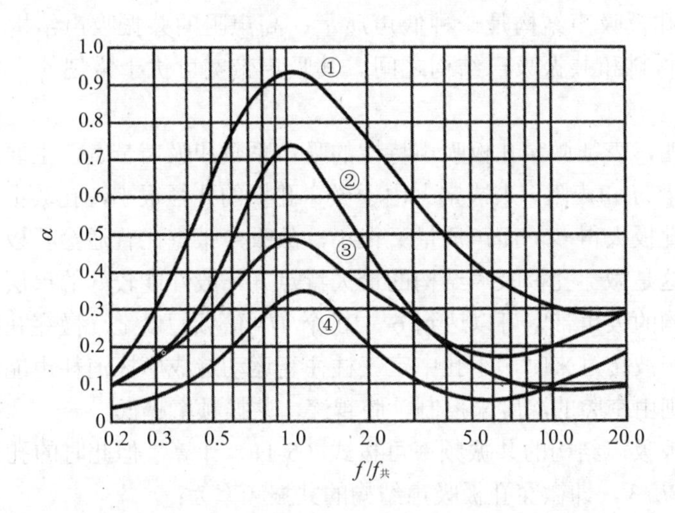


①背后空气内填 50 mm 厚玻璃棉吸声材料；②背后空气内填 25 mm 厚玻璃棉吸声材料；

③背后空气层厚 50 mm，不填吸声材料；④背后空气层厚 25 mm，不填吸声材料

**图 5-9 穿孔板共振结构的吸声系数**

为增大吸声系数与提高吸声带宽，可采取以下办法：

（1）穿孔板孔径取偏小值，以提高孔内阻尼；

（2）在穿孔板后蒙一薄层玻璃丝布等透声纺织品，以增加孔颈摩擦；

（3）在穿孔板后面的空腔中填放一层多孔吸声材料，材料距板的距离视空腔而定；

（4）组合几种不同尺寸的共振吸声结构，分别吸收一小段频带，使总的吸声频带变宽；

（5）采用不同穿孔率和不同腔深的多孔穿孔板结构。

### 5.3.3 微穿孔板吸声结构

由于穿孔板的声阻很小，因此吸声带宽很窄。为使穿孔板结构在较宽的范围

内有效地吸声，必须在穿孔板背后填充大量的多孔材料或敷上声阻较高的纺织物。但是，如果把穿孔直径减小到 1mm 以下，则不需另加多孔材料也可以使它的声阻增大。这就是微穿孔板。微穿孔板吸声结构的理论是我国著名声学专家、中科院院士马大猷教授于 20 世纪 70 年代提出来的。

在板厚度小于 1.0 mm 的薄板上穿以孔径小于 1.0 mm 的微孔；穿孔率在 1%～5%，后部留有一定厚度（如 5～20 cm）的空气层；空气层内不填任何吸声材料。这样即构成了微穿孔板吸声结构，常用的多是单层或双层微穿孔板结构形式。微穿孔板吸声结构是一种低声质量、高声阻的共振吸声结构，其性能介于多孔吸声材料和共振吸声结构之间。其吸声带宽可优于常规的穿孔板共振吸声结构。

研究表明，表征微穿孔板吸声特性的吸声系数和吸声带宽，主要由微穿孔板结构的声质量 $m$ 和声阻 $r$ 来决定。由于微穿孔板的孔径很小，孔数很多，其声阻值比普通穿孔板大得多，而声质量又很小，故吸声带宽比普通穿孔板共振吸声结构宽得多，这是微穿孔板吸声结构的最大特点。一般性能较好的单层或双层微穿孔板吸声结构的吸声带宽可以达到 6～10 个 1/3 倍频程以上。微穿孔板吸声结构的原理是：声波传过来时，小孔中空气柱往复运动造成摩擦消耗声能，而吸收峰的共振频率则由空腔的深度来控制，腔越深，共振频率越低。

微穿孔板吸声结构的共振频率可按式（5-11）计算，但此时的孔口末端修正量 $\delta = 0.8 + PL/3$，即微穿孔板吸声结构的共振频率为：

$$f_0 = \frac{c}{2\pi}\sqrt{\frac{P}{L(t + 0.8 + PL/3)}} \tag{5-13}$$

式中：$c$——声速，m/s；

$L$——板后空气层厚度，m；

$t$——板厚，m；

$P$——穿孔率，即穿孔面积与总面积之比。

具体设计微穿孔板结构时，可通过计算，也可查图表，计算结果与实测结果一致。在实际工程中为了扩大吸声频带宽度，往往采用不同孔径、不同穿孔率的双层或多层微穿孔板复合结构。

微穿孔板可用铝板、钢板、镀锌板、不锈钢板、塑料板等材料制作。由于微穿孔板后的空气层内无需填装多孔吸声材料，具有不怕水和潮气，不霉、不蛀、防火、耐高温、耐腐蚀、清洁无污染、能承受高速气流冲击的优点，因此，微穿孔板吸声结构在吸声降噪和改善室内音质方面有着十分广泛的应用。

相对于单层微穿孔板吸声结构，双层微穿孔板吸声结构吸声带宽更宽，且有两个共振吸收峰，如图 5-10 所示。

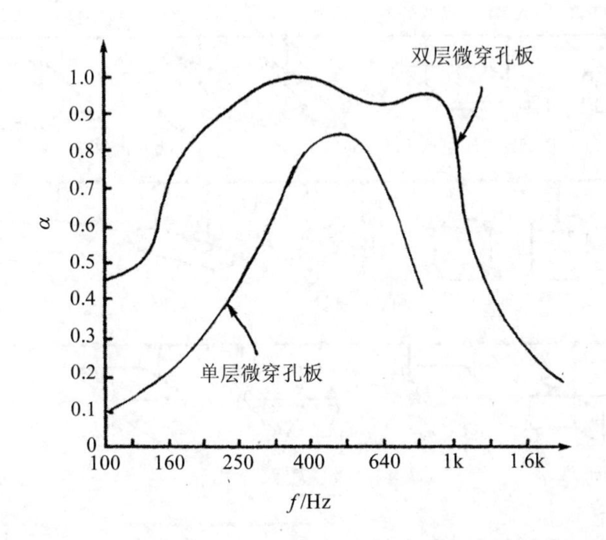


（单层微穿孔板结构参数：孔径 0.8mm，板厚 0.8mm，穿孔率 2%，腔深 100mm；双层微穿孔板结构参数：孔径均为 0.8mm，板厚均为 0.8mm，前板穿孔率 2%，前腔深 80mm，后板穿孔率 1%，后腔深 120mm）

**图 5-10 单、双层微穿孔板的吸声系数**

## 5.4 空间吸声体

把吸声材料或吸声结构悬挂在室内离壁面一定距离的空间中，称为空间吸声体。由于悬空悬挂，声波可以从不同角度入射到吸声体，其吸声效果比相同的吸声体贴实在刚性壁面上好得多。因此采用空间吸声体，这样可以充分发挥多孔吸声材料的吸声性能，提高吸声效率，节约吸声材料。目前空间吸声体在噪声控制工程中得到广泛的应用。

空间吸声体大致可分为两类：一类是大面积的平板体[图 5-11 中（a）和（b）]，如果板的尺寸比波长大，则其吸声情况大致相当于声波从板的两面都是无规入射的。实验结果表明，板状空间吸声体的吸声量大约为将相同吸声板紧贴壁面的两倍。因此它具有较大的总吸声量。另一类是离散的单元吸声体，可以设计成各种几何形状，如立方体、圆锥体、短柱体或球体等[图 5-11 中（c）至（g）]。其吸声机理比较复杂，因为每个单元吸声体的表面积与体积之比很大，所以单元吸声体的吸声效率很高。

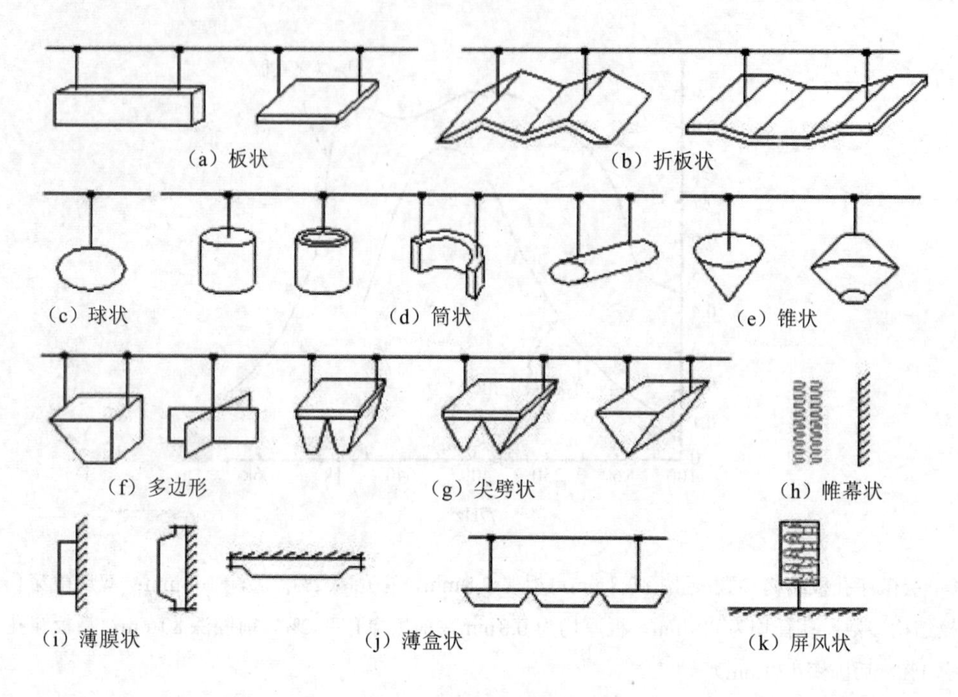


**图 5-11 几种常见形状的空间吸声体**

空间吸声体彼此按一定间距排列悬吊在天花板下某处，吸声体朝向声源的一面可直接吸收入射声能，其余部分声波通过孔隙绕射或反射到吸声体的侧面、背面，使得各个方向的声能都能被吸收。而且空间吸声体装拆灵活，工程上常把它制成产品，用户只要购买成品，按需要悬挂起来即可。空间吸声体适用于大面积、多声源、高噪声车间，如织布、冲压钣金车间等。

板状吸声体是应用最广泛的一种空间吸声体。空间吸声板悬挂在扩散声场中、吸声板之间的距离大于或接近板的尺寸时，它的前后两面都将吸声，单位面积吸声板的吸声量 $A$ 可取为：

$$A = 2\overline{\alpha} = \alpha_1 + \alpha_2 \qquad (5\text{-}14)$$

式中：$\alpha_1$、$\alpha_2$ 分别为正反面的吸声系数；$\overline{\alpha}$ 为两面的平均吸声系数。与贴实安装的吸声材料相比，空间吸声板的吸声量有明显的增加。

实验室和工程实践表明，当空间吸声板的面积与房间面积之比为 30%～40% 时，吸声效率最高；考虑到吸声降噪量取决于吸声系数及吸声材料的面积这两个因素，因此实际工程中，一般取 40%～60%，与全平顶式相比，材料节省一半左右，而吸声降噪效果则基本相同。

空间吸声板的悬挂方式，有水平悬挂、垂直悬挂和水平垂直组合悬挂等。空间吸声板的悬挂位置应该尽量靠近声源。

# 5.5　室内吸声降噪

当声源放置在空旷的户外时，声源周围空间只有从声源向外辐射的声能，为自由声场，情况比较简单。当声源放置在室内时，受声点除了接收到直接从声源辐射的声能外，还收到房间壁面及房间中其他物体反射的声能，情况就复杂得多了。

为便于分析研究，通常把房间内的声场分解成两部分：从声源直接到达受声点的直达声形成的声场叫直达声场；经过房间壁面一次或多次反射后到达受声点的反射声形成的声场叫混响声场。声音不断从声源发出，又经过壁面及空气的不断吸收，当声源在单位时间内发出的声能等于被吸收的声能时，房间的总声能就保持一定。若这时候房间内声能密度处处相同，而且在任一受声点上，声波在各个传播方向均作无规分布，则这种声场叫做扩散声场。

## 5.5.1　扩散声场中的声能密度和声压级

### 5.5.1.1　直达声场

设点声源的声功率是 $W$，在距点声源 $r$ 处，则直达声的声强为：

$$I_{\mathrm{d}} = \frac{QW}{4\pi r^2} \tag{5-15}$$

式中：$Q$——指向性因子。当点声源置于自由场空间时，$Q$ 为 1；置于无穷大刚性平面上时，则点声源发出的全部能量只向半自由场空间辐射，因此同样距离处的声强将为无限空间情况下的两倍，$Q$ 为 2；声源放置在两个刚性平面的交线上时，全部声能只能向 1/4 空间辐射，$Q$ 为 4；点声源放置于三个刚性反射面的交角上时，$Q$ 为 8。距声源 $r$ 处的直达声的声压 $p_{\mathrm{d}}$ 及声能密度 $D_{\mathrm{d}}$ 为：

$$p_{\mathrm{d}}^2 = \rho c I_{\mathrm{d}} = \frac{\rho c Q W}{4\pi r^2} \tag{5-16}$$

$$D_{\mathrm{d}} = \frac{p_{\mathrm{d}}^2}{\rho c^2} = \frac{QW}{4\pi r^2 c} \tag{5-17}$$

相应的声压级 $L_{p_d}$ 为：

$$L_{p_d} = L_W + 10\lg\frac{Q}{4\pi r^2} \tag{5-18}$$

5.5.1.2　混响声场

设混响声场是理想的扩散声场。对于混响声场，由于一般房间的壁面不很规则，从声源发出的声波以各种不同的角度射向壁面，经过多次反射后相互交织叠加，沿各方向传播的概率几乎是相同的，因此，在室内各处（紧靠壁面和声源处除外）的声场也几乎是相同的。这种传播方向各向同性而且各处均匀的声场称为完全扩散的声场。

自声源未经反射直接传到接收点的声音均为直达声。经第一次反射面吸收后，剩下的声能便是混响声。故单位时间声源向室内贡献的混响声为 $W(1-\overline{\alpha})$，这些混响声在以后的多次反射中还要被吸收。设混响声能密度为 $D_r$，则总混响声能为 $D_rV$，每反射一次，吸收 $D_rV\overline{\alpha}$，$\overline{\alpha} = \dfrac{\sum_i S_i\alpha_i}{\sum S_i}$ 为各壁面（$S_i$）的平均吸声系数。每秒反射 $cS/4V$ 次，则单位时间吸收的混响声能为 $D_rV\overline{\alpha}cS/4V$。当单位时间声源贡献的混响声能与被吸收的混响声能相等时，就达到稳态，即：

$$W(1-\overline{\alpha}) = D_rV\overline{\alpha}\frac{cS}{4V} \tag{5-19}$$

因此，达到稳态时，室内的混响声能密度为：

$$D_r = \frac{4W(1-\overline{\alpha})}{cS\overline{\alpha}} \tag{5-20}$$

设

$$R = \frac{S\overline{\alpha}}{1-\overline{\alpha}} \tag{5-21}$$

式中：$R$——房间常量，则：

$$D_r = \frac{4W}{cR} \tag{5-22}$$

由此得到，混响声场中的声压 $p_r^2$ 为：

$$p_{\mathrm{r}}^2=\frac{4\rho cW}{R} \tag{5-23}$$

相应的声压级 $L_{p_{\mathrm{r}}}$ 为：

$$L_{p_{\mathrm{r}}}=L_{\mathrm{W}}+10\lg\left(\frac{4}{R}\right) \tag{5-24}$$

#### 5.5.1.3　总声场

把直达声场和混响声场叠加，就得到总声场。总声场的声能密度 $D$ 为：

$$D=D_{\mathrm{d}}+D_{\mathrm{r}}=\frac{W}{c}\left(\frac{Q}{4\pi r^2}+\frac{4}{R}\right) \tag{5-25}$$

总声场的声压平方值 $p^2$ 为：

$$p^2=p_{\mathrm{d}}^2+p_{\mathrm{r}}^2=\rho cW\left(\frac{Q}{4\pi r^2}+\frac{4}{R}\right) \tag{5-26}$$

总声场的声压级 $L_{\mathrm{p}}$ 为：

$$L_{\mathrm{p}}=L_{\mathrm{W}}+10\lg\left(\frac{Q}{4\pi r^2}+\frac{4}{R}\right) \tag{5-27}$$

式（5-27）反映出室内某点声压级与声源声功率级的关系，$L_{\mathrm{W}}$ 越大，$L_{\mathrm{p}}$ 越高。如果声源的声功率级是给定的，则房间中各处的声压级的相对变化由右式第二项（$Q/4\pi r^2+4/R$）决定。括号内第一项表达了直达声场对该点声压级的影响，$r$ 越大，该项值越小，即距声源越远，直达声越小。对于指向性因素 $Q$ 前面已提到，其不仅包括声源本身的指向性，同时也包括声源在室内位置的因素。

式（5-27）右端括号内第二项表达了混响声场对室内某点声压级的影响。当房间的壁面为全反射时，$\overline{\alpha}$ 为 0，房间常数 $R$ 亦为 0，房间内声场主要为混响声场；当 $\overline{\alpha}$ 为 1 时，房间常数 $R$ 为无穷大，房间内只有直达声，类似于自由声场。对于一般的房间，总是介于上述两种情况之间。房间中受声点的相对声压级差值与声源距离 $r$、指向性因素 $Q$ 及房间常数 $R$ 的关系如图 5-12 所示。

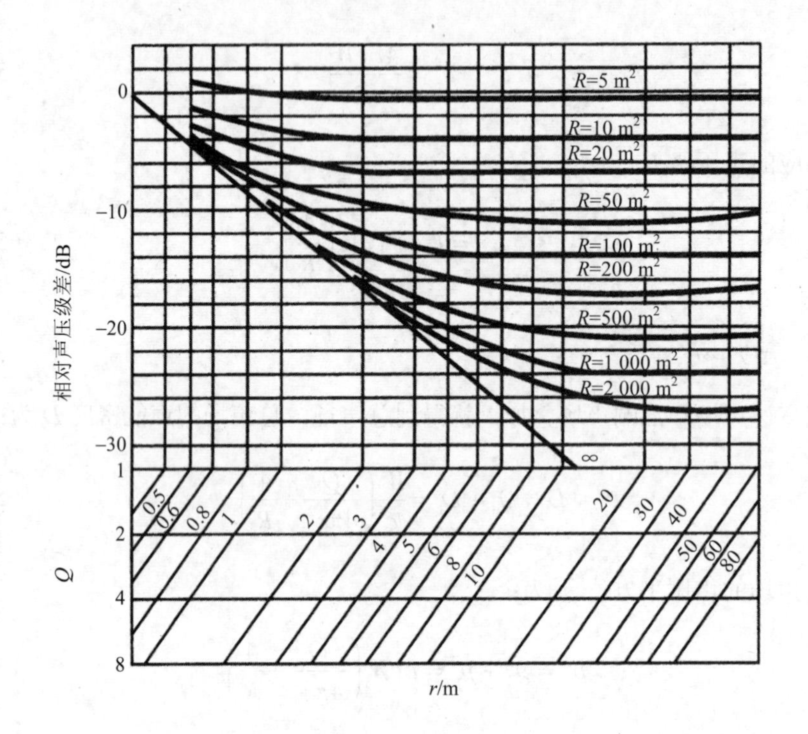


图 5-12 室内声压级计算图

5.5.1.4 混响半径

由式（5-27）可知，在声源的声功率级为定值时，房间内的声压级由受声点到声源的距离 $r$ 和房间常数 $R$ 决定。当受声点离声源很近时，$Q/4\pi r^2$ 远大于 $4/R$，室内声场以直达声为主，混响声可以忽略；当受声点离声源很远时，$Q/4\pi r^2$ 远小于 $4/R$，室内声场以混响声为主，直达声可以忽略，这时声压级 $L_p$ 与距离无关；当 $Q/4\pi r^2=4/R$ 时，直达声与混响声的声能相等，这时候的距离 $r$ 为临界半径，记作 $r_c$：

$$r_c = 0.14\sqrt{QR} \tag{5-28}$$

当 $Q=1$ 时的临界半径又称混响半径。

因为吸声降噪只对混响声起作用，因而当受声点与声源的距离小于临界半径时，吸声处理对该点的降噪效果不大；反之，当受声点离声源的距离大大超过临界半径时，吸声处理才有明显的效果。

## 5.5.2　室内声能衰减和混响时间

### 5.5.2.1　室内声能的增长和衰减过程

当声源开始向室内辐射声能时，声波在室内空间传播，当遇到壁面时，部分声能被吸收，部分被反射；在声波的继续传播中经多次吸收和反射，在空间内形成了一定的声能密度分布。随着声源不断供给能量，室内声能密度将随时间而增加，这就是室内声能的增长过程。可用下式表示：

$$D(t)=\frac{4W}{cA}(1-\mathrm{e}^{-\frac{SA}{4V}t}) \tag{5-29}$$

式中：$D(t)$——瞬时声能密度，$\mathrm{J/m^3}$；

$W$——声源声功率，W；

$c$——声速，m/s；

$A$——室内表面总吸声量，$\mathrm{m^3}$；

$V$——房间容积，$\mathrm{m^3}$。

由式（5-29）看出，在一定的声源声功率和室内条件下，随着时间的增加，室内瞬时声能密度将逐渐增大，当 $t=0$ 时，$D(t)=0$；当 $t\to\infty$ 时，$D(t)\to 4W/cA$，这时单位时间内被室内吸收的声能与声源供给声能相等，室内声能密度不再增加，处于稳态。事实上，在一般情况下，只需经过 1～2 s 的时间，声能密度的分布即接近于稳态。

当声场处于稳态时，若声源突然停止发声，室内受声点上的声能并不立即消失，而要有一个过程。首先是直达声消失，反射声将继续下去。每反射一次，声能被吸收一部分，因此，室内声能密度逐渐减弱，直到完全消失。这一过程称做"混响过程"或"交混回响"，用下式表示：

$$D(t)=\frac{4W}{cA}\mathrm{e}^{-\frac{SA}{4V}t} \tag{5-30}$$

由式（5-30）可见，在衰减过程中，$D(t)$随 $t$ 的增加而减小。室内总吸声量 $A$ 越大，衰减越快；房间容积 $V$ 越大，衰减越慢。

### 5.5.2.2　混响时间

混响的理论是 W. C. Sabine 在 1900 年提出的。混响时间的定量计算，迄今为止在厅堂音质设计中仍是重要的音质参量。

在混响过程中，把声能密度衰减到原来的 100 万分之一，即衰减 60 dB 所需的时间定义为混响时间。

W. C. Sabine 通过大量实验，首先得出混响时间 $T_{60}$ 的计算公式（Sabine 公式）：

$$T_{60}=\frac{0.161V}{A}=\frac{0.161V}{S\overline{\alpha}} \quad (5\text{-}31)$$

式中：$V$——房间容积，$m^3$；

$A$——室内总吸声量，$m^2$，$A=S\overline{\alpha}$。

Sabine 公式的意义是极其重要的，但在使用过程中，当总吸声量超过一定范围时，其结果将与实际有较大的出入。例如，室内平均吸声系数趋于 1 时，实际混响时间应趋于 0，但按 Sabine 公式计算却不为 0，而为一定值。研究表明，只有当室内平均吸声系数小于 0.2 时，计算结果才与实际情况比较接近。

在 1929—1930 年，有几位声学专家用统计声学的方法，分别独立地导出了混响时间的理论公式，其中最具代表性的是 C. F. Eyring 公式：

假定室内为扩散声场，室内各表面的平均吸声系数为 $\overline{\alpha}$。设在时刻 $t$=0 时，声源突然停止，这时室内的平均声能密度为 $D_0$，声波每反射一次，就有一部分能量被吸收。在经过第一次反射后，室内的平均声能密度为 $D_1=D_0(1-\overline{\alpha})$，经过 $n$ 次反射后的声能密度即为 $D_n=D_0(1-\overline{\alpha})^n$。根据式（5-19）每秒钟的反射次数为 $cS/4V$，因此，经过时间 $t$ 后室内平均能量密度为：

$$D_t=D_0(1-\overline{\alpha})^{\frac{cS}{4V}t} \quad (5\text{-}32)$$

据扩散声场的性质，平均声能密度与有效声压的平方成正比，所以有：

$$p^2=p_0^2(1-\overline{\alpha})^{\frac{cS}{4V}t} \quad (5\text{-}33)$$

根据混响时间的定义，即声压级降低 60 dB 所需要的时间，从上式可求得：

$$T_{60}=\frac{55.2V}{-cS\ln(1-\overline{\alpha})} \quad (5\text{-}34)$$

若取 $c$=344 m/s，则上式为

$$T_{60}=\frac{0.161V}{-S\ln(1-\overline{\alpha})} \quad (5\text{-}35)$$

这就是 Eyring 公式。但该式只考虑了房间壁面的吸收作用，而实际上，当房间较大时，在传播过程中，空气也将对声波有吸收作用，对于频率较高的声音（一般为 2 kHz 以上），空气的吸收作用相当大。这种吸收与频率、湿度和温度有关。

声波在传播过程中，考虑到空气吸收，声强的衰减具有如下形式：

$$I = I_0 c^{-mx} \qquad (5\text{-}36)$$

式中，$m$ 为衰减系数，如果 $t$ 秒内传播了 $x$ 米距离，即 $x=ct$，则

$$D_t = D_0(1-\overline{\alpha})^{\frac{cS}{4V}t}\mathrm{e}^{mct} \qquad (5\text{-}37)$$

所以混响时间为：

$$T_{60} = \frac{55.2V}{-cS\ln(1-\overline{\alpha})+4mVc} \qquad (5\text{-}38)$$

当 $\overline{\alpha}<0.2$ 时

$$T_{60} = \frac{0.161V}{S\overline{\alpha}+4mV} \qquad (5\text{-}39)$$

这就是 Eyring－Millington 公式。

### 5.5.3　吸声降噪量

当位于室内的噪声源辐射噪声的时候，若房间的内壁是由对声音具有较强反射作用的材料构成的，如混凝土天花板、光滑的墙面和水泥地面，则受声点除了接收到噪声源发出的直达声波外，还能接收到经房间内壁表面多次反射形成的混响声，由于直达声和混响声的叠加，加强了室内噪声的强度。人们总是感到，同一个发声设备放在室内要比放在室外听起来响得多，这正是室内混响声作用的结果。当离开声源的距离大于混响半径时，混响声的贡献相当大。对于体积较大、以刚性壁面为主的房间，受声点上的声压级要比室外同一距离处高 10～15 dB。

如果在房间的内壁饰以吸声材料或安装吸声结构，或在房间中悬挂一些空间吸声体，吸收掉一部分混响声，则室内的噪声就会降低。这种利用吸声降低噪声的方法称为“吸声降噪”。

由式（5-27）可知，改变房间常数可改变室内某点的声压级，设 $R_1$、$R_2$ 分别为室内设置吸声装置前后的房间常数，则距声源中心 $r$ 处相应的声压级 $L_{\mathrm{p}1}$、$L_{\mathrm{p}2}$ 分别为：

$$L_{\mathrm{p}_1} = L_{\mathrm{W}} + 10\lg\left(\frac{Q}{4\pi r^2}+\frac{4}{R_1}\right) \qquad (5\text{-}40)$$

$$L_{\mathrm{p}_2} = L_{\mathrm{W}} + 10\lg\left(\frac{Q}{4\pi r^2}+\frac{4}{R_2}\right) \qquad (5\text{-}41)$$

吸声前后的声压级之差，即吸声降噪量，为：

$$\Delta L_p = L_{p_1} - L_{p_2} = 10\lg\left(\frac{\dfrac{Q}{4\pi r^2}+\dfrac{4}{R_1}}{\dfrac{Q}{4\pi r^2}+\dfrac{4}{R_2}}\right) \tag{5-42}$$

当受声点离声源很近，即在混响半径以内的位置上，$Q/4\pi r^2$ 远大于 4/$R$ 时，$\Delta L_p$ 的值很小，也就是说在靠近噪声源的地方，声压级的贡献以直达声为主，吸声装置只能降低混响声的声压级，所以吸声降噪的方法对靠近声源的位置，其降噪量是不大的。

对于离声源较远的受声点，即处于混响半径以外的区域，如果 $Q/4\pi r^2$ 远小于 4/$R$，且吸声处理前后的面积不变，则式（5-42）可简化为：

$$\Delta L_p = 10\lg\frac{R_2}{R_1} = 10\lg\frac{(1-\overline{\alpha}_1)\overline{\alpha}_2}{(1-\overline{\alpha}_2)\overline{\alpha}_1} \tag{5-43}$$

此式适用于远离声源处的吸声降噪量的估算。对于一般室内稳态声场，如工厂厂房，因都是砖及混凝土砌墙、水泥地面与天花板，吸声系数都很小，因此有 $\overline{\alpha}_1\overline{\alpha}_2$ 远小于 $\overline{\alpha}_1$ 或 $\overline{\alpha}_2$，则式（5-43）可简化为：

$$\Delta L_p = 10\lg\frac{\overline{\alpha}_2}{\overline{\alpha}_1} \tag{5-44}$$

一般的室内吸声降噪处理可用此式计算。以上是通过理论推导得出的计算方法，而且经过简化，因此与实际存在一定差距。但对设计室内吸声结构或定量估算其效果，仍有很大的实用价值。利用此式的困难在于求取平均吸声系数麻烦，如果现场条件比较复杂，则计算难以准确。利用式（5-31）中吸声系数和混响时间的关系，将式（5-44）简化为：

$$\Delta L_p = 10\lg\frac{T_1}{T_2} \tag{5-45}$$

式中：$T_1$、$T_2$——分别为吸声处理前后的混响时间。

由于混响时间可以用专门的仪器测得，所以用式（5-45）计算吸声降噪量，就免除了计算吸声系数的麻烦和不准确。按式（5-44）和式（5-45）将室内的吸声状况和相应的降噪量列于表 5-9 中。

表 5-9　室内的吸声状况与相应的降噪量

| $\overline{\alpha}_2/\overline{\alpha}_1$ 或 $T_1/T_2$ | 1 | 2 | 3 | 4 | 5 | 6 | 8 | 10 | 20 | 40 |
|---|---|---|---|---|---|---|---|---|---|---|
| $\Delta L_p$ /dB | 0 | 3 | 5 | 6 | 7 | 8 | 9 | 10 | 13 | 16 |

从表 5-9 中可以看出，如果室内平均吸声系数增加 1 倍，混响声级降低 3 dB；

增加10倍，降低10dB。这说明，只有在原来房间的平均吸声系数不大时，采用吸声处理才有明显效果。例如，一般墙面及天花板抹灰的房间，各壁面和地面的平均吸声系数约为$\overline{\alpha}_1$=0.03，采用吸声处理后使平均吸声系数达到$\overline{\alpha}_2$=0.3，则降噪量达到10dB。通常，使平均吸声系数增大到0.5以上很不容易，且成本太高。因此，用一般吸声处理法降低室内噪声降噪量一般为10～12dB；对于未经处理的车间，采用吸声处理后，平均降噪量达5dB是较为切实可行的。

## 5.6 吸声降噪计算实例

某车间长16m，宽8m，高3m，在侧墙边有两台机床，其噪声波及整个车间。现欲采取吸声降噪措施，试在离机床8m以外处做使噪声降至NR55以下的吸声降噪设计。

首先查阅机床设备噪声方面的技术资料，做一些必要的计算。在无资料或资料不全时，可进行实际噪声测量，获得准确的噪声数据。其实，实际测量更能反映声场的实际情况。然后，再进行吸声处理设计。现将设计过程及有关数据在表5-10中列出。

表5-10 例题设计过程及有关数据

| 序号 | 项目 | 各倍频程中心频率（Hz）下参数 | | | | | | 说明 |
|---|---|---|---|---|---|---|---|---|
| | | 125 | 250 | 500 | 1 000 | 2 000 | 4 000 | |
| 1 | 距机床8m处噪声的声压级/dB | 70 | 62 | 65 | 60 | 56 | 53 | 实测值 |
| 2 | 噪声控制目标 | 70 | 63 | 58 | 55 | 52 | 50 | NR55，查图 |
| 3 | 所需降噪量/dB | — | — | 7 | 5 | 4 | 3 | （1）－（2） |
| 4 | 处理前的平均吸声系数$\overline{\alpha}_1$（混响室法） | 0.06 | 0.08 | 0.08 | 0.09 | 0.11 | 0.11 | 实测或由式$\frac{\sum S_i\alpha_i}{\sum S_i}=\overline{\alpha}$估算 |
| 5 | 处理后应有的平均吸声系数$\overline{\alpha}_2$ | 0.06 | 0.08 | 0.40 | 0.30 | 0.28 | 0.22 | 由式（5-44）计算 |
| 6 | 现有吸声量/m² | 24 | 32 | 32 | 36 | 44 | 44 | $A_1=S\overline{\alpha}_1$，$S$=400m² |
| 7 | 应有吸声量/m² | 24 | 32 | 160.37 | 113.8 | 110.5 | 87.8 | $A_2=A_1\cdot10^{0.1\Delta L_p}$ |
| 8 | 需增加吸声量/m² | 0 | 0 | 128.4 | 77.9 | 66.5 | 44 | （7）－（6） |
| 9 | 选穿孔板加超细玻璃棉$\alpha$ | 0.11 | 0.36 | 0.89 | 0.71 | 0.79 | 0.75 | 来自声学手册或实验数据 |
| 10 | 需加吸声材料数量/m² | 0 | 0 | 144.3 | 109.7 | 84 | 56 | （8）÷（9） |
| 11 | 考虑加装吸声材料遮盖部分对原壁面吸声量的影响 | — | — | 155.8 | 122.7 | 99.8 | 71.9 | （10）+144.3×（4） |

表中第 1 行（序号 1）列入距机床 8 m 处，实测的噪声各倍频程声压级数值。

第 2 行为该车间的确定位置处的噪声控制目标值，即列出各倍频程允许的声压级数值。

第 3 行为各倍频程声压级所需的降噪值。

第 4 行为车间内吸声处理前的平均吸声系数$\overline{\alpha}_1$，可根据平均吸声系数公式分别估算得到，或进行实测。

第 5 行为吸声处理后的平均吸声系数$\overline{\alpha}_2$，它由第 3 行的降噪量及第 4 行的$\overline{\alpha}_1$，并由式（5-44）分别求出。如$\Delta L_{\text{p}} = 10\lg\dfrac{\overline{\alpha}_2}{\overline{\alpha}_1}$，则有$\overline{\alpha}_2 = \overline{\alpha}_1 \cdot 10^{0.1\Delta L_{\text{p}}}$，那么，500 Hz 处所应有的吸声系数为：

$$\overline{\alpha}_2 = 0.08 \times 10^{0.1\times7} = 0.4$$

第 6 行为现有吸声量，由式（5-2）计算，该房间 $S$=400 m$^2$，那么，500 Hz 处的吸声量为：

$$A_1 = S \cdot \overline{\alpha}_1 = 400 \times 0.08 = 32\ \text{m}^2$$

第 7 行为应有吸声量。在 500 Hz 处的吸声量为

$$A_2 = A_1 \cdot 10^{0.1\Delta L_{\text{p}}} = 32 \times 10^{0.1\times7} = 160.37\ \text{m}^2$$

第 8 行为需要增加的吸声量。如在 500 Hz 为：

$$A_2 - A_1 = 160.37 - 32 \approx 128.4\ \text{m}^2$$

第 9 行为选择穿孔板加超细玻璃棉吸声结构。穿孔板$\phi5$，$p$=25%，$t$=2 m，吸声层为 5 cm。

第 10 行为需要吸声材料的数量。如 500 Hz 处，需要吸声材料的数量为：128.4÷0.89=144.3 m$^2$。

通过计算，室内加装 144.3 m$^2$ 吸声组合结构，即可达到 NR 55 的要求。但上述计算是按原有壁面在处理后仍然保持原有吸声量考虑的，而实际安装方式会使吸声材料（结构）遮盖原有壁面，因此计算时应扣除遮盖部分。这样，第 11 行就是在考虑遮盖影响后应铺设的吸声材料数量，如 500 Hz 处，吸声材料数量为 144.3+144.3×0.08≈155.8 m$^2$。那么，实际安装 155.8 m$^2$ 的吸声材料（结构），就足以满足 NR 55 的要求。值得指出的是：该房间较低，宜采用吸声结构，不宜悬挂吸声体等。

## 习题

1．设玻璃棉的密度为 35 kg/m$^3$，玻璃的密度为 $2.5\times10^3$ kg/m$^3$，求该玻璃棉的孔隙率。

2．在 3 mm 厚的金属板上钻直径为 5 mm 的孔，板后空腔深 20 mm，今欲吸收频率为 200 Hz 的噪声，试求三角形排列时的孔心距。

3．某一穿孔板吸声结构，板厚 0.4 cm，孔径 0.8 cm，孔心距 2 cm，孔按正方形排列，穿孔板后空腔深 10 cm。试求其共振频率。

4．某车间内，设备噪声的特性在 500 Hz 附近出现一峰值，现使用 4 mm 厚的三夹板做穿孔板共振吸声结构，空腔厚度允许有 10 cm，试设计吸声结构的其他参数（穿孔按正三角形排列）。

5．某混响室容积为 94.5 m$^3$，各壁面均为混凝土，总面积为 127.5 m$^2$，试估算对于 250 Hz 声音的混响时间。设空腔温度为 20℃，相对湿度为 50%。

6．某房间长 7 m、宽 5 m、高 3 m，现在房间四壁实贴 1.5 cm 甘蔗纤维板，顶部实贴 5 cm 氨基甲酸泡沫，试求该房间的总吸声量和平均吸声系数。（注：水泥地面、1.5 cm 甘蔗纤维板和 5 cm 氨基甲酸泡沫的平均吸声系数分别为 0.02、0.42 和 0.71）

7．有一噪声很高的车间测得室内混响时间为 $T_1$，后来经过声学处理，室内混响时间降为 $T_2$，试证明，此车间内声学处理后的降噪稳态混响声压级差为 10lg（$T_1/T_2$）。

8．某房间尺寸为 6 m×7 m×3 m，墙壁、天花板和地板在 1 kHz 时的吸声系数分别为 0.06、0.07 和 0.07。现把一个在 1 kHz 倍频带内，吸声系数为 0.8 的吸声贴面天花板安装在天棚顶部。试求该倍频带在吸声处理前后的混响时间及处理后的吸声降噪量。

9．有一个房间大小为 4 m×5 m×3 m，500 Hz 时地面吸声系数为 0.02，墙面吸声系数为 0.05，顶棚吸声系数为 0.25，求总吸声量和平均吸声系数。

10．某车间地面中心处有一声源，已知 500 Hz 的声功率级为 90 dB，同倍频带下的房间常数为 50 m$^2$，求距声源 10 m 处的声压级。

# 第六章 隔声技术

## 6.1 隔声性能的评价

### 6.1.1 隔声量

所谓隔声就是用围护结构将声音限制在某一范围之内，或者在声波传播的途径上用屏蔽物将它遮挡住一部分的方法。隔声分为两大类：一类是隔绝空气声，另一类是隔绝固体声。本章只研究空气声的隔声问题。

隔声与吸声同是噪声控制中常用的重要技术措施，但二者有着本质的区别，在实际应用中又常有联系，容易将两者混淆而搞错。因此，明确它们的区别是十分必要的。

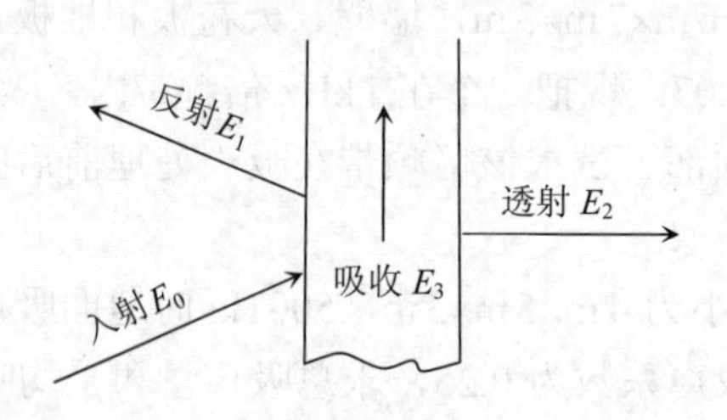


图 6-1 声波与材料作用示意图

如图 6-1 所示，声波传到墙面时，一部分声能（$E_1$）被反射，另一部分声能（$E_2$）透过墙体传到墙的另一侧，还有一部分声能（$E_3$）为墙体所吸收。根据式（5-1），墙体材料的吸声系数$\alpha$为

$$\alpha=\frac{\text{入射声能}-\text{反射声能}}{\text{入射声能}}=\frac{\text{吸收声能}+\text{透射声能}}{\text{入射声能}}=\frac{E_0-E_1}{E_0}$$

而墙体材料的隔声能力用透射系数$\tau$表示为

$$\tau = \frac{透射声能}{入射声能} = \frac{E_2}{E_0} \tag{6-1}$$

式中：$E_0$——入射声波的声能，J。

透射系数$\tau$是小于 1 的数，在不隔声的情况下，$\tau=1$。在实际工程中常用隔声量（亦称传声损失）$R$来表示隔声性能，其单位是 dB。隔声量是入射声能与透射声能相差的分贝数，或者说是声透射系数倒数的常用对数乘以 10，即

$$R = 10\lg\frac{1}{\tau} = 10\lg\frac{E_0}{E_2} = L_{W0} - L_{W2} \tag{6-2}$$

对于给定的隔声构件，隔声量与频率密切相关。一般来说，低频时的隔声量较低，高频时的隔声量较高。在噪声控制工程中，由于需要进行大量调查和测量，测量传声损失和计算噪声降低量都极不方便，因此提出了一些单值评价指标：

#### 6.1.1.1 平均隔声量

隔声量是频率的函数，给出各个频率的隔声量才能比较全面地反映构件的隔声性能。在工程应用中，通常将中心频率为 125～4 000 Hz 的 6 个倍频程或 100～3 150 Hz 的 16 个 1/3 倍频程的隔声量做算术平均，叫平均隔声量。在工程应用中，由于未考虑人耳听觉的频率特性以及隔声结构的频率特性，采用平均隔声量作为评价量难以反映隔声构件间的隔声效果差异，因此用其来评价构件的隔声性能具有一定的局限性。

#### 6.1.1.2 计权隔声量

计权隔声量 $R_W$ 是国际标准化组织规定的一种单值评价方法，它是将已测得的隔声频率特性曲线与规定的参考曲线进行比较而得到的计权隔声量。参考曲线特性如图 6-2 所示，曲线在 100～400 Hz 以每倍频程 9 dB 的斜率上升，在 400～1 250 Hz 以每倍频程 3 dB 的斜率上升，1 250～3 150 Hz 是一段水平线。

隔声结构的计权隔声量按以下方法求得：先测得某隔声结构的隔声频率特性曲线，如图 6-2 中的曲线 1 或曲线 2，它们分别代表两种隔声墙的隔声特性曲线；图 6-2 中还绘出了一组参考折线，每条折线右边标注的数字为该折线上 500 Hz 所对应的隔声量。把所测得的隔声曲线与参考曲线相比较，求出满足下列两个条件的最高一条折线，该折线右面所标注的数字（以整分贝数为准），即为待评价曲线的计权隔声量。

（1）在任何一个 1/3 倍频程中传声损失低于参数曲线的最大差值不超过 8 dB，在采用倍频程时不大于 5 dB；

（2）对全部 16 个 1/3 倍频程（100～3 150 Hz），曲线低于折线的总差值不大于 32 dB，在倍频程时不大于 10 dB。

用平均隔声量和计权隔声量分别对图 6-2 中两条曲线的隔声性能进行评价比较，可以求出两种隔声墙的平均隔声量分别为 41.8 dB 和 41.6 dB，基本相同。按上述方法求得它们的计权隔声量分别为 44 dB 和 35 dB，显然隔声墙 1 的隔声性能要优于隔声墙 2。

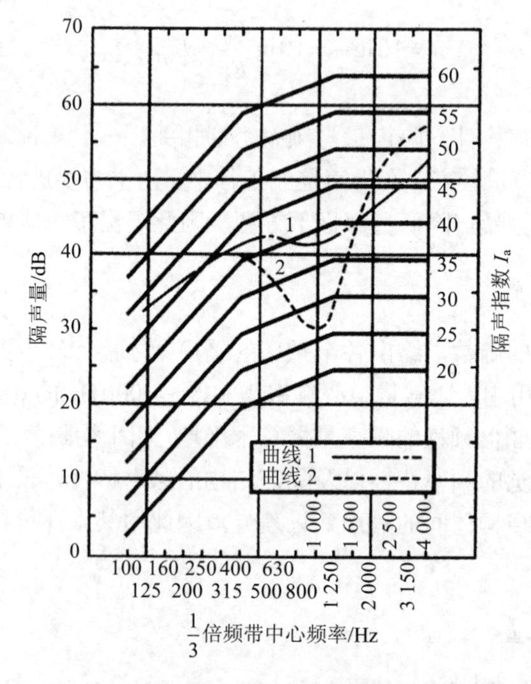


图 6-2　隔声墙空气声隔声指数用的参考曲线

单值评价指标除了上述平均隔声量、计权隔声量外，还有美国的声透传级 STC 参数（频率范围 125～4 000 Hz），英国的 HPWG 参考曲线以及 500 Hz 隔声量（数值通常接近平均隔声量）和 C-A 隔声指数（定义为入射声的 C 声级与透射声的 A 声级相差的分贝数）。

## 6.1.2　插入损失

插入损失定义为：离声源一定距离的某处测得的隔声结构设置前的声压级 $L_1$ 和设置后的声压级 $L_2$ 之差值，记作 $IL$，即

$$IL = L_1 - L_2 \tag{6-3}$$

插入损失通常在现场用来评价隔声罩、隔声屏障等隔声结构的隔声效果。

现场测量插入损失，不仅要考虑现场条件方面的影响，还要考虑设置隔声结构前后声场的变化带来的影响。

### 6.1.3　隔声量的测量

隔声量的测量系统如图 6-3 所示，通常分为实验室测量和现场测量两类。实验室测量通常在两个相邻的混响室内进行，应选择接收室长、宽、高的比例，使低频范围简正频率尽可能均匀分布。房间的混响时间不要太长，一般使低频混响时间不超过 2 s。隔声的测量通常采用中心频率为 125～4 000 Hz 的 6 个倍频程噪声信号或者用中心频率为 100～3 150 Hz 的 16 个 1/3 倍频程噪声信号。现场测量时由于实际环境中的传声途径较多，而且受侧向传声的影响，因此数据一般比实验室测量的数据要小一些。

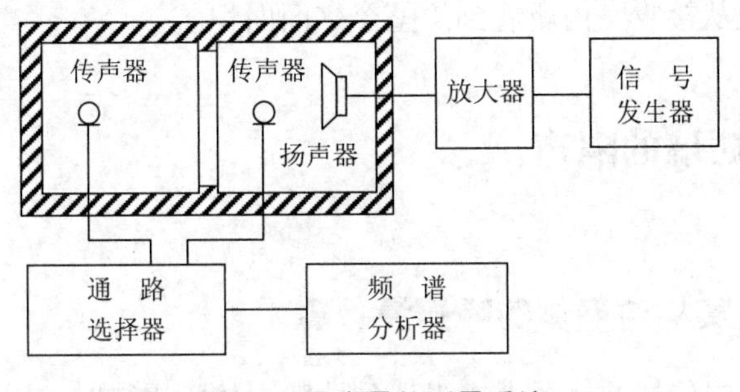


**图 6-3　隔声量的测量系统**

（1）实验室测量。在实验室测量构件隔声量，为了可以进行比较，通常规定构件的面积为 10 m²，故

$$R = L_1 - L_2 + 10\lg\frac{10}{\alpha S} \tag{6-4}$$

式中：$L_1$——发声室内平均声压级，dB；

$L_2$——接收室内平均声压级，dB；

$\alpha S$——接收室的吸声量，m²。

混响接收室的体积要大于 50 m³，开口面积为 2.5×4.0 m²。平均声压级的测量在 125～180 Hz 要有 5 个测点，200～400 Hz 要有 4 个测点，500 Hz 以上要有 2 个测点。

（2）现场测量。可以用同样的方法在现场进行测量。为了便于与实验室方法比较，测得的数据应转换为接收室具有 10 m² 的标准吸声量，或者 0.5 s 混响时间

的隔声量，故现场测得构件的隔声量为

$$R = L_1 - L_2 + 10\lg\frac{T}{0.5} \tag{6-5}$$

式中：$T$——接收室的混响时间，s。

为了提高测量的准确度，也可以用脉冲法进行测量。

（3）用交通噪声测量建筑物的隔声。为了给出建筑物立面对外部噪声如交通噪声的隔声特性，可直接用交通噪声作声源。测量平均声压级差时，实际读数可以用$L_{eq}$，$L_{50}$或$L_{10}$表示。室外传声器放置在建筑物前约2m处以减少反射的影响。由于接收室内的声压级是空间与时间的平均值。故现场测得的隔声量可以用下式表示

$$R_{tr} = L_{eq1} - L_{eq2} + 10\lg\frac{A}{\alpha S} \tag{6-6}$$

式中：$L_{eq1}$是建筑物前面2m、包括反射效应的等效声压级；$L_{eq2}$是接收室内平均声压级；$A$是建筑物面积；$\alpha S$是接收室内的等效吸声面积。在确定立面的隔声量时，面积$A$是从接收室内所看到的整个立面面积。

## 6.2 单层匀质墙的隔声

### 6.2.1 单层密实均匀墙体的隔声量计算

声波在空气中传播的途径上，当遇到墙状固体障碍物时，由于空气与固体介质特性阻抗的差异，在两分层界面上将产生两次反射与透射。若假设：（1）声波垂直入射到墙上；（2）隔墙为单层均质墙；（3）墙把空间分成两个半无限空间，而且墙的两侧均为通常状况下的空气；（4）墙为无限大，即不考虑边界的影响；（5）把墙看做一个质量系统，即不考虑墙的刚性和阻尼；（6）墙上各点以相同的速度振动，则从透射系数的定义即平面声波理论，可以导出单层墙在质量控制区的声波垂直入射时的隔声量$R$为：

$$R = 10\lg\left[1 + \left(\frac{\omega m}{2\rho_0 c}\right)^2\right] \tag{6-7}$$

式中：$\omega$——声波的角波数，$\omega = 2\pi f$；

$m$——隔声墙体单位面积质量（墙板面密度），$kg/m^2$；

$\rho_0$——空气密度，$kg/m^3$。

对于一般的固体材料，如砖墙、木板、钢板、玻璃等，$\frac{\omega m}{2\rho_0 c} \gg 1$，这时，式（6-7）可简化为：

$$R = 20\lg\left(\frac{\omega m}{2\rho_0 c}\right) \tag{6-8}$$

式（6-8）定量地描述了单层均质墙的隔声量与墙板面密度及入射声波频率之间的关系。在声波频率一定时，墙板面密度越大，隔声效果越好。除此之外，墙体的隔声效果还与入射声波的频率有关，对高频声的隔声效果较好，而对低频声隔声效果较差。因此被称为“质量定律”。由此式可知，$m$ 或 $f$ 增加一倍，隔声量增加 6 dB。

通常对质量定律可以这样解释：当声波传至墙的表面时，墙体像膜片一样地振动，墙体的质量越大，惯性阻力越大，就越不易振动，声音也就越难传过去，隔声效果越好。轻的隔声结构容易被激发引起振动，所以隔声能力较差。

将空气的特性阻抗等数值代入式（6-8），则又可写成如下形式：

$$R = 20\lg m + 20\lg f - 42 \tag{6-9}$$

式中：$f$ ——入射声波的频率，Hz。

以上为声波垂直入射的理论计算结果。事实上影响墙体隔声性能的因素还有很多，因此理论计算隔声量比较复杂。对于一个单层均质墙板，在无规入射的条件下，假设墙体的面积无限大，即没有边界条件的影响，主要只考虑墙体单位面积的质量和声波频率这两个因素时，可用下面的经验公式估算其隔声量：

$$R = 18\lg m + 12\lg f - 25 \tag{6-10}$$

质量定律表明，隔声量除了和墙体面密度有关，还和声波的频率有关，实际中往往需要估算单层墙对各频率声波的平均隔声量。下面的经验公式表示把隔声量按主要的入射声频率（100～3 150 Hz）求平均值，用平均隔声量 $\overline{R}$ 表示，则

$$\begin{cases} \overline{R} = 13.5\lg m + 14 \quad (m \leqslant 200\ \text{kg/m}^2) \\ \overline{R} = 16\lg m + 8 \quad (m > 200\ \text{kg/m}^2) \end{cases} \tag{6-11}$$

## 6.2.2 吻合效应

由于固体的墙板本身具有一定的弹性，当声波以一定的角度 $\theta$ 斜入射到墙板上时（图 6-4），会激起构件的弯曲振动，如同风吹幕布时，在幕布上产生的波动

现象一样。当入射声波的波长$\lambda$，等于壁板受入射声波的激发而产生的自由弯曲波的波长$\lambda_B$在入射方向上的投影（即$\lambda=\lambda_B\sin\theta$）时，会引起墙板的共振，使墙的隔声作用全然遭到破坏，其隔声量显著下降而不再遵守质量定律，这种现象称为吻合效应。产生吻合效应时的入射波频率，称为吻合频率；这时隔声量曲线呈现低谷形式，称为吻合谷。吻合谷随着墙体材料阻尼的减小而加深。

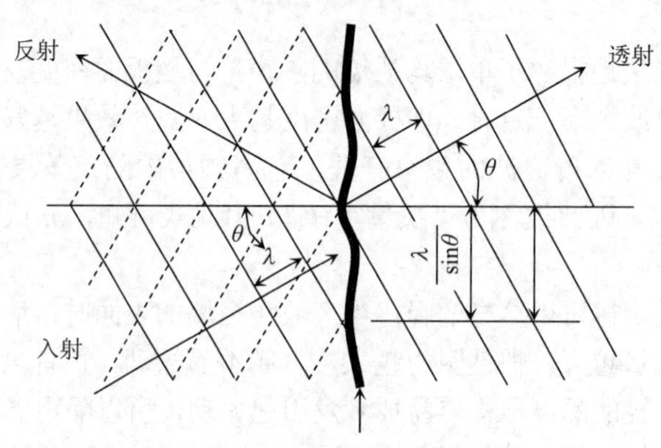


**图 6-4　弯曲波和吻合效应**

当入射声波频率高于某一频率时，总可找到一个入射角$\theta$使墙体产生吻合效应（此时的$\theta$称为吻合角）；而当入射声波的频率低于这一频率时，声波的波长$\lambda$大于自由弯曲波波长$\lambda_B$，由于$\sin\theta$值不可能大于1，所以便不可能产生吻合效应，故将这一频率定义为临界吻合频率$f_c$。墙板中弯曲波的波长是由墙板本身的弹性性质决定的，因此引起吻合效应的条件由声波的频率与入射角决定，临界频率$f_c$是产生吻合效应的最低频率，它可用下式计算：

$$f_c=\frac{c^2}{2\pi\sin^2\theta}\sqrt{\frac{12\rho(1-\sigma^2)}{Ed^2}} \tag{6-12}$$

式中：$c$——声速，m/s；

$\rho$——墙体的密度，kg/m$^3$；

$E$——材料的杨氏弹性模量，N/m$^2$；

$d$——墙体厚度，m；

$\theta$——声波入射角，(°)；

$\sigma$——泊松比。

考虑到一般情况下泊松比$\sigma$的值约为0.3，即$1-\sigma^2\approx1$，于是可以求得临界频率$f_c$的近似值为：

$$f_c=0.55\frac{c^2}{d}\sqrt{\frac{\rho}{E}} \tag{6-13}$$

如果声波无规入射，当 $f = f_c$ 时，墙板的隔声量会大大降低，隔声频率特性曲线在 $f_c$ 附近会出现凹谷，称为隔声“吻合谷”。吻合谷的深度取决于材料的阻尼，材料的阻尼越小，隔声吻合谷就越深。

在进行隔声设计时，应验算隔墙的吻合频率，以便设法将吻合频率推到主要隔声频率以外。常用建筑材料的厚度与临界频率的关系如图 6-5 所示，常见材料的吻合谷如图 6-6 所示。

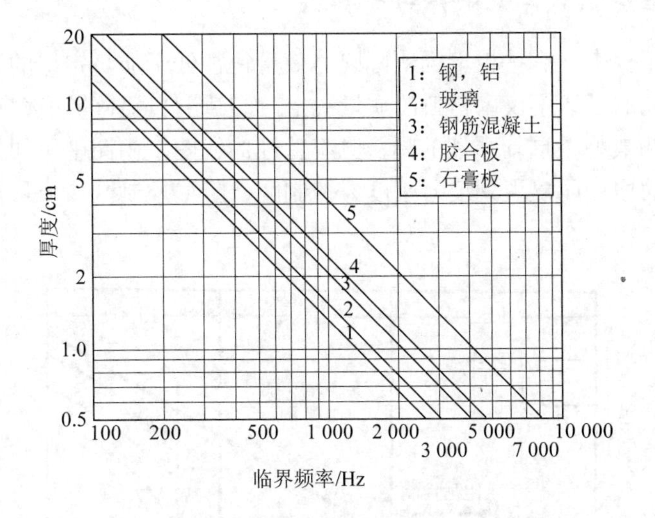


图 6-5 常用建筑材料的厚度与临界频率的关系

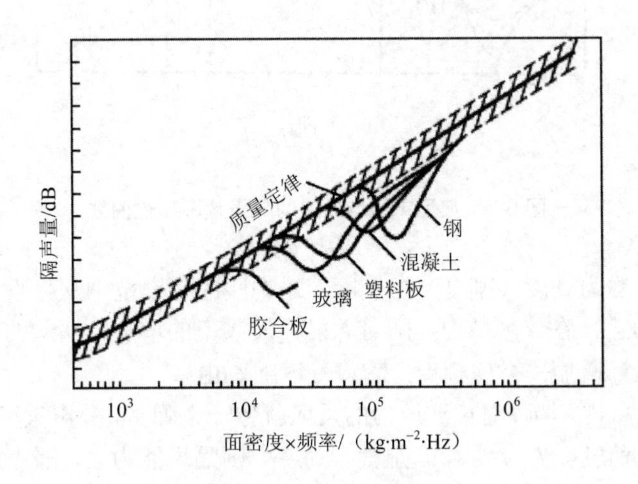


图 6-6 常见材料的吻合谷

从图 6-5 中可知，常用的建筑结构，如一般砖墙、混凝土墙等重而厚的墙体，因其弯曲刚度大，临界吻合频率往往出现在低频段；柔顺而薄的构件，如各种金属或非金属薄板的临界吻合频率则出现在高频段。为此，在工程设计中应尽量使板材的 $f_c$ 避开需降低的噪声频段，或选用薄而密实的材料使 $f_c$ 升高至人耳不敏感的 4 kHz 以上的高频段，或选用多层结构以错开临界吻合频率。此外，还可采取增加墙板阻尼的方法，来提高吻合区的隔声量。

### 6.2.3 单层均质墙体的隔声频率特性

在实际工程中，有些板墙的实际隔声效果往往低于质量定律的计算值，这是因为隔声性能的好坏不仅由材料的质量决定，而且还与墙体的隔声频率特性有关。

图 6-7 为典型单层均质墙的隔声频率特性曲线图。由图中可知，墙体的隔声量随着频率的增加而出现劲度（刚度）控制区、阻尼控制区、质量控制区和吻合控制区。

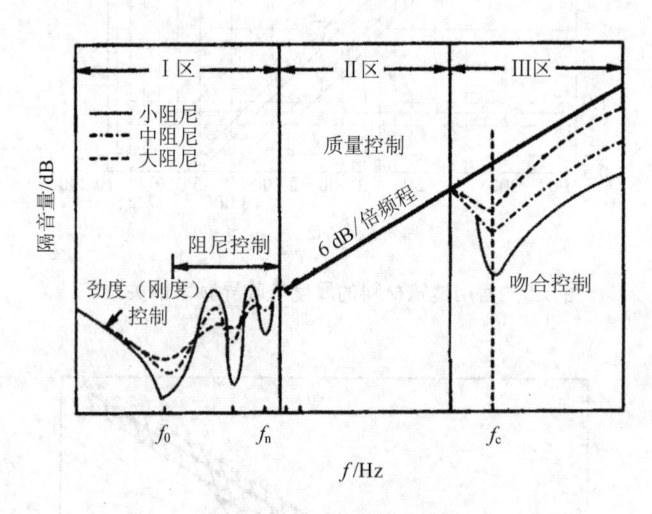


图 6-7 典型单层均质墙的隔声频率特性曲线

第一个区称为劲度（刚度）控制区。这个区的频率范围从零直到墙体的第 1 共振频率 $f_0$ 为止。在该区域内，随着入射声波频率的增加，墙壁的隔声量逐渐下降。声波频率每增加一个倍频程，隔声量下降 6 dB。

在这个区域内，墙体对声波压力的反应就像一个弹簧，隔声量正比于 $k/f$（$k$ 为墙体的有效劲度，$f$ 为频率）。显然，劲度大则隔声能力大，隔声量随频率 $f$ 增加而下降。

第二个区称为阻尼控制区。当入射声波的频率与墙板固有频率相同时，发生共振，墙板振幅最大，因而透射声能急剧增大，隔声量曲线呈现低谷形式；当声波频率是共振频率的谐频时，墙板发生的谐振也会使隔声量下降，所以在共振频率之后，隔声量曲线连续又出现几个低谷。在此区内，随着声波频率的增加，谐振频率 $f_n$ 的影响越来越弱直至消失，所以隔声量总体仍呈上升趋势。

阻尼控制区的宽度取决于墙板的几何尺寸、弯曲劲度、面密度、结构阻尼的大小及边界条件等。共振频率随墙体阻尼的大小而变，增加阻尼可抑制墙板的振幅，提高隔声量，并降低共振频率和共振区的上限，缩小共振区的范围。

第三个区称为质量控制区。在这一区域中“质量定律”起主要作用，隔声量随入射声波的频率直线上升，其斜率为 6 dB/倍频程。该区域内声波对墙体的作用如同用一个力作用于质量块上，质量越大则结构的振动速度越小，因而隔声量越大。

频率越过质量控制区上升到一定频率时则出现吻合效应，这就是第四个区——吻合控制区。在该区域内，随着入射声波频率的继续升高，隔声量反而下降，曲线上出现一个深深的低谷，这是由于出现了吻合效应的缘故。增加板的厚度和阻尼，可使隔声量下降趋势得到减缓。越过低谷后，隔声量以每倍频程 10 dB 的趋势上升，然后逐渐恢复到 6 dB/倍频程，因此这段又称为质量定律的延伸。

## 6.3　多层复合隔声结构

### 6.3.1　双层墙的隔声

实践与理论证明，单纯依靠增加结构的重量来提高隔声效果不仅浪费材料，隔声效果也不理想。若在两层墙中间夹以一定厚度的空气层，其隔声效果比同等重量的单层实心墙要好得多，从而突破“质量定律”的限制。

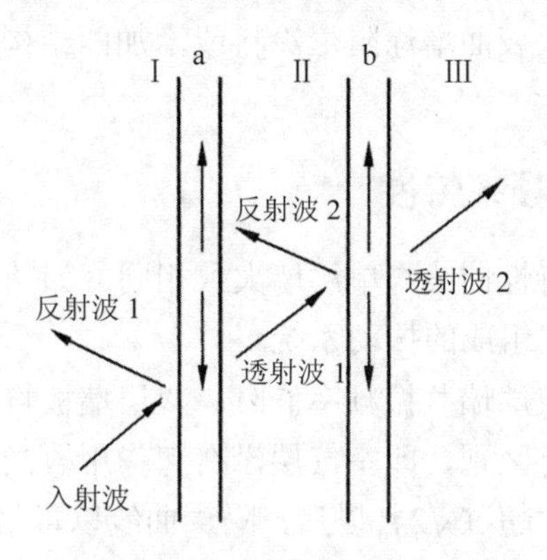


图 6-8　声波在双层墙中的传播

一般而言，双层墙比单层墙隔声量大 5～10 dB；如果隔声效果相同，夹层结构比单层结构的重量可减轻 2/3～3/4。显然这是由于空气层的作用而提高了隔声效果。图 6-8 是声波在双层墙中的传播。从图中可以看出，双层墙的隔声机理是当声波透过第 1 层墙时，墙外即夹层中空气与墙板特性阻抗的差异，造成声波的两次反射，形成衰减；并且由于空气层的弹性和附加吸收作用，振动的能量衰减较大，然后再传给第 2 层墙，又发生声波的两次反射，使透射声能再次减少，因而总的透射损失更多。试验证明，只有当空气层的厚度在 8～14cm 时，隔声效果才较好，最好不要小于 6cm。

## 6.3.2 双层结构的共振频率

双层结构发生共振，将大大降低其隔声效果。双层结构的共振频率 $f_0$ 可由下式计算：

$$f_0=\frac{1}{\pi}\sqrt{\frac{\rho_0 c^2}{(\rho_{A1}+\rho_{A2})b}}\approx 60\sqrt{\frac{1}{b}(\frac{1}{\rho_{A1}}+\frac{1}{\rho_{A2}})} \tag{6-14}$$

式中：$\rho_0$——空气密度，$kg/m^2$；

$c$——空气中的声速，m/s；

$b$——空气层的厚度，m。

一般像砖墙等较重的双层墙体结构，其共振频率 $f_0$ 大多在 15～20 Hz，在人耳声频范围以下，其共振的影响可不予考虑；但是对于一些尺寸小的轻质双层结构（面密度小于 30 $kg/m^2$），当空气层厚度只有 2～3 cm 时，就须加以注意，因为此时结构的共振频率较高，一般在 100～250 Hz，当产生共振时，隔声效果较差。所以，在设计薄而轻的双层结构时，尤其要注意避免这一不良现象的发生。在具体应用中，可采取在薄板表面增涂阻尼涂料或增加两结构层之间的距离等，来减弱共振作用的影响。

## 6.3.3 双层墙的隔声频率特性

双层墙的隔声频率特性曲线与单层墙大致相同。如图 6-9 所示，双层墙相当于一个由双层墙与空气层组成的振动系统。

当入射声波频率比双层墙共振频率低时，双层墙板将做整体振动，隔声能力与同样重量的单层墙没有区别，即空气层没有起作用。当入射声波达到共振频率 $f_0$ 时，隔声量出现低谷；超过 $\sqrt{2}f_0$ 以后，隔声曲线以每倍频程 18 dB 的斜率急剧上升，充分显示出双层墙的优越性。随着频率的升高，两墙板间会产生一系列驻波共振，又使隔声特性曲线上升趋势转为平缓，斜率为每倍频程 12 dB；进入吻合控制区后，在临界吻合频率 $f_c$ 处出现又一隔声量低谷，其 $f_c$ 与吻合效应状况取决于两层墙的临界吻合频率。若两墙板由相同材料构成且面密度相等，则两吻合谷的位置相同，使低谷的凹陷加深；若两墙材质不同或面密度不等，则隔声曲线上有两个低谷，但凹陷程度较浅；若两墙间填有吸声材料，隔声低谷变得平坦，则隔声性能最好。吻合控制区以后情况较复杂，隔声量与墙的面密度、弯曲劲度、阻尼及声频与 $f_c$ 之比等因素有关。

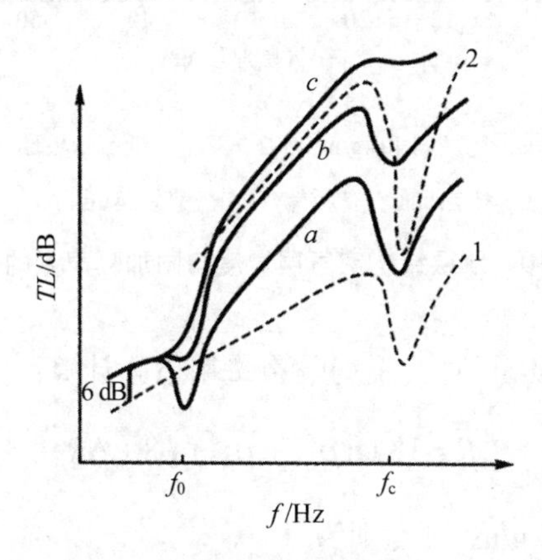


*a*—中间无吸声材料；*b*—中间部分填充吸声材料；*c*—中间填满吸声材料

1—单层墙隔声量；2—双层墙隔声量

**图 6-9　相同单板双层墙隔声频率特性曲线**

设计双层结构，除了注意共振及吻合效应外，还应考虑双层结构空腔中的刚性连接。如有刚性连接，则前一层结构的声能将通过刚性连接（亦称声桥）传到后一层结构，使空气层的附加隔声量受到严重影响。比如，在施工中，将砖、瓦等杂物丢进夹层中，无意中起到声桥作用，使隔声性能大大降低。

### 6.3.4　双层结构的隔声量

双层结构的隔声量理论计算是比较困难的，而且往往与实际存在一定差距，故在工程应用中常采取一些比较简单实用的经验公式进行计算。

一般情况下，双层结构的隔声量可由下式计算：

$$R = 16\lg(\rho_{A1} + \rho_{A2}) + 16\lg f - 30 + \Delta R \qquad (6\text{-}15)$$

式中：$\rho_{A1}$、$\rho_{A2}$——分别为第一层墙和第二层墙的面密度，kg/m$^2$；

$f$——频率，Hz；

$\Delta R$——附加隔声量，dB，见图 6-10。

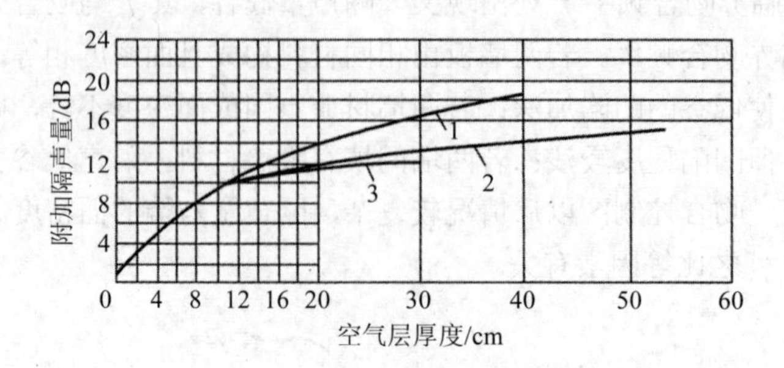


1—双层加气混凝土墙（面密度为 140 kg/m²）；2—双层无纸石膏板墙（面密度为 48 kg/m²）；
3—双层纸面石膏板墙（面密度为 24 kg/m²）

**图 6-10 双层结构空气层厚度与附加隔声量的关系**

当 $\rho_{A1}+\rho_{A2}>200\ kg/m^2$ 时，平均隔声量用下式计算：

$$\overline{R}=18\lg(\rho_{A1}+\rho_{A2})+8+\Delta R \tag{6-16}$$

当 $\rho_{A1}+\rho_{A2}\leqslant 200\ kg/m^2$ 时，则为

$$\overline{R}=13.5\lg(\rho_{A1}+\rho_{A2})+14+\Delta R \tag{6-17}$$

如果在双层结构中悬挂吸声材料，则其隔声效果更好。带吸声材料的双层空心墙的平均隔声量可用下列公式估算：

$$\overline{R}=20\lg(\rho_{A1}+\rho_{A2})b-26 \tag{6-18}$$

### 6.3.5 多层复合隔声结构

在噪声控制工程中，常用轻质多层复合板，它是由几层面密度或性质不同的板材组成的复合隔声结构，通常是用金属或非金属的坚实薄板做护面层，内部覆盖阻尼材料，或夹入多孔吸声材料或空气层组成。

多层复合板的隔声性能较组成它的同等重量的单层板有明显改善。这主要是由于：（1）分层材料的阻抗各不相同，使声波在分层界面上产生多次反射，阻抗相差越大，反射声能越多，透射声能的损耗就越大；（2）夹层材料的阻尼和吸收作用，致使声能衰减，并减弱共振与吻合效应；（3）使用厚度或材料不同的多层结构，可以错开共振与临界吻合频率，改善共振区与吻合区的隔声低谷现象，因而，总的隔声性能可大大提高。

## 6.4　隔声间

如果生产实际情况不允许对声源作单独隔声罩，又不允许操作人员长时间停留在设备附近的现场，这时可采用隔声间。所谓隔声间就是在噪声环境中由不同隔声构件组成的具有良好隔声性能的房间，以供操作人员进行生产控制、监督、观察、休息之用，或者将多个强声源置于上述小房间中，以保护周围环境，如图 6-11 所示。

隔声间分为封闭式和半封闭式两种，一般多采用封闭式结构。材料可用金属板材制作，也可用土木结构建造，并选用固有隔声量较大的材料建造。隔声间除需要有良好隔声性能的墙体外，还需设置门、窗或观察孔。通常门窗为轻型结构，一般采用轻质双层或多层复合隔声板制成，故称做隔声门、隔声窗，隔声门隔声量为 30～40 dB。

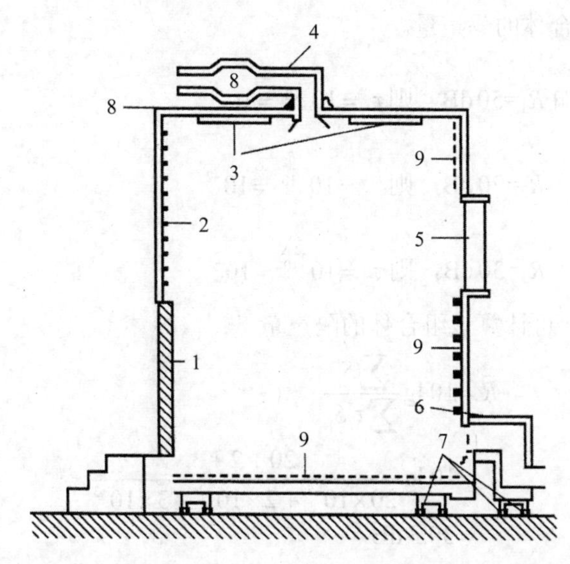


1—入口隔声门；2—隔声间；3—照明器；4—排气管道（内衬吸声材料）；5—双层窗；6—吸声管道（内衬吸声材料）；7—隔振底座；8—接头的缝隙处理；9—内部吸声处理

图 6-11　隔声间示意图

### 6.4.1　具有门、窗的组合墙的平均隔声量

隔声间一般由几面墙板组成，而每一面墙板又由墙体、门窗等隔声构件组合

而成。这种组合墙体的门、窗等构件是由几种隔声能力不同的材料构成的，像这种组合墙体的隔声性能，主要取决于各个组合构件的透声系数和它们所占面积的大小。组合墙体的平均透声系数$\bar{\tau}$为各组成部分的透声系数的平均值，称做平均透声系数，由下式得出：

$$\bar{\tau}=\frac{\tau_1 S_1+\tau_2 S_2+\cdots+\tau_n S_n}{S_1+S_2+\cdots+S_n}=\frac{\sum \tau_i S_i}{\sum S_i} \tag{6-19}$$

式中：$\tau_i$——组合墙体各构件的透声系数；

$S_i$——组合墙体各构件的面积，$m^2$。

这样，组合墙体的平均隔声量$\bar{R}$由下式计算：

$$\bar{R}=10\lg\frac{1}{\bar{\tau}} \tag{6-20}$$

**例 6-1** 一组合墙体由墙板、门和窗构成，已知墙板的隔声量 $R_1$=50 dB，面积 $S_1$=20 $m^2$；门的隔声量 $R_2$=20 dB，面积 $S_2$=2 $m^2$；窗的隔声量 $R_3$=30 dB，面积 $S_3$=3 $m^2$，求该组合体的隔声量。

解：由题已知 $R_1$=50 dB，则$\tau_1=10^{-\frac{R_1}{10}}=10^{-5}$

$R_2$=20 dB，则$\tau_2=10^{-\frac{R_2}{10}}=10^{-2}$

$R_3$=30 dB，则$\tau_3=10^{-\frac{R_3}{10}}=10^{-3}$

由式（6-20）可计算该组合体的隔声量

$$\begin{aligned}\bar{R}&=10\lg\frac{\sum S_i}{\sum \tau_i S_i}\\&=10\lg\frac{20+2+3}{20\times10^{-5}+2\times10^{-2}+3\times10^{-3}}\\&=30.3\text{ dB}\end{aligned}$$

由此例计算结果可知，该组合墙体的隔声量比墙板的隔声量（$R_1$=50 dB）小得多，造成隔声能力下降的原因主要是门、窗隔声量低，而门窗的隔声量控制了整个组合墙体的隔声量。单纯提高墙的隔声量对提高组合墙体的隔声量作用不大，也不经济，故常采用双层或多层结构来提高门窗的隔声量，或在满足使用条件的情况下适当降低墙的隔声量至与门窗的隔声效果大体一致，以求经济。一般使墙体的隔声量比门、窗高出 10～15 dB 已足够。比较合理的设计是按“等透射量”原理，即要求透过墙体的声能大致与透过门窗的声能相同。用公式表示为：

$$\tau_{墙}S_{墙}=\tau_{门}S_{门}=\tau_{窗}S_{窗} \tag{6-21}$$

式中：$\tau_{墙}$、$\tau_{门}$、$\tau_{窗}$——分别为墙、门、窗的透声系数；

$S_{墙}$、$S_{门}$、$S_{窗}$——分别为墙、门、窗的面积，$m^2$。

由式（6-21）有

$$\tau_{墙}=\frac{\tau_{门}S_{门}}{S_{墙}} 或 \tau_{墙}=\frac{\tau_{窗}S_{窗}}{S_{墙}} \tag{6-22}$$

则墙体的隔声量为

$$R_{墙}=R_{门}+10\lg\frac{S_{墙}}{S_{门}} \tag{6-23}$$

式中：$R_{墙}$、$R_{门}$——分别为墙体和门（窗）的隔声量，dB。

若用“等透射量”原理，对例 6-1 进行合理设计，即可得到墙体的隔声量。

当考虑墙与窗时，墙的隔声量为

$$R_{墙}=R_{窗}+10\lg\frac{S_{墙}}{S_{窗}}=20+10\lg\frac{20}{2}=30\ \text{dB}$$

当考虑墙与门时，墙的隔声量为

$$R_{墙}=R_{门}+10\lg\frac{S_{墙}}{S_{门}}=30+10\lg\frac{20}{3}=28.2\ \text{dB}$$

综合考虑组合墙体上的门、窗，墙板的隔声量为 30 dB 就可以了，如盲目提高墙板的隔声量，只能提高经济成本，而隔声间总隔声量并没有多大改变。

## 6.4.2　孔、缝对隔声量的影响

墙体上如果有孔洞，则当入射声波的波长 $\lambda$ 比孔洞尺寸大得多时，就会发生衍射；当孔洞尺寸远大于波长 $\lambda$ 时，声波将穿过孔洞仍保持原来波形继续前进。因此，在隔墙上开有孔洞和缝隙都会降低隔声量。

孔洞和缝隙对隔声的影响与开孔面积、深度（墙的厚度）和孔在墙上的位置有关。在建筑隔声组合结构中，门窗的缝隙、各种管道的孔洞、焊接构件焊缝不严产生的孔隙，正是透射声能较多的地方，可直接引起组合结构隔声量的下降。

### 6.4.2.1　与开孔面积的关系

实验证明，墙上开孔面积越大，对墙的隔声破坏程度越大。例如在 14 cm 厚矿渣空心砖墙上开有直径 5 cm 的孔时，其隔声量降低 5.6 dB，这对隔声来说是一个很大的破坏。因为按质量定律计算，墙的面密度增加一倍，隔声量才增加 6 dB。可见，两者相比，墙上开孔对隔声的破坏是相当严重的。这就是说，如果将这个小孔堵住，就相当于墙的面密度增加了一倍。

如果墙上有缝，将使墙的隔声能力有更大的降低。例如在 150mm 厚的振动砖墙板的中央位置开了长 100mm、宽 5mm 的缝，平均隔声量就从无缝时的 42.8dB 降到 29.5dB，而且从低频开始就有明显的降低。因此在做隔声设计时，应特别注意墙的接头、门窗等处的密封性。

设一理想的隔声墙（$\tau=0$），若墙上有占墙面积 1/100 的孔洞，则由式（6-20）可算得墙的总隔声量仅为 20dB。可知，为了不降低墙的隔声量，就必须对墙上的孔洞和缝隙进行密封处理。图 6-12 说明了开孔率对隔声量的影响。

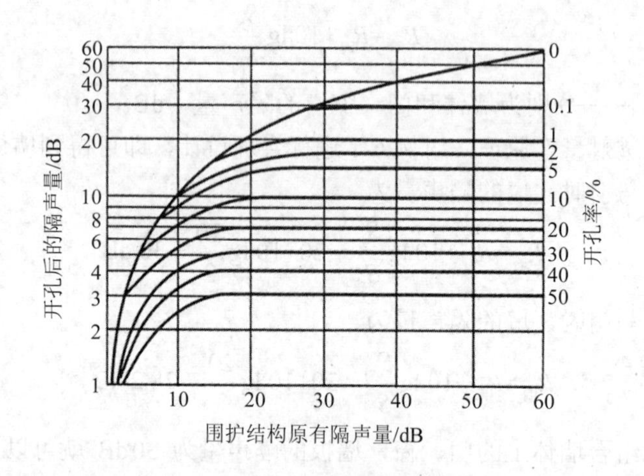


图 6-12 开孔率对隔声量的影响

### 6.4.2.2 孔洞、缝隙的深度（墙的厚度）对隔声的影响

在开孔面积和位置不变的情况下，孔的深度越小即墙越薄对隔声的破坏作用也就越大。

### 6.4.2.3 孔洞和缝隙的位置对隔声的影响

在开孔面积和深度不变的情况下，孔洞和缝隙在墙的中央对隔声的破坏作用最小；在两面墙相交的棱线上影响次之；在三面墙相交的角上影响最大。

## 6.4.3 隔声门

隔声门是隔声结构中的重要构件，它常常是隔声的薄弱环节，对隔声间的隔声效果起着控制作用。因此，合理设计隔声门是极其重要的。

常见隔声门的结构见图 6-13，隔声门的特性见表 6-1。

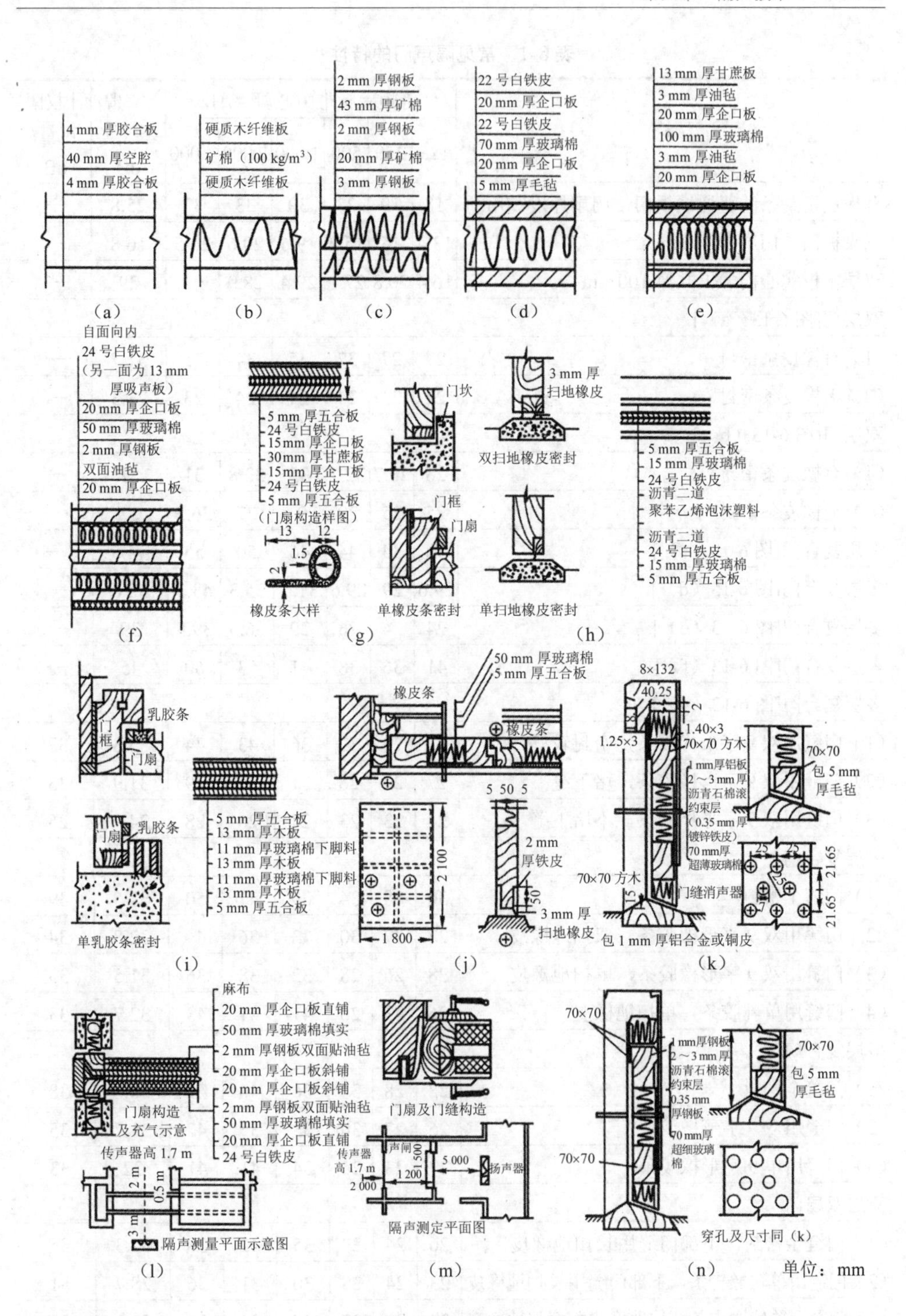


图 6-13　常见隔声门的结构

表 6-1 常见隔声门的特性

| 结构 | 倍频程频带中心频率/Hz | | | | | | 平均隔声量/dB | 计权隔声量/dB |
|---|---|---|---|---|---|---|---|---|
| | 125 | 250 | 500 | 1 000 | 2 000 | 4 000 | | |
| 有橡皮密封条的普通嵌板门，门扇厚度 50 mm | 18 | 19 | 23 | 30 | 33 | 32 | 25.8 | — |
| 三夹板门，门扇厚 45 mm | 13.4 | 15 | 15.2 | 19.6 | 20.6 | 24.5 | 16.8 | — |
| 双层木板实心门，板共厚 100 mm | 16.4 | 20.8 | 27.1 | 29.4 | 28.9 | — | 29 | — |
| 双层门[图 6-13（a）] | | | | | | | | |
| （1）有橡皮条密封 | 27 | 27 | 32 | 35 | 34 | 35 | 31.7 | — |
| （2）无橡皮条密封 | 22 | 23 | 24 | 24 | 24 | 23 | 23.3 | — |
| 双层门[图 6-13（b）] | | | | | | | | |
| （1）有橡皮条密封 | 28 | 28.7 | 32.7 | 35 | 32.8 | 31 | 31 | — |
| （2）无橡皮条密封 | 25 | 25 | 29 | 29.5 | 27 | 26.5 | 27 | — |
| 多层复合门[图 6-13（c）] | 38 | 34 | 44 | 46 | 50 | 55 | 44.5 | — |
| 多层复合门[图 6-13（d）] | 29.6 | 29 | 29.6 | 31.5 | 35.3 | 43.3 | 32.6 | — |
| 多层复合门[图 6-13（e）] | 24 | 24 | 26 | 29 | 36.5 | 39.5 | 29 | — |
| 多层复合门[图 6-13（f）] | 41 | 36 | 38 | 41 | 53 | 60 | 45 | — |
| 多层复合门[图 6-13（g）] | | | | | | | | |
| （1）门缝用双 9 字形橡胶条，密封较好 | 31 | 29 | 32 | 36 | 43 | 44 | 35.3 | 37 |
| （2）门缝用双 9 字形橡胶条，堵下缝 | 27 | 27 | 26 | 31 | 39 | 39 | 31.9 | 33 |
| （3）门缝用双 9 字形橡胶条，不堵下缝 | 24 | 23 | 23 | 24 | 26 | 28 | 24.7 | 25 |
| 多层复合门 | | | | | | | | |
| （1）门缝全密封 | 30 | 28 | 34 | 39 | 47 | 50 | 37.5 | 39 |
| （2）门缝用双 9 字形橡胶条，双扫地橡皮 | 27 | 27 | 30 | 33 | 36 | 44 | 32.8 | 34 |
| （3）门缝用双 9 字形橡胶条，单扫地橡皮 | 28 | 26 | 28 | 32 | 38 | 36 | 31.5 | 33 |
| （4）门缝用单乳胶条，单扫地橡皮 | 26 | 23 | 26 | 41 | 41 | 43 | 32.7 | 33 |
| 多层复合门 | | | | | | | | |
| （1）门缝全密封 | 28 | 28 | 34 | 36 | 46 | 49 | 36.8 | 38 |
| （2）门缝用双 9 字形橡胶条 | 26 | 27 | 30 | 33 | 35 | 42 | 31.7 | 35 |
| （3）门缝用单 9 字形橡胶条 | 27 | 23 | 26 | 34 | 41 | 41 | 32 | 33 |
| 双层双扇门 | | | | | | | | |
| （1）门缝全密封，下部门缝用长扫地橡皮 | 26 | 24 | 29 | 35 | 42 | 38 | 32.3 | 35 |
| （2）门缝用单软橡皮条，下部门缝用长扫地橡皮 | 23 | 24 | 28 | 30 | 31 | 36 | 28.7 | 31 |
| （3）门缝用单软橡皮条，扫地橡皮剪短与地面齐 | 22 | 22 | 27 | 27 | 30 | 30 | 26.9 | 29 |

| 结构 | 倍频程频带中心频率/Hz | | | | | | 平均隔声量/dB | 计权隔声量/dB |
|---|---|---|---|---|---|---|---|---|
| | 125 | 250 | 500 | 1 000 | 2 000 | 4 000 | | |
| 铝板复合门 | | | | | | | | |
| （1）保温隔声单扇门 | 23 | 22 | 27 | 30 | 41 | 39 | 30.6 | 32 |
| （2）门缝斜企口包毛毡 | 26 | 36 | 28 | 28 | 36 | 51 | 33.1 | 32 |
| （3）门缝用消声器 | 22 | 24 | 24 | 34 | 40 | 33 | 29.2 | 30 |
| （4）门缝不处理 | 23 | 28 | 24 | 29 | 23 | 24 | 25.1 | 25 |
| 钢板复合门 | | | | | | | | |
| （1）普通保温单扇门 | 23 | 22 | 27 | 34 | 41 | 39 | 30.6 | 32 |
| （2）门缝斜企口包毛毡 | 42 | 41 | 35 | 37 | 45 | 57 | 41.1 | 41 |
| （3）门缝用消声器 | 27 | 26 | 26 | 41 | 43 | 37 | 32.9 | 35 |
| （4）门缝不处理 | 25 | 26 | 23 | 28 | 23 | 25 | 24.8 | 25 |
| 双层充气推拉门 | | | | | | | | |
| （1）现场未充气 | 37 | 42 | 36 | 50 | 50 | 54 | 42 | 46 |
| （2）现场充气 | 47 | 48 | 46 | 56 | 56 | 57 | 51 | 53 |
| （3）实验室测量 | 45 | 54 | 55 | 61 | 64 | 65 | 55 | 60 |
| 门斗式高效能隔声门 | | | | | | | | |
| （1）内扇关未充气 | 24 | 17 | 28 | 40 | 51 | 54 | 35.9 | 31 |
| （2）内扇关充气 | 27 | 26 | 32 | 41 | 53 | 60 | 39 | 37 |
| （3）外扇关未充气 | 26 | 27 | 31 | 32 | 42 | 54 | 35 | 34 |
| （4）外扇关充气 | 27 | 31 | 34 | 36 | 43 | 57 | 38.3 | 40 |
| （5）内外扇全关未充气 | 37 | 45 | 56 | 71 | 71 | 79 | 60 | 58 |
| （6）内外扇全关充气 | 42 | 46 | 57 | 72 | 72 | 80 | 61.5 | 59 |

### 6.4.4 门缝密封

门的隔声效果好坏，还与门缝的密封程度有关。即使门扇隔声量再大，密封不好，隔声门的隔声效果也不会好。若要提高门的隔声量，就要处理好门缝的密封问题。图 6-14 是隔声门常用的密封方法。

为了使隔声门关闭严密，在门上应设加压关闭装置。一般较简单的是锁闸。门铰链应有离开门边至少 50mm 的转轴，以便门扇沿着四周均匀地压紧在软橡皮垫上。门框与墙体接缝处的密封也应注意。

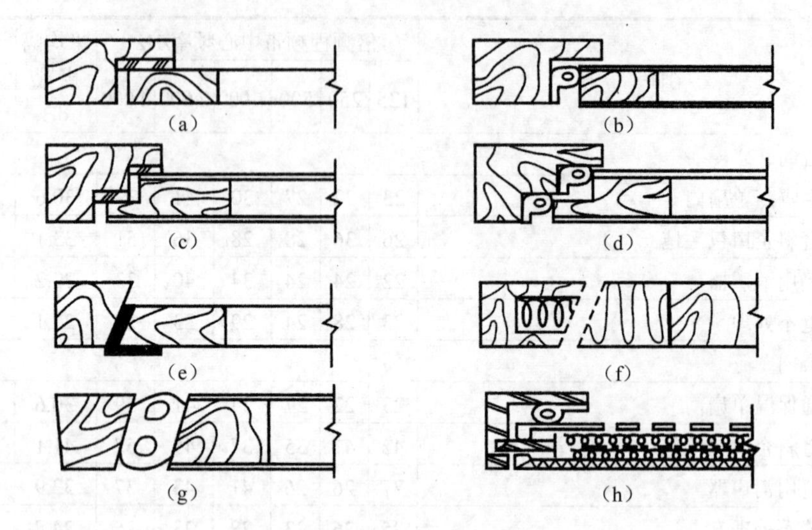


图 6-14 隔声门常用的密封方法

在隔声要求很高的情况下，可采取双道隔声门及声闸的特殊处理方法。在两道门之间的门斗内安装吸声材料，使传入的噪声被吸收衰减，形成“声闸”，如图 6-15 所示。

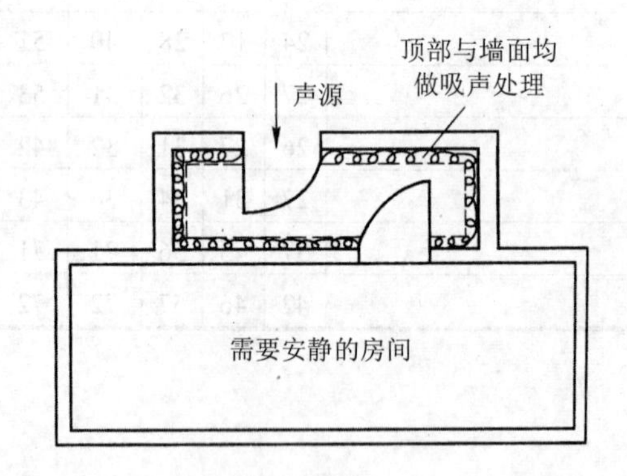


图 6-15 声闸示意图

### 6.4.5 隔声窗

隔声窗同隔声门一样，它的隔声性能好坏，同样会影响隔声结构的整体隔声量。窗的隔声效果取决于玻璃的厚度、层数、层间空气层厚度以及窗扇、玻璃与骨架、窗框与墙之间的密封程度。据实测，3 mm 厚的玻璃的隔声量是 27 dB，6 mm 厚的玻璃的隔声量是 30 dB。因此，采用两层以上的玻璃、中间夹空气层的结构，隔声效果是不错的。图 6-16 给出了几种隔声窗的示意图。

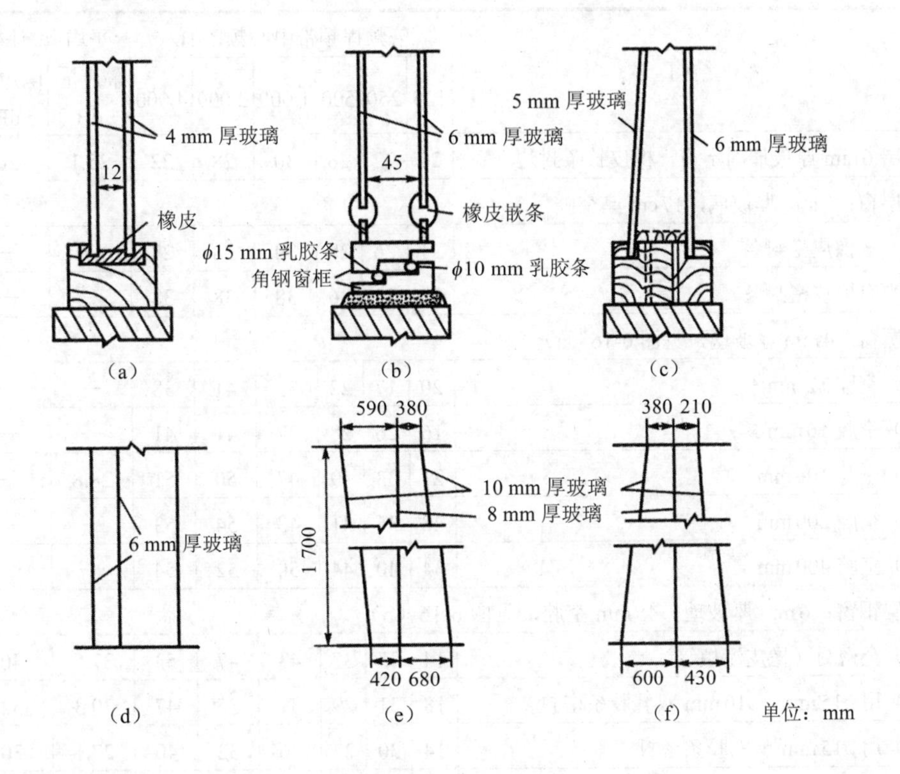


图 6-16　几种隔声窗

设计隔声窗应该注意下面几点：

（1）多层窗应选用厚度不同的玻璃板以消除高频吻合效应。例如，3 mm 厚的玻璃板的吻合谷出现在 4 000 Hz，而 6 mm 厚的玻璃板的吻合谷出现在 2 000 Hz，这两种玻璃组成的双层窗，吻合谷相互抵消。

（2）多层窗的玻璃板之间要有较大的空气层。实践证明，空气层厚 5 cm 时效果不大，故一般取 7～15 cm，并应在窗框周边内表面做吸声处理。

（3）多层窗玻璃板之间要有一定的倾斜度，朝声源一面的玻璃做成上下倾斜，倾角为 85°左右，以消除驻波。

（4）玻璃窗的密封要严，在边缘用橡胶条或毛毡条压紧，这不仅可以起密封作用，还能起到有效的阻尼作用，以减少玻璃板因受声激振而透声。

（5）两层玻璃板间不能有刚性连接，以防止“声桥”。

常见隔声窗的特性见表 6-2。

表6-2 常见隔声窗的特性

| 结构 | 倍频程频带中心频率/Hz | | | | | | 平均隔声量/dB | 计权隔声量/dB |
|---|---|---|---|---|---|---|---|---|
| | 125 | 250 | 500 | 1 000 | 2 000 | 4 000 | | |
| 单层6mm厚玻璃固定窗，橡皮长条封边 | 20 | 22 | 26 | 30 | 28 | 22 | 25.1 | 26 |
| 双层窗：3mm厚玻璃，17cm厚空腔 | | | | | | | | |
| （1）无橡皮密封条 | 21 | 26 | 28 | 30 | 28 | 27 | — | — |
| （2）有橡皮密封条 | 33 | 33 | 36 | 38 | 38 | 38 | — | — |
| 双层窗：4mm厚玻璃，见图6-16（a） | | | | | | | | |
| （1）空腔12mm | 20 | 17 | 22 | 35 | 41 | 38 | — | — |
| （2）空腔16mm | 16 | 26 | 28 | 37 | 41 | 41 | — | — |
| （3）空腔100mm | 21 | 33 | 39 | 47 | 50 | 51 | 28.8 | — |
| （4）空腔200mm | 28 | 36 | 41 | 48 | 54 | 53 | — | — |
| （5）空腔400mm | 34 | 40 | 44 | 50 | 52 | 54 | — | — |
| 双层钢窗：6mm厚玻璃，45mm空腔，见图6-16（b） | | | | | | | | |
| （1）全密封（橡皮泥填缝） | 14 | 35 | 37 | 43 | 47 | 53 | 37.5 | 40 |
| （2）用ø15mm、ø10mm双乳胶条密封 | 18 | 31 | 29 | 31 | 35 | 47 | 30.3 | 32 |
| （3）用ø15mm单乳胶条密封 | 14 | 30 | 27 | 26 | 32 | 40 | 27.1 | 30 |
| （4）用ø10mm单乳胶条密封 | 13 | 29 | 28 | 27 | 26 | 42 | 26.5 | 27 |
| （5）无乳胶条 | 9 | 23 | 19 | 18 | 16 | 25 | 18.2 | 19 |
| 双层木窗：见图6-16（c） | | | | | | | | |
| （1）空腔厚8.5～11.5cm，窗框内周边用穿孔板 | 32 | 36 | 45 | 56 | 55 | 43 | 44 | 46 |
| （2）空腔同（1），窗框周边用8～10mm玻璃棉毡 | 30 | 36 | 47 | 59 | 57 | 53 | 46.1 | 49 |
| （3）空腔厚12.5～15cm，窗边用8～10mm玻璃棉毡 | 28 | 37 | 48 | 60 | 60 | 49 | 46.7 | 49 |
| （4）空腔厚8.5～19cm，窗框周边用8～10mm玻璃棉毡 | 39 | 34 | 46 | 57 | 56 | 53 | 45.7 | 48 |
| 双层窗：7mm厚玻璃 | | | | | | | | |
| （1）空腔厚10cm | 29 | 37 | 41 | 50 | 45 | 54 | 42.7 | — |
| （2）空腔厚20cm | 32 | 39 | 43 | 48 | 46 | 50 | — | — |
| （3）空腔厚40cm | 38 | 42 | 46 | 51 | 48 | 58 | — | — |

| 结构 | 倍频程频带中心频率/Hz | | | | | | 平均隔声量/dB | 计权隔声量/dB |
|---|---|---|---|---|---|---|---|---|
| | 125 | 250 | 500 | 1 000 | 2 000 | 4 000 | | |
| 双层窗：6mm 厚玻璃，倾斜空气层 | 28 | 31 | 29 | 41 | 47 | 40 | 35.3 | — |
| 三层固定窗：6mm 厚玻璃，见图 6-16（d） | 37 | 45 | 42 | 43 | 47 | 56 | 45 | — |
| 三层窗：10mm 厚玻璃+空腔+8mm 厚玻璃+空腔+10mm 厚玻璃 | | | | | | | | |
| （1）图 6-16（e） | 49 | 63 | 71 | 66 | 73 | 77 | — | — |
| （2）图 6-16（f） | 46 | 67 | 72 | 75 | 69 | 71 | — | — |

## 6.5　隔声罩

隔声罩是控制机器噪声较好的装置。将噪声源封闭在一个相对小的空间内，以降低噪声源向周围环境辐射噪声的罩形结构称为隔声罩。其基本结构如图 6-17 所示。罩壁由罩板、阻尼涂层和吸声层组成。根据噪声源设备的操作、安装、维修、冷却、通风等具体要求，可采用适当的隔声罩形式。常用的隔声罩有活动密封型、固定密封型、局部开敞型。隔声罩常用于车间内如风机、空压机、柴油机、鼓风机、球磨机等强噪声机械设备的降噪。其降噪量一般有 10～40dB。

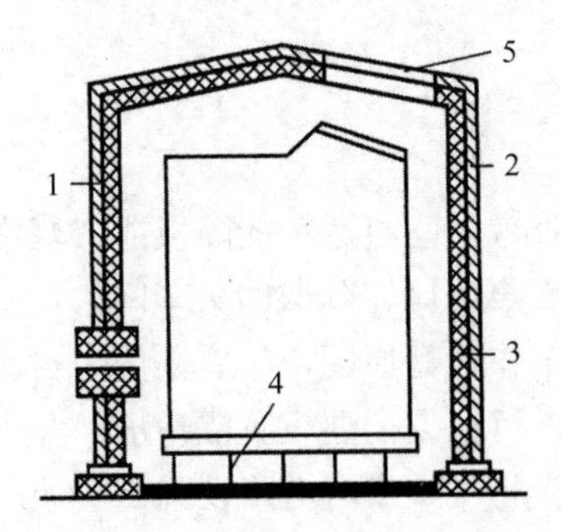


1—钢板；2—吸声材料；3—护面孔板；4—减振器；5—观察孔

**图 6-17　隔声罩基本构造**

隔声罩技术措施简单、投资少、隔声效果好，在噪声控制工程中广为应用，但在设计和选用隔声罩时应注意以下几点：

（1）罩壁必须有足够的隔声量，且为了便于制造、安装及维修，宜采用 0.5～

2mm 厚的钢板或铝板等轻薄、密实的材料制作，有些大而固定的场合也可用砖或混凝土等厚重材料制作。

（2）用钢板、铝板之类的轻型材料做罩壁时，须在壁面上加筋，涂贴阻尼层，以抑制与减弱共振和吻合效应的影响。

（3）罩体与声源设备及其机座之间不能有刚性接触，以避免声桥出现、使隔声量降低。同时隔声罩与地面之间应进行隔振，以杜绝固体声。

（4）罩壁上开有隔声门窗、通风与电缆等管线时，缝隙处必须密封，并且管线周围应有减振、密封措施。

（5）罩内必须进行吸声处理。使用多孔材料等松散材料时，应有较牢靠的护面层。

（6）罩壳形状恰当，尽量少用方形平行罩壁，以防止罩内空气声的驻波效应；同时在罩内壁面与设备之间应留有较大的空间，一般为设备所占空间的 1/3 以上；各内壁面与设备的空间距离，不得小于 100mm，以避免耦合共振，使隔声量曲线出现低谷。

（7）隔声罩的设计必须与生产工艺相配合，以便于操作、安装与检修，需要时可做成能够拆解的拼装结构。此外隔声罩必须考虑通风与散热要求，通风口应安装有消声器，其消声量要与隔声罩的插入损失相匹配。

图 6-18 为一系列机器隔声措施实例，图中曲线（虚线与实线）表明了接收点 $P$ 处采取隔声措施前后的倍频程声压级。

## 6.6 隔声屏

用来阻挡噪声源与接收者之间直达声的障板或帘幕称为隔声屏（帘）。

一般对于人员多、强噪声源比较分散的大车间，在某些情况下，由于操作、维护、散热或厂房内有吊车作业等原因，不宜采用全封闭式的隔声措施；或者在对隔声要求不高的情况下，可根据需要设置隔声屏。此外，采用隔声屏减少交通车辆噪声干扰，也有不少应用，一般沿道路设置 5～6m 高的隔声屏，可达 10～15dB（A）的减噪效果。

隔声屏一般用各种板材制成，并在一面或两面衬有吸声材料，也有用砖石砌成的隔声墙或用 1～3 层密实幕布围成的隔声幕，还有利用建筑物做屏障的。隔声屏对高频噪声有较显著的隔声能力，因为高频噪声波长短、绕射能力差，而低频噪声波长长、绕射能力强。设置隔声屏的方法简单、经济、便于拆装移动，在噪声控制工程中被广泛应用。

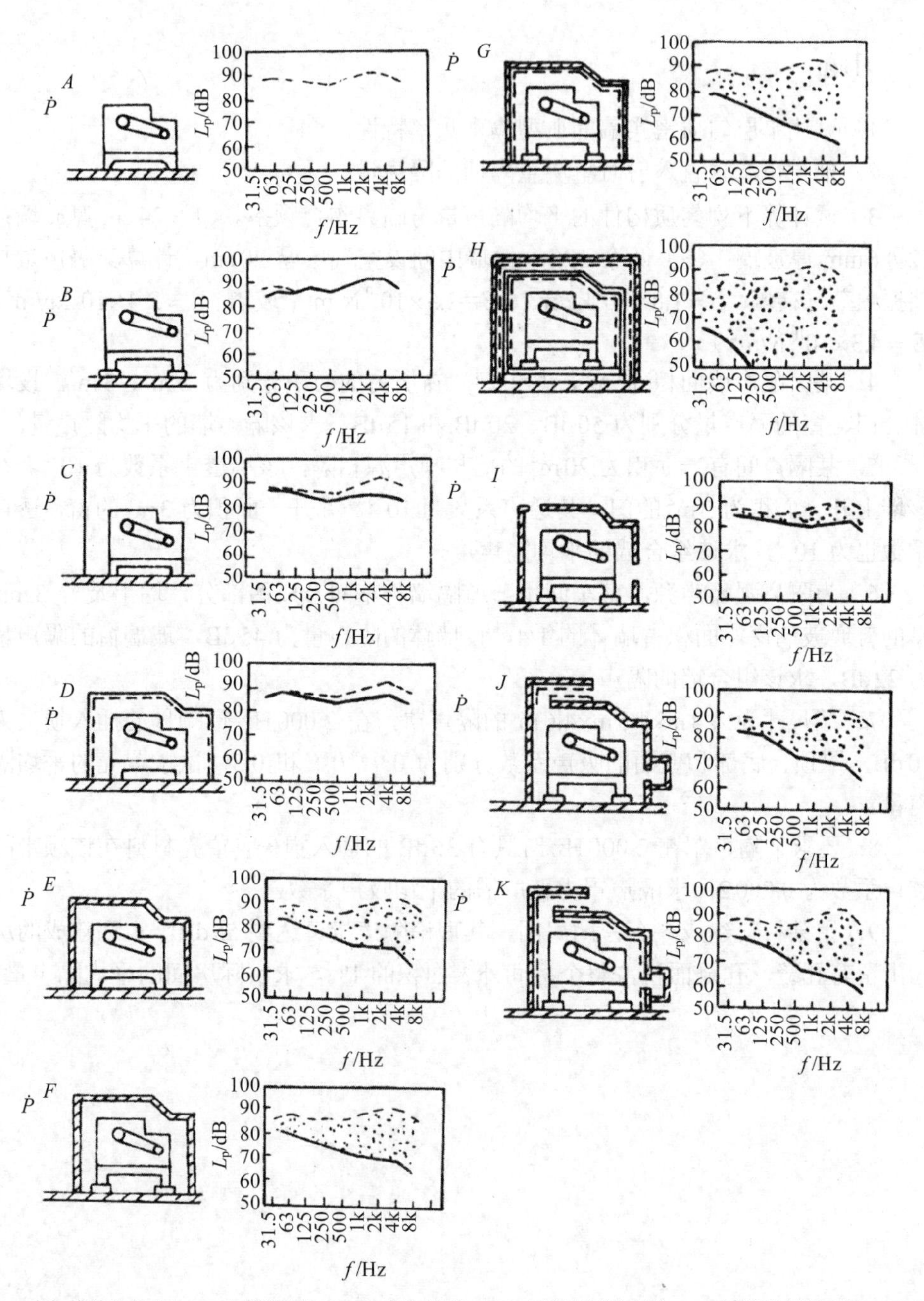


A—未加措施的机器；B—加隔振器；C—加坚实基础；D—多孔材料隔声罩；E—刚性密封隔声罩；F—刚性密封罩及隔振器；G—罩内加吸声材料；H—双层密封隔声罩；I—隔声罩上开通风口；J—通风管加吸声材料；K—隔声罩内和通风管加衬吸声材料

图 6-18 机器隔声一系列措施实例（图中标明 $P$ 点位置上采取隔声措施前后的倍频程声压级）

## 习题

1．试述单层匀质密实墙的典型隔声频率特性。

2．推导声波垂直入射时单层重隔墙的隔声量。

3．试计算下列匀质构件的平均隔声量与临界吻合频率。（1）24 cm 厚砖墙；（2）6 mm 厚玻璃；（3）两个 12 cm 厚墙中间设空气层厚 20 cm，计算其隔声量与共振频率。（砖墙：$\rho=1.8\times10^{3}\,\mathrm{kg/m^{3}}$，$E$=$2.5\times10^{10}\,\mathrm{N/m^{2}}$；玻璃：$\rho=2.4\times10^{3}\,\mathrm{kg/m^{3}}$，$E=4.3\times10^{10}\,\mathrm{N/m^{2}}$）

4．某一隔声墙面积 12 m$^2$，其中门、窗所占的面积分别为 2 m$^2$、3 m$^2$。设墙体、门、窗的隔声量分别为 50 dB、20 dB 和 15 dB，求该隔声墙的平均隔声量。

5．某隔声间有一面积为 20 m$^2$ 的墙与噪声源相隔，该墙透声系数为 $10^{-5}$，在该墙上开一面积为 2 m$^2$ 的门，其透声系数为 $10^{-3}$，并开一面积为 3 m$^2$ 的窗，透声系数也为 $10^{-3}$，求该组合墙的平均隔声量。

6．为隔离强噪声源，某车间用一道隔墙将车间分成两部分，墙上装一 3 mm 厚的普通玻璃窗，面积占墙体的 1/4，设墙体的隔声量为 45 dB，玻璃窗的隔声量为 22 dB，求该组合墙的隔声量。

7．某尺寸为 4.4 m×4.5 m×4.6 m 的隔声罩，在 2 000 Hz 倍频程的插入损失为 30 dB，罩顶、底部和壁面的吸声系数分别为 0.9、0.1 和 0.5，试求罩壳的平均隔声量。

8．要求某隔声罩在 2 000 Hz 时具有 36 dB 的插入损失，罩壳材料在该频带的透声系数为 0.0002，求隔声罩内壁所需的平均吸声系数。

9．用某材料建成一个密闭房间，其理论隔声量可达到 55 dB，实际建成的房间上留有孔缝，孔缝面积占整个房间外表面积的 1%，求实际房间的平均隔声量。

# 第七章

# 消声技术

消声器是一种既能允许气流顺利通过，又能有效地阻止或减弱声能向外传播的装置。一个合适的消声器，可以使气流声降低 20～40 dB，因此在噪声控制工程中得到了广泛的应用。值得指出的是，消声器只能用来降低空气动力设备的进排气口噪声或沿管道传播的噪声，而不能降低空气动力设备本身所辐射的噪声。

## 7.1 消声器的分类和评价

### 7.1.1 对消声器的基本要求

不论何种类型的消声器，一个设计合理的消声器应满足以下五方面的要求：

#### 7.1.1.1 声学性能

在使用现场的正常工况下（一定的流速、温度、湿度、压力等），在所要求的频率范围内，有足够大的消声量。

#### 7.1.1.2 空气动力性能

消声器对气流的阻力要小，阻力系数要低，即安装消声器后增加的压力损失或功率损耗要控制在允许的范围内，不能影响空气动力设备的正常运行。气流通过消声器时所产生的气流再生噪声要低。

#### 7.1.1.3 机械结构性能

消声器的材料应坚固耐用，应耐高温、腐蚀、潮湿、粉尘的特殊环境，尤其应注意材质和结构的选择。另外，消声器要体积小、重量轻、结构简单，并便于加工、安装和维修。

#### 7.1.1.4 外形和装饰

除消声器几何尺寸和外形应符合实际安装空间的要求外，消声器的外形还应美观大方，表面装饰应与设备总体相协调。

#### 7.1.1.5 价格费用要求

选材、加工等要考虑减少材料损耗，在具有一定消声量的同时，消声器要价格便宜，使用寿命长。

### 7.1.2 消声器声学能量评价

消声器的降噪能力用消声量来表征。测量方法不同，所得消声量也不同。消声器声学性能的评价量有下列四种：

#### 7.1.2.1 插入损失（$L_{\mathrm{IL}}$）

插入损失指系统中插入消声器前后在系统外某定点测得的声功率级之差。

在实验室内测量插入损失一般应采用混响室法、半消声室法或管道法，这几种方法都应进行装置消声器以前和以后两次测量，先测出通过管口辐射噪声的各倍频程或 1/3 倍频程声功率级，然后用消声器换下相应的替换管道，保持其他实验条件不变。同一测点测出各频带相应的声功率级。各频带的插入损失为前后两次测量所得声功率级之差。如果装置消声器前后，声场分布情况近似保持不变，则声功率级之差就等于相同测点的声压级之差。

现场测量消声器插入损失虽符合实际使用的条件，但受环境、气象、测距等影响，其测量结果应进行修正。无论是实验室测量还是现场测量，A 计权插入损失$(L_{\mathrm{IL}})_{\mathrm{A}}$的计算式如下：

$$(L_{\mathrm{IL}})_{\mathrm{A}} = L_{\mathrm{pA_1}} - L_{\mathrm{pA_2}} \tag{7-1}$$

式中：$L_{\mathrm{pA_1}}$——装置消声器前测点的 A 声级，dB；

$L_{\mathrm{pA_2}}$——装置消声器后测点的 A 声级，dB。

$$L_{\mathrm{pA_1}} = 10\lg\left\{\sum_i 10^{0.1(L_{pi}+\Delta_i)}\right\} \tag{7-2}$$

$$L_{\mathrm{pA_2}} = 10\lg\left\{\sum_i 10^{0.1(L_{pi}-D_i+\Delta_i)}\right\} \tag{7-3}$$

式中：$i$——频带的序号；

$L_{\mathrm{p}i}$——第 $i$ 个频带声压级，dB；

$\Delta_i$——第 $i$ 个频带的 A 计权修正值，dB；

$D_i$——第 $i$ 个频带的插入损失，dB。

#### 7.1.2.2　传声损失（$TL$）

传声损失为消声器进口端声功率级与出口端声功率级之差。通常情况下消声器进口端与出口端的通道截面相同，声压沿截面近似均匀分布，这时传声损失等于进口端声压级与出口端声压级之差。

测量消声器的传声损失，必须在实验室给定工况下分别在消声器两端进行：在消声器进口端测出对应于入射声的倍频程或 1/3 倍频程声功率级，在出口端测出对应于透射声的相应声功率级。各频带传声损失等于两端分别测量所得频带声功率级之差。一般应以管道法测量入射声和透射声的声压级。

各频带传声损失 $TL$ 由下式决定：

$$TL = \overline{L}_{\mathrm{pi}} - \overline{L}_{\mathrm{pt}} + (K_{\mathrm{t}} - K_{\mathrm{i}}) + 10\lg\frac{S_{\mathrm{i}}}{S_{\mathrm{t}}} \tag{7-4}$$

式中：$\overline{L}_{\mathrm{pi}}$——入射声平均声压级，dB；

$\overline{L}_{\mathrm{pt}}$——透射声平均声压级，dB；

$K_{\mathrm{i}}$——入射声的背景噪声修正值，dB；

$K_{\mathrm{t}}$——透射声背景噪声修正值，dB；

$S_{\mathrm{i}}$——消声器进口端管道通道截面积，$\mathrm{m}^2$；

$S_{\mathrm{t}}$——消声器出口端管道通道截面积，$\mathrm{m}^2$。

由实测各频带传声损失，可以参照式（7-2）、式（7-3）计算出 A 计权传声损失 $TL_{\mathrm{A}}$。

#### 7.1.2.3　减噪量（$L_{\mathrm{NR}}$）

消声器进口端面测得的平均声压级与出口端面测得的平均声压级之差称为减噪量。其关系式如下：

$$L_{\mathrm{NR}} = \overline{L}_{\mathrm{p_1}} - \overline{L}_{\mathrm{p_2}} \tag{7-5}$$

式中：$\overline{L}_{\mathrm{p_1}}$——消声器进口端面平均声压级，dB；

$\overline{L}_{\mathrm{p_2}}$——消声器出口端面平均声压级，dB。

#### 7.1.2.4　衰减量（$L_{\mathrm{A}}$）

消声器内部两点间声压级的差值称为衰减量，主要用来描述消声器内声传播的特性，通常以消声器单位长度的衰减量（dB/m）来表征。

### 7.1.3 消声器的压力损失

一般认为消声器的压力损失由两部分构成：一是局部阻力损失；二是管壁沿程摩擦阻力损失，两者都是由于流体运动时克服黏性切应力做功引起的。局部阻力损失发生在消声器内收缩、扩张等截面突变的地方：由于气流速度发生突变形成旋涡和流体相互碰撞，这进一步加剧了流体质点间的相互摩擦。局部阻力损失（$H_e$）的大小取决于局部结构形式、管道直径和气流速度，即有：

$$H_e(\mathrm{Pa}) = \varepsilon\rho\frac{v^2}{2} \tag{7-6}$$

式中：$v$——小截面上的气流平均速度，m/s；

$\varepsilon$——局部阻力系数，与消声器截面扩张比有关。表 7-1 列出了常见结构的局部阻力系数。

**表 7-1 常见结构的局部阻力系数**

<table>
<tr><th>结构名称</th><th>图形</th><th colspan="2">局部阻力系数</th></tr>
<tr><td>管径突然变大</td><td></td><td colspan="2">$(1-S_1/S_2)^2$</td></tr>
<tr><td rowspan="6">管径突然变小</td><td rowspan="6"></td><td>$S_2/S_1$</td><td>$\varepsilon$</td></tr>
<tr><td>0.1</td><td>0.41</td></tr>
<tr><td>0.3</td><td>0.36</td></tr>
<tr><td>0.5</td><td>0.26</td></tr>
<tr><td>0.7</td><td>0.14</td></tr>
<tr><td>0.9</td><td>0.06</td></tr>
<tr><td>尖缘入口</td><td></td><td colspan="2">0.5</td></tr>
<tr><td>圆角入口</td><td></td><td colspan="2">0.25</td></tr>
</table>

管壁沿程摩擦阻力损失 $H_f$ 发生在消声器管道壁面，其大小取决于管壁粗糙度 $h_0$ 及气流速度 $v$ 的大小。

$$H_f(\mathrm{Pa}) = \lambda\rho\frac{l}{D}\frac{v^2}{2} \tag{7-7}$$

式中：$l$——管道长度，mm；

$D$——管道直径，mm；

$\lambda$——管壁沿程摩擦阻力系数，它是流动雷诺数 $Re$ 和管壁相对粗糙度 $h_0/D$ 的函数，即 $\lambda = f(Re, h_0/D)$，流体力学中将此函数绘制成“莫迪图”曲线；根据 $Re$ 和 $h_0/D$ 值即可查得 $\lambda$ 。

对一个具体结构的消声器，将其划分为 $m$ 个截面突变元件和 $n$ 个管元件，分别按局部阻力损失和管壁沿程摩擦阻力损失叠加计算消声器总的压力损失：

$$\Delta H=\sum_{i=1}^{m}H_{ei}+\sum_{j=1}^{n}H_{fj} \tag{7-8}$$

式中：$H_{ei}$——第 $i$ 个截面突变处的压力损失，m；

$H_{fj}$——第 $j$ 段管道的沿程摩擦阻力损失，m。

### 7.1.4　消声器性能的测量

消声器性能的测量包括声学性能的测量、空气动力性能的测量和气流再生噪声的测量三个内容。

根据测试场所的不同，消声器声学性能的测量分为现场测量和实验室测量，其中以实验室测量为主要测量方法。根据《声学消声器测量方法》（GB/T 4760—1995），实验室测量方法可分为混响室法、半消声室法及管道法测量。如在消声器前及消声器后分别测量，即可得传声损失值；在消声器安装前（用替代管替代消声器）及安装后分别测量，即可得插入损失值；同样在消声器前后管道分别测定截面上的平均气压或平均静压值，即可得压力损失和阻力系数性能指标。测量装置如图 7-1 所示。

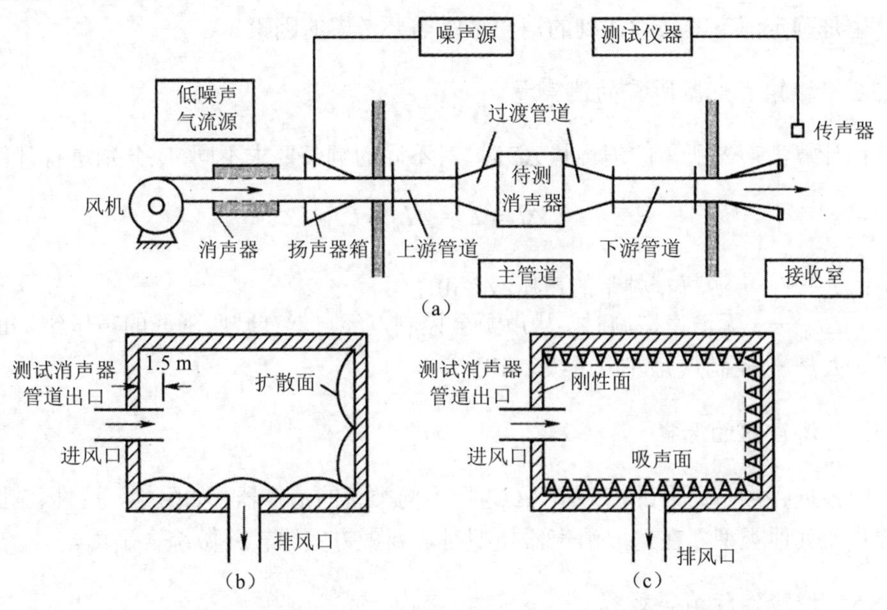


（a）消声器测量装置；（b）混响室接收声场；（c）半消声室接收声场

图 7-1　测量装置示意图（GB/T 4760—1995 消声器性能测量方法标准）

根据测试声源条件的不同，消声器声学性能的测量分为静态消声性能测量和动态消声性能测量两种。当消声器内没有气流通过而仅用扬声器发出标准噪声源（如白噪声或粉红噪声）条件下测得的消声量称为静态消声量；当消声器内有气流通过，即在用空气动力设备做声源（如风机声或风机加扬声器声源）条件下测得的消声量称为动态消声量。

## 7.1.5 消声器的设计程序

### 7.1.5.1 对噪声源作频谱分析

通常可测定63 Hz～8 kHz频段范围内倍频程的8个频带声压级和A声压级。如果噪声环境中有明显的尖叫声，则需做1/3倍频程或更窄的频带分析。将噪声的强度（声压级）按频带顺序展开，使噪声的强度成为频率的函数，并考察其波形，了解噪声声源的特征，为噪声控制提供依据。

### 7.1.5.2 确定控制噪声的标准

应根据对噪声源的调查及使用上的要求，决定控制噪声的标准。标准过高，则增加成本，增大消声器体积或使措施复杂；标准过低，则达不到保护环境的目的。有时，环境噪声和其他不利条件的影响（如控制范围内有多个噪声源的干扰等）也是确定消声器必须达到的消声量时需要考虑的因素。

### 7.1.5.3 计算消声器所需的消声量

在计算消声器所需的消声量$\Delta L$时，对不同的频带要求不同，应分别进行计算：

$$\Delta L = L_p - \Delta L_d - L_a \tag{7-9}$$

式中：$L_p$——声源每一频带的声压级，dB；

$\Delta L_d$——无消声措施时，从声源至控制点经自然衰减所降低的声压级，dB；

$L_a$——控制点允许声压级，dB。

### 7.1.5.4 消声器的选择

应根据各频带所需的消声量$\Delta L$选择不同类型的消声器，如阻性、抗性、阻抗复合式或其他类型。在选取消声器类型时，要做方案比较并做综合平衡。

### 7.1.5.5 检验实际消声效果

根据设计方案，检验实际消声效果是否达到预期要求，否则需修改原设计，作出补救措施。

### 7.1.6　消声器的分类

消声器的种类和结构形式很多，根据其消声原理和结构的不同大致可分为六类：阻性消声器、抗性消声器、阻抗复合式消声器、微穿孔板消声器、扩散式消声器和有源消声器。按所配用的设备来分可分为空压机消声器、内燃机消声器、凿岩机消声器、轴流风机消声器、混流风机消声器、罗茨风机消声器、空调新风机组消声器和锅炉蒸汽放空消声器等。

## 7.2　阻性消声器

### 7.2.1　阻性消声器原理

阻性消声器是一种吸收型消声器，利用声波在多孔性吸声材料中传播时，因摩擦将声能转化为热能而散发掉，从而达到消声的目的。材料的消声性能类似于电路中的电阻耗损电功率，从而得名。一般来说，阻性消声器具有良好的中高频消声性能，对低频消声性能较差。

#### 7.2.1.1　声波在阻性管道中的衰减

消声器的传声损失与吸声材料的声学性能、气流通道周长、断面面积以及管道长度等因素有关。对相同截面积的管道，$L/S$ 比值以长方形为最大，方形次之，圆形最小。

A. N. 别洛夫由一维理论推导出长度为 $l$ 的消声器的声衰减量 $L_A$ 为：

$$L_A = \varphi(\alpha_0)\frac{L}{S}\cdot l \tag{7-10}$$

式中：$L$——消声器的通道断面周长，m；

$S$——消声器的通道有效横截面积，$m^2$；

$l$——消声器的有效部分长度，m。

消声系数 $\varphi(\alpha_0)$ 与材料的吸声系数 $\alpha_0$ 的换算关系，见表 7-2。

另外还有 H. J. 塞宾计算消声器的声衰减量的经验计算式：

$$L_A = 1.03(\overline{\alpha})^{1.4}\frac{L}{S}\cdot l \tag{7-11}$$

式中：$\overline{\alpha}$ ——吸声材料无规入射平均吸声系数。为便于计算，表 7-3 中列出了 $\overline{\alpha}$ 与

$(\overline{\alpha})^{1.4}$ 的关系。

表 7-2 $\varphi(\alpha_0)$与$\alpha_0$ 的换算关系

| $\alpha_0$ | 0.05 | 0.10 | 0.15 | 0.20 | 0.25 | 0.30 | 0.35 | 0.40 | 0.45 | 0.50 | 0.55 | 0.60～1.00 |
|---|---|---|---|---|---|---|---|---|---|---|---|---|
| $\varphi(\alpha_0)$ | 0.05 | 0.11 | 0.17 | 0.24 | 0.31 | 0.39 | 0.47 | 0.55 | 0.64 | 0.75 | 0.86 | 1～1.5 |

表 7-3 $\overline{\alpha}$ 与 $(\overline{\alpha})^{1.4}$ 的换算关系

| $\overline{\alpha}$ | 0.05 | 0.10 | 0.15 | 0.20 | 0.25 | 0.30 | 0.35 | 0.40 | 0.45 | 0.50 | 0.60 | 0.70 | 0.80 | 0.90 | 1.00 |
|---|---|---|---|---|---|---|---|---|---|---|---|---|---|---|---|
| $(\overline{\alpha})^{1.4}$ | 0.015 | 0.040 | 0.070 | 0.105 | 0.144 | 0.185 | 0.230 | 0.277 | 0.327 | 0.329 | 0.489 | 0.607 | 0.732 | 0.863 | 1.00 |

#### 7.2.1.2 高频失效频率

阻性消声器实际消声量的大小与噪声的频率有关。声波的频率越高，传播的方向性越强。对于一定截面积的气流通道，当入射声波的频率高到一定程度时，由于方向性很强而形成“声束”状传播，因而很少接触贴附在管壁的吸声材料，消声量明显下降。产生这一现象对应的声波频率称为上限失效频率 $f_n$，$f_n$ 可用下列经验公式计算：

$$f_n \approx 1.85\frac{c}{D} \tag{7-12}$$

式中：$c$——声速，m/s；

$D$——消声器通道的当量直径，m。

其中圆形管道取直径，矩形管道取边长平均值，其他可取面积的开方值。

当频率高于失效频率时，每增高一个倍频程，其消声量约下降 1/3，可用下式估算：

$$R' = \frac{(3-N)}{3}\cdot R \tag{7-13}$$

式中：$R'$——高于失效频率的某倍频程的消声量；

$R$——失效频率处的消声量；

$N$——高于失效频率的倍频程频带数。

### 7.2.2 阻性消声器的种类

阻性消声器按气流通道几何形状的不同而分为不同的种类，除直管式消声器外，还有片式、蜂窝式、折板式、迷宫式、声流式、盘式、弯头式消声器等。结构如图 7-2 所示。

### 7.2.2.1　直管式消声器

如图 7-2（a）所示，直管式消声器是阻性消声器中最简单的一种形式，吸声材料衬贴在管道侧壁上，它适用于管道截面尺寸不大的低风速管道。

### 7.2.2.2　片式消声器

如图 7-2（b）所示，对于流量较大需要足够大通风面积的通道时，为使消声器周长与截面比增加，可在直管内插入板状吸声片，将大通道分隔成几个小通道。当片式消声器每个通道的构造尺寸相同时，只要计算单个通道的消声量，即为该消声器的消声量。

### 7.2.2.3　蜂窝式消声器

如图 7-2（e）所示，蜂窝式消声器是由若干个小型直管式消声器并联而成，形似蜂窝，故得其名。因管道的周长 $L$ 与截面 $S$ 之比值比直管式和片式大，故消声量较高，且由于小管的尺寸很小，使消声失效频率大大提高，从而改善了高频消声特性。但由于构造复杂，且阻损也较大，通常多在流速低、风量较大的情况下使用。

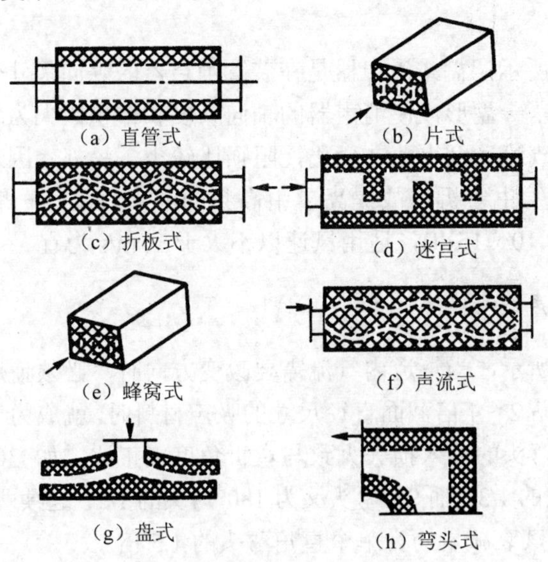


图 7-2　阻性消声器结构示意图

### 7.2.2.4　折板式消声器

如图 7-2（c）所示，折板式消声器是片式消声器的变型。在给定直线长度的情形下，该种消声器可以增加声波在管道内的传播路程，使材料能更多地接触声波。特别是对中高频声波，能增加传播途径中的反射次数，从而使中高频的消声特性有明显的改善。为了不过大地增加阻力损失，曲折度以不透光为佳。对风速过高的管道不宜使用该种消声器。

#### 7.2.2.5 声流式消声器

如图 7-2（f）所示，为了减小阻力损失，并使消声器在较宽频带范围内均有良好的消声性能，声流式消声器将消声片制作成流线型。由于消声片的截面宽度有较大的起伏，从而不仅具有折板式消声器的优点，还能增加低频的吸收。但该种消声器结构比较复杂，制作造价较高。

#### 7.2.2.6 迷宫式消声器

如图 7-2（d）所示，将若干个室式消声器串联起来就形成迷宫式消声器。消声原理和计算方法类似单室，其特点是消声频带宽，消声量较高，但阻损较大，适用于低风速条件。

#### 7.2.2.7 盘式消声器

如图 7-2（g）所示，盘式消声器是在装置消声器的纵向尺寸受到限制的条件下使用的。其外形呈一盘形，使消声器的轴向长度和体积比大为缩减。因消声通道截面是渐变的，气流速度也随之变化，阻损比较小。另外，因进气和出气方向互相垂直，使声波发生弯折，故提高了中高频的消声效果。一般轴向长度不到 50 cm，插入损失为 10～15 dB，适用风速以不大于 16 m/s 为宜。

#### 7.2.2.8 弯头式消声器

如图 7-2（h）所示，当管道内气流需要改变方向时，必须使用消声弯道，当在弯道的壁面上衬贴 2～4 倍截面直径尺寸的吸声材料时，就成为一个有明显消声效果的消声弯头。弯头的插入损失大致与弯折角度成正比，如 30°的弯头，其衰减量大约是 90°弯头的 1/3；而 90°弯头又为 180°弯头的 1/2；连续两个 90°弯头（成 180°的折回管道），其衰减量约为单个直角弯头的 1.5 倍。

### 7.2.3 气流速度对阻性消声器性能的影响

气流速度对阻性消声器消声性能的影响主要表现在两方面：①气流的存在会引起声传播规律的变化；②气流在消声器内产生一种附加噪声——再生噪声。这两方面的影响是同时产生的，但本质却不同，下面对这两方面的影响分别进行说明。

#### 7.2.3.1　气流对阻性消声器性能的影响

声波在阻性管道内传播，如伴随气流，而气流方向与声波方向一致时，则声波衰减系数变小；反之，声波衰减系数变大。影响衰减系数的主要因素是马赫数（$M=v/c$），即气流速度$v$与声速$c$的比值。理论分析得出，有气流时消声系数的近似公式为：

$$\varphi'(\alpha_{\mathrm{N}})=\frac{1}{(1+M)^2}\varphi(\alpha_{\mathrm{N}}) \tag{7-14}$$

式中，气流速度大小与方向的不同，导致气流对消声器性能的影响程度也不同。当流速高时，马赫数$M$值越大，气流对消声器的影响就越大。当气流方向与声传播方向一致时，$M$值为正，式（7-14）中的消声系数$\varphi'(\alpha_{\mathrm{N}})$将变小；当气流方向与声传播方向相反时，$M$值为负，$\varphi'(\alpha_{\mathrm{N}})$变大。这就是说，顺流与逆流相比，逆流对消声有利。

气流在管道中的流动速度并不均匀，在同一截面上，管道中央流速最高，离开中心位置越远流速越低，在靠近管壁处流速近似为零。顺流时，如图 7-3（a）所示，管中央声速高，周壁声速低。根据折射原理，声波要向管壁弯曲；对阻性消声器来说，由于周壁衬贴有吸声材料，所以声能恰好被吸收。而在逆流时，如图 7-3（b）所示，声波要向管道中心弯曲，导致声波与吸声材料接触机会减少，因此对阻性消声器是不利的。

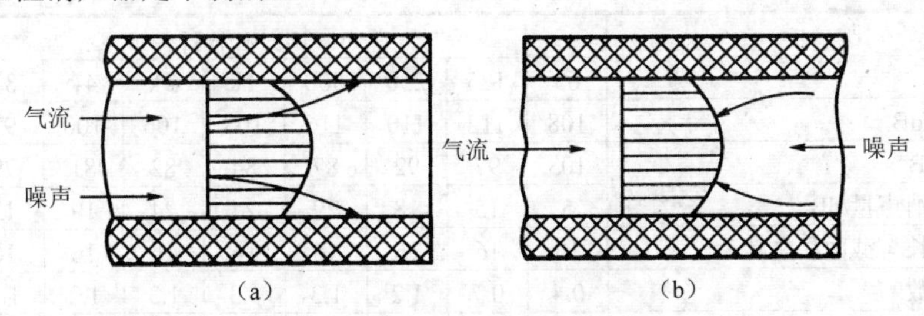


图 7-3　气流流向对声折射的影响

综合两方面的分析，阻性消声器安装在进气或排气管道各有利弊。由于工业输气管道中的气流速度与声速相比都不会太高（例如当气流速度为 30～40m/s 时，$M\approx0.1$），所以在一般情况下，气流对传声损失的降低影响不是很严重。高流速（大于 100m/s）时传声损失将有显著下降。

#### 7.2.3.2　气流再生噪声的影响

气流在管道中传播时会产生“再生噪声”，原因有两方面：一方面是消声器结构在气流冲击下产生振动而辐射噪声，其克服的方法主要是增加消声器的结构强度，特别是避免管道结构或消声元件有较低频率的简正振动，以防止产生低频共振。另一方面当气流速度较大时，管壁的粗糙度、消声器结构的边缘、截面积的变化等，都会引起“湍流噪声”。因为湍流噪声的声压级与流速的6次方成正比，并且以中高频为主，所以小流速时，再生噪声以低频为主；流速逐渐增大时，中高频噪声增加得很快。如果是A声级评价，A计权后更以中高频为主，所以气流再生噪声的A声级大致可用下式表示：

$$L_A = A + 60\lg v \tag{7-15}$$

式中：$60\lg v$ 反映了气流再生噪声与速度6次方成正比的关系；$A$ 为常数，与管衬结构，特别是表面结构有关。

至于消声器管道中间有边缘结构（如导流片尖端、片式消声器尖端等）的，则属于另一种气流噪声形式。

**例7-1** 某铸造厂冲天炉使用的鼓风机型号为LGA-60/5000，风量为60 $m^3$/min，风机直径为250mm，在进口1.5m处，测得噪声倍频程声压级见表7-4。试设计一个直管式阻性消声器以消除进口处的噪声，并达到NR 85的环境噪声排放要求。

解：

**表7-4 例7-1用表**

| | 中心频率/Hz | | | | | | | | |
|---|---|---|---|---|---|---|---|---|---|
| | 63 | 125 | 250 | 500 | 1k | 2k | 4k | 8k | $L_A$ |
| 声压级/dB | 108 | 112 | 110 | 116 | 108 | 106 | 100 | 92 | 117 |
| NR85/dB | 103 | 97 | 92 | 87 | 84 | 82 | 81 | 79 | 90 |
| 应有的消声量/dB | 5 | 15 | 18 | 29 | 24 | 24 | 19 | 13 | 27 |
| 截面周长与截面积之比 | 16 | 16 | 16 | 16 | 16 | 16 | 16 | 16 | — |
| 消声系数 | 0.4 | 0.7 | 1.2 | 1.3 | 1.3 | 1.3 | 1.2 | 1.1 | — |
| 消声器所需长度/m | 0.78 | 1.34 | 0.93 | 1.39 | 1.15 | 1.15 | 0.98 | 0.74 | — |

（1）消声器的设计长度取最大值。该消声器取 $l$=1.4m。

（2）计算高频失效的影响。

$f_{失} = 1.85\dfrac{c}{D} = 1.85\times\dfrac{340}{0.25} = 2\,516\ \text{Hz}$，在中心频率4kHz的倍频程内，其消声器对于高于2 516Hz的频率段，消声量将降低。上面设计的消声器长度为1.4m，在8kHz的消声量为24.6dB，但由于高频失效，在中心频率8kHz的倍频程内的消声量为：

$\Delta L'=\dfrac{3-n}{3}\Delta L\approx\dfrac{3-1}{3}\times 24.6=16.4\,\text{dB}$，满足所需的消声量 13 dB。

（3）验算气流再生噪声。消声器内流速：

$$v=\frac{Q}{S}=\frac{60}{60}\times\frac{4}{\pi\times 0.25^2}=20.4\ \text{m/s}$$

$$L_{\text{OA}}=(18\pm 2)+60\lg v=(96\pm 2)\text{dB(A)}$$

气流再生噪声近似点声源，在自由场传播折合离进口 1.5 m 处的噪声级：

$$L_{\text{A}}=L_{\text{OA}}-20\lg r-11=98-20\lg 1.5-11=83\ \text{dB(A)}$$

噪声级控制在 90 dB（A）以内，可以看出，气流再生噪声对消声器性能影响可以忽略。

## 7.3　抗性消声器

抗性消声器与阻性消声器不同，它不使用吸声材料，仅依靠管道截面的突变或旁接共振腔等在声波传播过程中引起阻抗的改变而产生声能的反射、干涉，从而降低由消声器向外辐射的声能，达到消声目的。常用的抗性消声器有扩张室式、共振腔式、插入管式、干涉式、穿孔板式等。这类消声器的选择性较强，适用于窄带噪声和中低频噪声的控制。

### 7.3.1　扩张室式消声器

扩张室式消声器是抗性消声器最常用的结构形式，也称膨胀式消声器。它是由管和室组成的，其最基本的形式是单节扩张室式消声器，如图 7-4 所示。

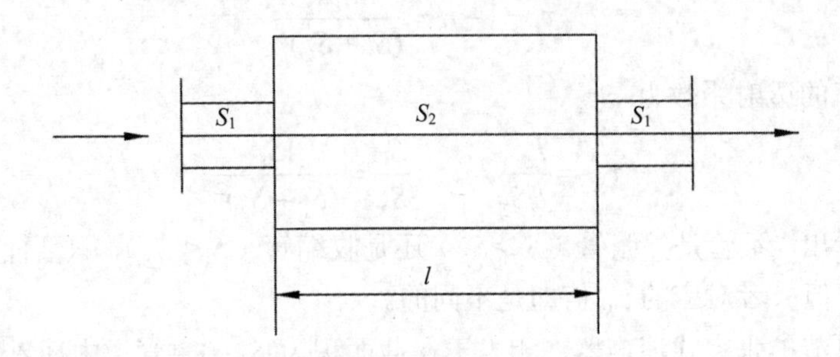


图 7-4　单节扩张室式消声器

7.3.1.1 消声原理

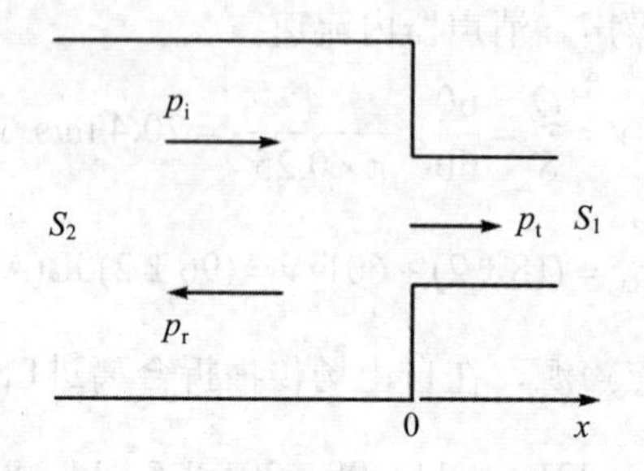


图 7-5 有突变截面管道中声波的传播

声波沿截面突变的管道中传播时，截面突变引起声波阻抗变化，而使声波发生反射，如图 7-5 所示。设 $S_2$ 管中入射声波声压为 $p_i$，反射声波声压为 $p_r$，$S_1$ 管中透射声波声压为 $p_t$，在 $x$=0 处，根据声压和体积速度的连续条件有：

$$p_i + p_r = p_t \tag{7-16}$$

$$S_2\left(\frac{p_i}{\rho_0 c} - \frac{p_r}{\rho_0 c}\right) = S_1 \frac{p_t}{\rho_0 c} \tag{7-17}$$

由式（7-16）、式（7-17）可得声压的反射系数为

$$r_p = \frac{p_r}{p_i} = \frac{S_2 - S_1}{S_1 + S_2} \tag{7-18}$$

并由此得出声压的反射系数 $r_1$ 和透射系数 $\tau_1$ 分别为：

$$r_1 = \left(\frac{S_2 - S_1}{S_1 + S_2}\right)^2 \tag{7-19}$$

$$\tau_1 = 1 - r_1 = \frac{4S_1S_2}{(S_1 + S_2)^2} \tag{7-20}$$

声功率的透射系数为

$$\tau_W = \frac{I_t S_1}{I_i S_2} = \tau_1 \times \frac{S_1}{S_2} = \frac{4S_1^{\ 2}}{(S_1 + S_2)^2} \tag{7-21}$$

可以看出，不管是扩张管（$S_1 > S_2$）还是收缩管（$S_1 < S_2$），只要面积比相同，$\tau_1$ 便相同。但二者对应的 $\tau_W$ 值却是不同的。

对于单节扩张室式消声器，相当于在截面积为 $S_1$ 的主管道中插入长度为 $l$、截面积为 $S_2$ 的中间插管，如图 7-4 所示。此时有 $x$=0 和 $x$=$l$ 两个截面突变的分界

面，由声压和体积速度在界面处的连续条件列出 4 组方程，可解得经扩张室后声压的透射系数为：

$$\tau_1 = \frac{1}{\cos^2 kl + \frac{1}{4}\left(\frac{S_1}{S_2} + \frac{S_2}{S_1}\right)^2 \sin^2 kl} \tag{7-22}$$

由上式可以看出，声波经中间插管的透射系数，不仅与主管道和插管截面积的比值有关，还与插管的长度有关。

7.3.1.2　消声量的计算

如果只考虑扩张室本身的特性，由式（7-22）可得单节扩张室式消声器的消声量计算公式为：

$$TL = 10\lg\frac{1}{\tau_1} = 10\lg[1 + \frac{1}{4}(m - \frac{1}{m})^2 \sin^2 kl] \tag{7-23}$$

$$m = S_2 / S_1$$

式中：$m$——扩张比；

$S_2$——扩张室截面积，$m^2$；

$S_1$——进、出气管截面积，$m^2$；

$k$——波数，$k = 2\pi / \lambda$，$m^{-1}$；

$l$——扩张室长度，m。

可以看出，管道截面收缩 $m$ 倍或是扩张 $m$ 倍，其消声作用是相同的，在实际应用中为了减少管道对气流的阻力，常用的是扩张管。

扩张室式消声器的消声量与 sin$kl$ 有关，所以消声量要随频率做周期性的变化，为设计方便，将式（7-23）绘成图 7-6。

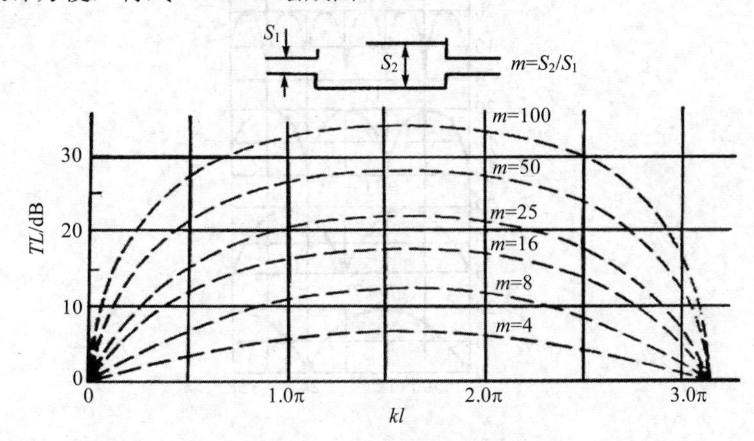


图 7-6　单节扩张室式消声器的消声量

由式（7-23）可以看出，当$\sin^2 kl = 1$时，有最大消声量；当$\sin^2 kl = 0$时，消声量等于零，即不起消声作用，现分别讨论如下：

（1）当$kl = (2n+1)\frac{\pi}{2}$，即$l = (2n+1)\frac{\lambda}{4}$时（$n$=0，1，2，3，…），$\sin^2 kl = 1$，扩张室消声量达到最大值，此时式（7-23）可写成：

$$TL = 10\lg[1+\frac{1}{4}(m-\frac{1}{m})^2] \tag{7-24}$$

由式（7-24）可以更清楚地看出，扩张室式消声器要取得显著的消声效果，必须选取足够大的扩张比$m$，例如，要求$TL \geqslant 8$ dB时，$m$应选定在5以上。将波数$k = \frac{2\pi}{\lambda} = \frac{2\pi f}{c}$代入$kl = (2n+1)\frac{\pi}{2}$中，可以导出消声量达到最大值时的相应频率：

$$f_{\max} = (2n+1)\frac{c}{4l} \tag{7-25}$$

（2）当$kl = n\pi$，即$l = n\cdot\frac{\lambda}{2}$时（$n$=0，1，2，3，…），$\sin^2 kl = 0$，消声量$TL = 0$，表明声波可以无衰减地通过消声器，这是单节扩张室式消声器的主要缺点所在。此时，对应的频率称为消声器的通过频率。

$$f_{\min} = \frac{n}{2l}c \tag{7-26}$$

为了消除某一频率的噪声可适当选择扩张室的长度，以使消声器在该频率上有最大消声量。图7-7是扩张比$m$相同时，不同腔长的消声量曲线。可以看出，$l$变化时，最大消声频率和通过频率都在发生变化。

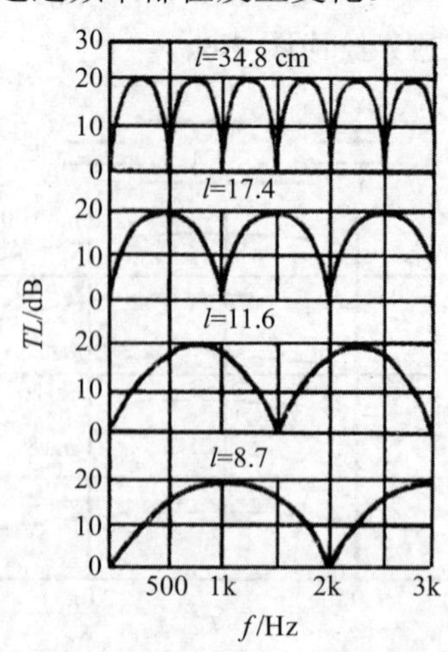


图7-7　消声量$TL$与腔长$l$的关系（$m$=21.1，内管$\phi$28mm，外管$\phi$128mm）

#### 7.3.1.3　扩张室式消声器的截止频率

扩张室式消声器的消声量随扩张比 $m$ 的增大而增加。但当 $m$ 增大到一定数值后，波长很短的高频声波将以窄束形式从扩张室中央穿过，致使消声量急剧下降。扩张室有效消声的上限截止频率可用下式计算：

$$f_{上}(\text{Hz}) = 1.22\frac{c}{D} \tag{7-27}$$

式中：$c$——声速，m/s；

$D$——扩张室截面当量直径，m。

由此可见，扩张室的截面积越大，消声上限截止频率越低，即消声器的有效消声频率范围越窄。因此，扩张比不能盲目地选择太大，要兼顾消声量和消声频率两个方面。

扩张室式消声器的消声频率范围，还存在下限截止频率。在低频范围，当声波波长远大于扩张室或连接管的长度时，扩张室和连接管可以看做是一个集中声学元件构成的声振系统，它的固有频率为：

$$f_0 = \frac{c}{2\pi}\sqrt{\frac{S_1}{Vl_1}} \tag{7-28}$$

式中：$S_1$——连接管的截面积，$m^2$；

$V$——扩张室的体积，$m^3$；

$l_1$——连接管的长度，m；

$c$——声速，m/s。

在固有频率附近，消声器不但不消声，反而会将声音放大。只有在大于 $\sqrt{2}f_0$ 的频率范围内，消声器才有消声作用。所以扩张室式消声器的下限截止频率应为：

$$f_{下} = \sqrt{2}f_0 = \frac{\sqrt{2}c}{2\pi}\cdot\sqrt{\frac{S_1}{Vl_1}} \tag{7-29}$$

#### 7.3.1.4　改善消声频率特性的方法

单节扩张室式消声器的主要缺点是当 $kl=n\pi$ 时，传递损失总是降低为零，即存在许多通过频率。解决的方法通常有两种：一种方法是设计多节扩张室，使每节具有不同的通过频率，将它们串联起来。这样的多节串联可以改善整个消声频率特性，同时也使总的消声量提高。但当各节消声器距离很近时，互相会有影响，而并不是各节消声量的相加。另一种方法（图 7-8）是将单节扩张室式改进为内插管式，即在扩张室两端各插入$\frac{l}{2}$和$\frac{l}{4}$的管，以分别消除$n$为奇数和$n$为偶数的通过频率低谷，以便使消声器的频率响应特性曲线平直，如图7-8所示。但这种扩张室式消声器，因为其截面是突变的，所以局部阻力损失较大。为了减小阻力损失，可将内插管用穿孔率高于20%的穿孔管连接起来，如图7-9所示。这种结构对消声性能没有多少影响，却可以大大改善空气动力性能，使阻力损失远小于前者。

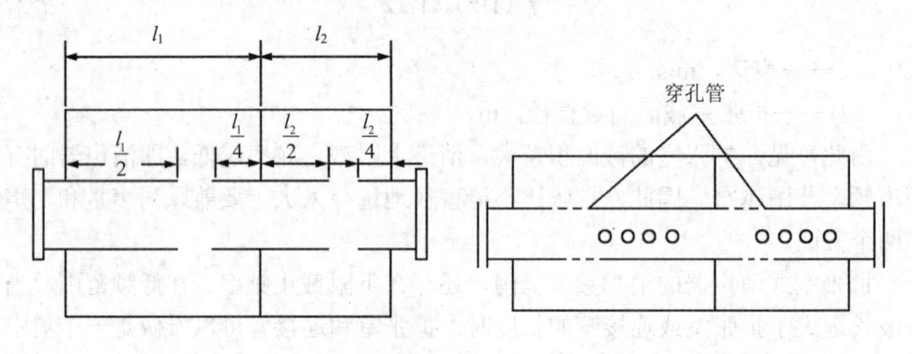


图7-8 带内插管的双节扩张室式消声器

图7-9 用穿孔管连接内插管

在实际工程中，为了得到较好的消声效果，通常将上述两种方法结合使用，即将多节不同的扩张室用不同长度的内插管串联起来，这样可以在较宽的频率范围内获得较高的消声量。图7-10是一种工程上常用的双腔结构消声器的频率特性。总的特性曲线中已不再出现消声量的低谷，其消声性能是相当优良的。

实践表明，在考虑了消声器的空气动力性能等指标后，串联的腔室一般以2～4腔为宜。

在设计扩张室式消声器时，由式（7-23）和式（7-27）可以看出，消声量与消声频率范围之间是矛盾的。即要获得大的消声量应有足够大的扩张比$m$，但消声量上限截止频率随$m$的增大而降低，致使消声器的有效消声频率范围变窄。因此，扩张比不能选择太大，要兼顾消声量和消声频率两个方面。实际工程设计中，在阻力损失满足要求的情况下，通常用以下两种方法来解决。

（1）用一组并联的小通道代替一个大通道，在每个小通道上设计安装扩张室式消声器，如图7-11所示。这样既可在有足够扩张比的条件下，使扩张室截面积不致过大，又可在较宽的频率范围内有较大的消声量。

（2）错开扩张室进、出气口管轴线，使得声波不能以窄束状直接穿过扩张室，如图7-12所示。这时的有效消声频率范围不受式（7-27）的约束，可以明显地改善扩张室式消声器的消声频率特性。

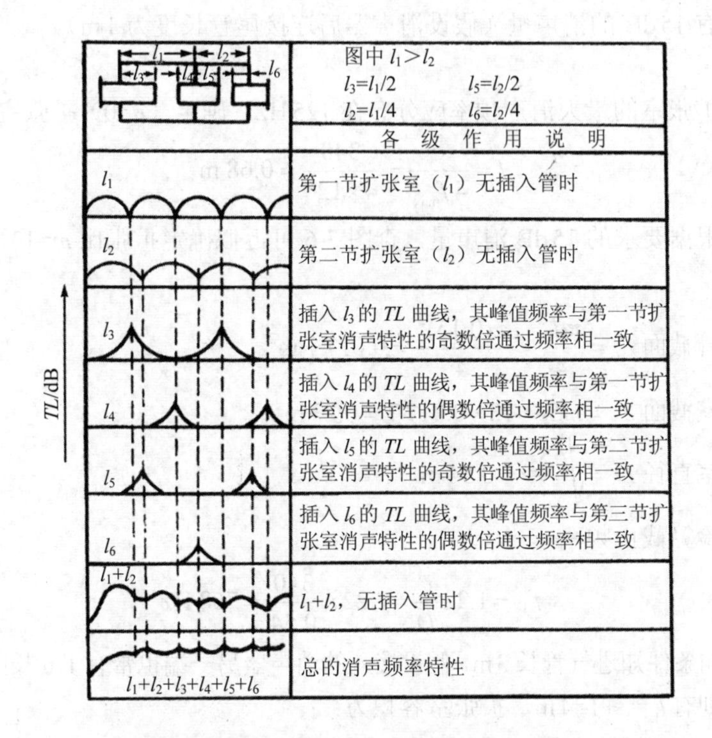


图 7-10　带插入管的两节串联扩张室式消声器的消声频率分解图

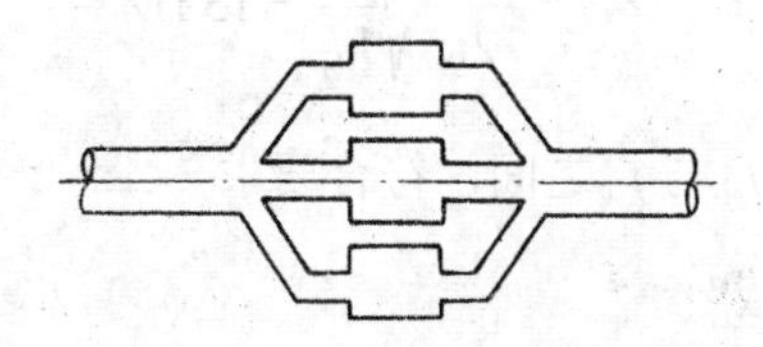

图 7-11　大通道分割成多个并联的小扩张室

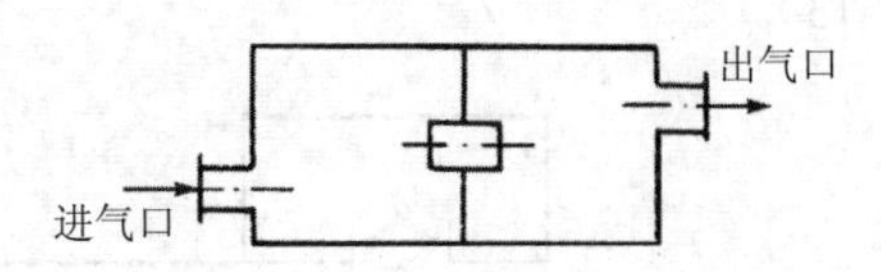


图 7-12　进、出气口管轴线错开的扩张室式消声器

**例 7-2**　某柴油机进气口噪声在 125 Hz 有一明显峰值，进气口管径为 150 mm，管长 3 m，气流速度 $v$＝5 m/s，试设计一个扩张室式消声器装在进气口上，要求在

125 Hz 时有 15 dB 的消声量（假设消声器后连接尾管长度为 1 m）。

解：

（1）扩张室的最大消声频率应分布在 125 Hz，确定（$n$=0）扩张室的长度为

$$l=\frac{c}{4f_{\max}}=\frac{340}{4\times125}=0.68\ \mathrm{m}$$

（2）根据要求的 15 dB 消声量，查图 7-6 可近似确定扩张比 $m$=13，各部分截面尺寸为：

进气管截面 $S_1=\frac{\pi d_1^2}{4}=\frac{\pi(0.15)^2}{4}=0.017\,7\ \mathrm{m}^2$

扩张室截面 $S_2=mS_1=13\times0.017\,7=0.23\ \mathrm{m}^2$

扩张室直径 $D=\sqrt{\frac{4S_2}{\pi}}=0.54\ \mathrm{m}$

（3）验算截止频率

$$f_{上}=1.22\frac{c}{D}=1.22\times\frac{340}{0.54}=768\ \mathrm{Hz}$$

由已知条件知进气管长 3 m，假设接入的消声器另一端也带有 1 m 长的 $\phi$ 150 mm 的尾管，则有 $l_1$ =3+1=4 m，扩张室容积为：

$V=(S_2-S_1)\times l=(0.23-0.017\,7)\times0.68=0.144\ \mathrm{m}^2$，所以

$$f_{下}=\frac{\sqrt{2}c}{2\pi}\sqrt{\frac{S_1}{Vl_1}}=13\ \mathrm{Hz}$$

消声频率 125 Hz 在 $f_{上}$与 $f_{下}$之间，符合要求。

## 7.3.2 共振腔式消声器

共振腔式消声器也是一种抗性消声器，它是利用共振吸声原理进行消声的。最简单的结构形式是单腔共振腔式消声器，它是由管道壁上的开孔与外侧密闭空腔相通而构成的（图 7-13）。

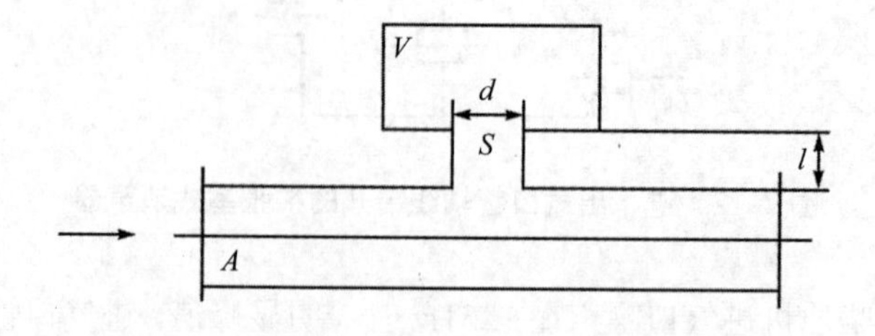


图 7-13 单腔共振腔式消声器结构示意图

#### 7.3.2.1 消声原理与计算公式

共振腔式消声器实质上是共振吸声结构的一种应用，其基本原理为亥姆霍兹共振器。管壁小孔中的空气柱类似活塞，具有一定的声质量；密闭空腔类似于空气弹簧，具有一定的声顺，二者组成一个共振系统。当声波传至颈口时，在声波作用下空气柱便产生振动，振动时的摩擦阻力使一部分声能转换为热能耗散掉。同时，由于声波阻抗的突然变化，一部分声能将反射回声源。当声波频率与共振腔固有频率相同时，便产生共振，空气柱的振动速度达到最大值，此时消耗的声能最多，消声量也应最大。

当声波波长大于共振腔式消声器最大尺寸的 3 倍时，其共振吸收频率为：

$$f_{\mathrm{r}} = \frac{c}{2\pi}\sqrt{\frac{G}{V}} \tag{7-30}$$

式中：$c$——声速，m/s；

$V$——空腔体积，$\mathrm{m}^3$；

$G$——传导率，是一个具有长度量纲的物理量，m，其值为：

$$G = \frac{S_0}{t+0.8d} = \frac{\pi d^2}{4(t+0.8d)} \tag{7-31}$$

式中：$S_0$——孔颈截面积，$\mathrm{m}^2$；

$d$——小孔直径，m；

$t$——小孔颈长，m。

工程上应用的共振腔式消声器很少是开一个孔的，而是由多个孔组成。此时要注意各孔间要有足够的距离，当孔心距为小孔孔径的 5 倍以上时，各孔间的声波辐射是互不干涉的，此时总的传导率等于各个孔的传导率之和，即 $G_{总} = nG$（$n$ 为孔数）。

忽略共振腔声阻的影响，单腔共振腔式消声器对频率为 $f$ 的声波的消声量为：

$$TL = 10\lg\left[1 + \frac{K^2}{\left(f/f_{\mathrm{r}} - f_{\mathrm{r}}/f\right)^2}\right] \tag{7-32}$$

$$K = \frac{\sqrt{GV}}{2S} \tag{7-33}$$

式中：$S$——气流通道的截面积，$\mathrm{m}^2$；

$V$——空腔体积，$\mathrm{m}^3$；

$G$——传导率。

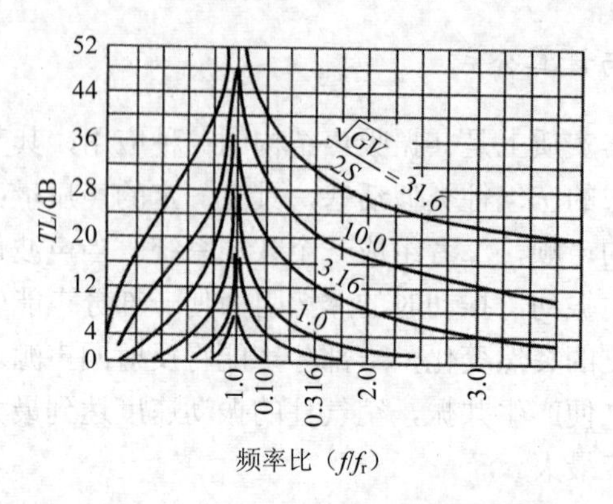


图 7-14 共振腔式消声器的消声特性曲线

图 7-14 给出的是不同情况下共振腔式消声器的消声特性曲线。可以看出，共振腔式消声器的选择性很强。当 $f = f_r$ 时，系统发生共振，$TL$ 将变得很大；在偏离 $f_r$ 时，$TL$ 迅速下降。$K$ 值越小，曲线越尖锐，因此 $K$ 值是共振腔式消声器设计中的重要参数。

式（7-33）计算的是单一频率的消声量。在实际工程中，噪声源为连续的宽带噪声，常需要计算某一频带内的消声量，此时，式（7-33）可简化为

对倍频程：

$$TL = 10\lg[1 + 2K^2] \tag{7-34}$$

对 1/3 倍频程：

$$TL = 10\lg[1 + 19K^2] \tag{7-35}$$

#### 7.3.2.2 改善消声器性能的方法

共振腔式消声器的优点是特别适宜低、中频成分突出的气流噪声的消声，且消声量大；缺点是消声频带范围窄。对此可采用以下改进方法：

①选定较大的 $K$ 值。由图 7-14 可以看出，在偏离共振频率时，消声量的大小与 $K$ 值有关，$K$ 值大，消声量也大。因此，欲使消声器在较宽的频率范围内获得明显的消声效果，必须使 $K$ 值设计得足够大，式（7-32）的 $TL$ 与 $K$ 值和 $f/f_r$ 三者之间的关系如图 7-15 所示。

②增加声阻。在共振腔中填充一些吸声材料，通过增加声阻来拓宽有效消声的频率范围。这样处理尽管会使共振频率处的消声量有所下降，但从整体效果来看还是有利的。

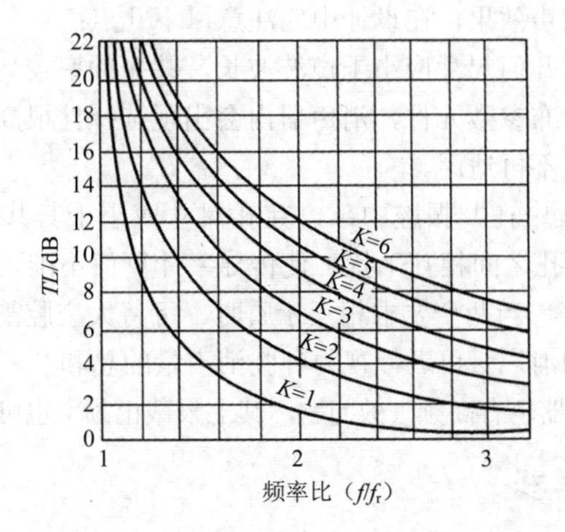


图 7-15　共振腔式消声器的 TL、K 和 $f/f_r$ 的关系

③多节共振腔串联：把具有不同共振频率的几节共振腔式消声器串联，并使其共振频率互相错开，可以有效地展宽消声频率范围。图 7-16 给出了双腔共振腔式消声器的消声特性。

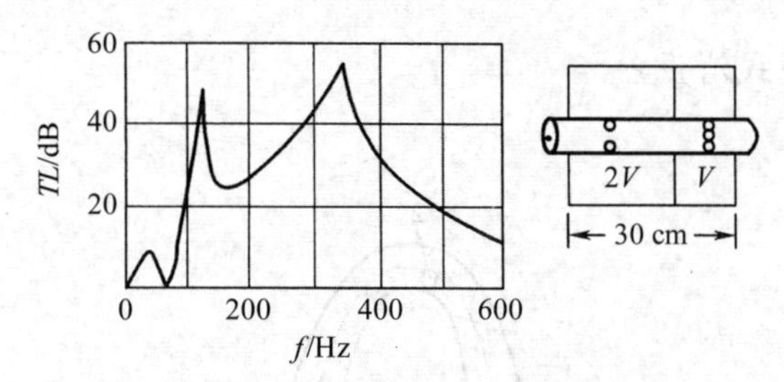


图 7-16　双腔共振腔式消声器及其消声特性

### 7.3.2.3　共振腔式消声器的设计

共振腔式消声器的一般设计步骤如下：

①根据要消除的主要频率和消声量，由式（7-34）和式（7-35）确定相应的 $K$ 值。

②确定 $K$ 值后，按式（7-30）和式（7-33）求出共振腔的体积 $V$ 和传导率 $G$。

③设计消声器的几何尺寸。对某一确定的 $V$ 值可以有多种不同的几何形状和尺寸，对某一确定的 $G$ 值也有多种孔径、板厚和穿孔数的组合。在实际设计中，应根据现场条件和所用的板材，首先确定板厚、孔径和腔深等参数，然后再设计其他参数。

为取得较好的消声效果，在设计中应注意以下几点：

①共振腔的最大几何尺寸应小于声波波长，共振频率较高时，此条件不易满足；共振腔应视为分布参数元件，消声器内会出现选择性很高且消声量较大的尖峰，以上计算公式将不再适用。

②穿孔位置应集中在共振腔中部，穿孔尺寸应小于其共振频率相应波长的1/12。穿孔过密则各孔之间相互干扰，使传导率计算值不准。一般情况下，孔心距应大于孔径的5倍。当两个要求相互矛盾时，可将大空腔割成几个小的空腔来分布穿孔位置，总的消声量可近似视为各腔消声量的总和。

③共振腔式消声器也有高频失效问题，其上限截止频率也可用式（7-27）估算。

### 7.3.3 干涉式消声器

干涉式消声器主要借助相干声波的相互抵消作用，以达到消声的目的。按照获得相干声波的方式，可把干涉式消声器分成两大类型：一种是无源的（被动式），使声波分成两路，在并联的管道内分别传播不同的距离后，再会合在一起；另一种是有源的（主动式），即根据实际存在的声波，外加相位相反的声波，使它们产生干涉而抵消。

#### 7.3.3.1 无源干涉式消声器

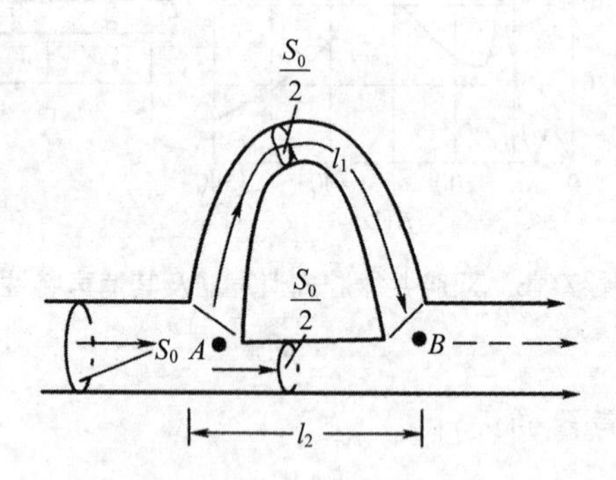


图7-17 无源干涉式消声器

如图7-17所示，管道系统中装置并联分支管道。设两分支管道的长度分别为$l_1$和$l_2$，管道截面面积都是$\frac{S_0}{2}$。入射声波在分支点$A$处等分成两路，分别传播$l_1$和$l_2$后，在分支点$B$处会合。如果声波传播路程之差等于半波长的奇数倍，即：

$$l_1 - l_2 = (2n+1)\frac{\lambda}{2} \quad (n=0,\ 1,\ 2,\ \cdots) \tag{7-36}$$

那么两声波的相位差为π的奇数倍，因此在B处叠加后将相互抵消。记相应的频率为$f_n$，即：

$$f_n=(2n+1)\frac{C_0}{2(l_1-l_2)}\ (n=0,\ 1,\ 2,\ \cdots) \tag{7-37}$$

由此可知，对于频率为$f_n$的声波，不能通过这种有分支的管道传播出去，这种频率叫抵消频率。

从能量角度来看，干涉式消声器与前述扩张室式或共振腔式消声器有本质的不同。在干涉式消声器中，两分支管道中传播的声波叠加前后实际上相互抵消，声能通过微观的涡旋运动转化为热能，即干涉式消声器中存在声波的吸收。反之，在扩张室式或共振腔式消声器中，管道中传播的声波在声学特性突变处由于声阻抗失配而发生反射，声波只是改变传播方向而并没有被吸收。

干涉式消声器的消声特性具有显著的频率选择性，在抵消频率处，消声器具有非常高的消声量。但频率一旦偏离抵消频率，消声量则急剧下降，其有效消声的频率范围一般只能达到一个1/3倍频程，因此对于宽频带噪声很难有良好的消声效果。

#### 7.3.3.2 有源干涉式消声器

1933年和1936年，德国物理学家Paul Leug根据声波干涉原理分别向德国和美国的专利局提出专利申请并被受理，专利的名称为“消除声音振荡的过程”。现在，人们一般都认为Paul Leug的这项专利是有源噪声控制发展史上的起点。有源噪声控制研究在20世纪80年代中期至90年代中期达到高潮，目前仍是噪声控制领域中的一个热门研究领域。

对于一个待消除的声波，人为地产生一个幅值相同而相位相反的声波，使它们在一定空间区域内相互干涉而抵消，从而达到在该区域消除噪声的目的，这种消声装置叫做有源消声器。由于外加的声波往往需要借助电声技术产生，因此该种消声器通常也叫做电子消声器。

在20世纪50年代，有源干涉式消声器试验成功，对于30～200Hz频率范围内的纯音，可以得到5～25dB的衰减量。此后，随着电子电路和信号处理技术的发展（包括Jessel、Mangiante、Canevet以及我国声学工作者在内的一系列应用研究），有源消声技术有了很大的发展。目前在德国等少数国家已有管道有源干涉式消声器产品销售。

图7-18为管道有源干涉式消声器的基本原理图。噪声从管道的上游传来，传声器接收噪声信号（包括倒相、放大），再由扬声器辐射次级声波。它与传过来的原有噪声互相抵消，在管道的下游获得噪声抑制的效果。有的控制区再用一传声器将信号反馈，做进一步处理，可获得更好的消声效果。对于简单的次级声源，

由于扬声器具有单指向特性，这种电声器件系统要做专门设计。消声的机理不是简单的干涉现象，其中包含向上游的反射以及次级声源系统的吸收。现在对于管道内单频声波的有源消声效果可达 50 dB 以上；对于 1 000 Hz 以下的宽带噪声，可降低 15 dB。如果是周期性的脉冲噪声，则信号处理系统可应用微机进行伺服，从而得到较好的消声效果。

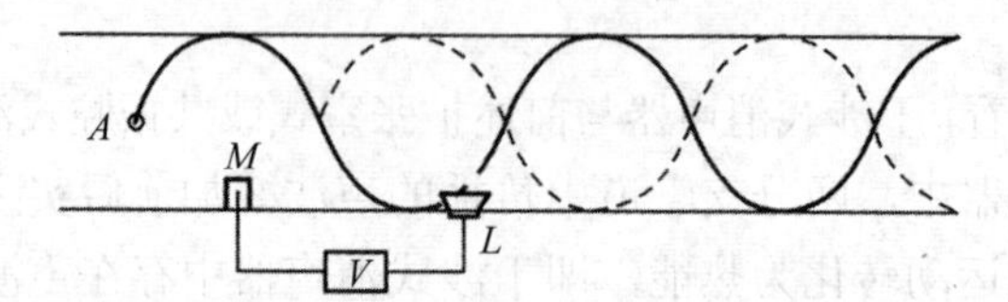


图 7-18　管道有源干涉式消声器原理示意图

## 7.4 阻抗复合式消声器

在实际噪声控制工程中，噪声以宽频带居多，通常将阻性和抗性两种结构的消声器组合起来使用，以控制高强度的宽频带噪声。常用的形式有阻性-扩张室复合式、阻性-共振腔复合式和阻性-扩张室-共振腔复合式等。图 7-19 是常见的几种阻抗复合式消声器，可以认为是阻性与抗性在同一频带内的消声量相叠加。但由于声波在传播过程中具有反射、绕射、折射和干涉等现象，所以消声量的值并不是简单的叠加关系。尤其对于波长较长的声波来说，当消声器以阻性、抗性的形式复合在一起时，由于有声的耦合作用，因此互相有影响。

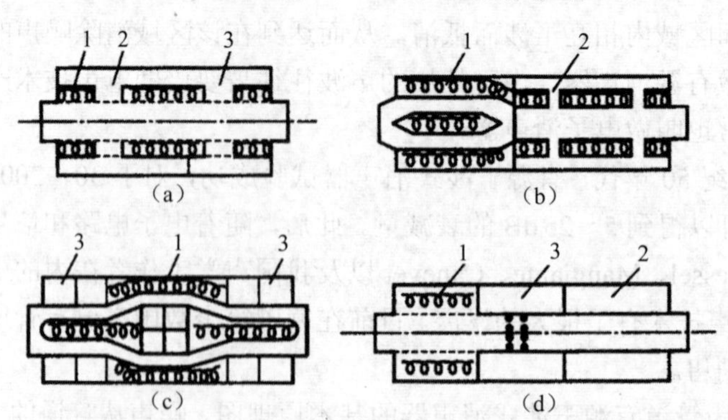


(a)，(b) 阻性-扩张室复合式消声器；(c) 阻性-共振腔复合式消声器；(d) 阻性-共振腔-扩张室复合式消声器

1—阻性；2—扩张室；3—共振腔

图 7-19　几种阻抗复合式消声器

### 7.4.1　阻性-扩张室复合式消声器

在图 7-18 所示的扩张室的内壁敷设吸声层就成为最简单的阻性-扩张室复合式消声器。由于声波在两端的反射，这种消声器的消声量比两个单独的消声器消声量之和都要大。敷有吸声层的扩张室，其消声量（传递损失）可用下式计算：

$$TL=10\lg\left\{\left[\cos h\frac{\sigma l_{\mathrm{e}}}{8.7}+\frac{1}{2}(m+\frac{1}{m})\sin h\frac{\sigma l_{\mathrm{e}}}{8.7}\right]^{2}\cos^{2}kl_{\mathrm{e}}+\left[\sin h\frac{\sigma l_{\mathrm{e}}}{8.7}+\frac{1}{2}(m+\frac{1}{m})\cos h\frac{\sigma l_{\mathrm{e}}}{8.7}\right]^{2}\sin^{2}kl_{\mathrm{e}}\right\} \tag{7-38}$$

$$k=\frac{\omega}{c}=\frac{2\pi f}{c} \tag{7-39}$$

式中：$\sigma$——粗管中吸声材料单位长度的声衰减，dB/m，这里忽略了端点的反射；

$m=S_2/S_1$——扩张比，这里忽略了吸声材料所占的面积，而且吸声材料的厚度远小于通过它的声波之波长；

$k$——波数；

$\cos hx$，$\sin hx$——$x$ 的双曲余弦、正弦函数。

在实际应用中，阻抗复合式消声器的传递损失是通过实验或现场测量确定的。

### 7.4.2　阻性-共振腔复合式消声器

图 7-20 是 LG25/16—40/7 型螺杆压缩机上的消声器。由图 7-20 可知，它是阻性-共振腔复合式消声器。总长 120 cm，外径 64 cm。

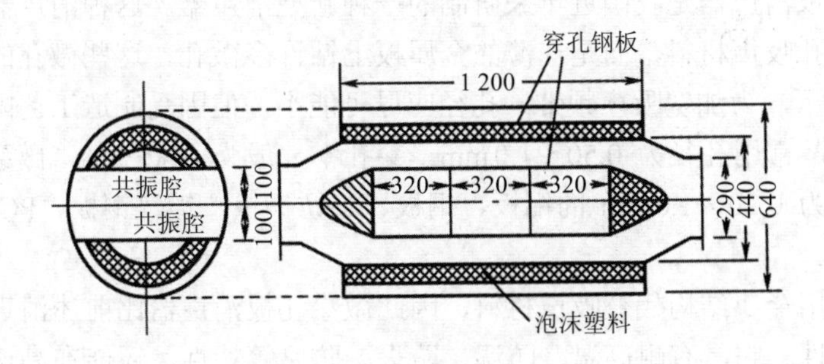


图 7-20　阻性-共振腔复合式消声器　　单位：mm

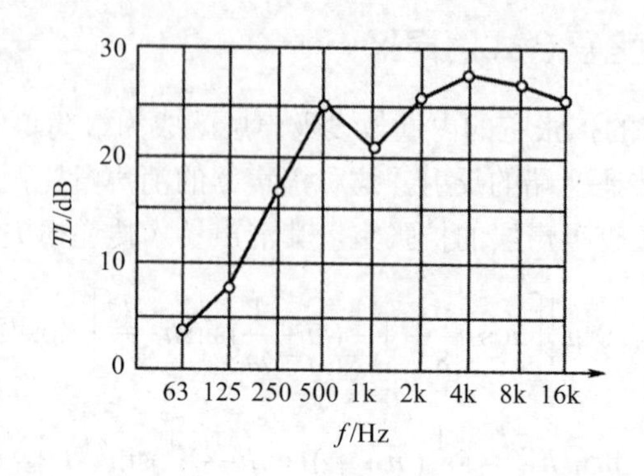


图 7-21 阻性-共振腔复合式消声器的消声效果

该消声器的阻性部分是以泡沫塑料为吸声材料，粘贴在消声器的通道周壁上，用以消除压缩机噪声的中、高频成分；共振腔部分设置在通道中间，由具有不同消声频率的三对共振腔串联组成，以消除 350 Hz 以下的低频成分。在共振腔前后两端各有一个吸声尖劈（由泡沫塑料组成），既用以改善消声器的空气动力性能，又利用尖劈加强对高频声波的吸收作用，以便进一步提高消声器的消声效果。图 7-21 是对安装在螺杆压缩机上的阻性-共振腔复合式消声器，用插入损失测得的消声性能。消声值为 27 dB，其在低、中、高频的宽频范围内均有良好的消声性能。

## 7.5 微穿孔板消声器

微穿孔板消声器是我国近年来研制的一种新型消声器。这种消声器的特点是不用任何多孔吸声材料，而是在薄的金属板上钻许多微孔，这些微孔的孔径一般为 1 mm 以下，为加宽吸声频带，孔径应尽可能小，但因受制造工艺限制以及微孔易堵塞，故常用孔径为 0.50～1.0 mm。穿孔率一般为 1%～3%。微穿孔板的板材一般用厚为 0.20～1.0 mm 的铝板、钢板、不锈钢板、镀锌钢板、PC 板、胶合板和纸板等。

由于采用金属结构代替吸声材料，因此微穿孔板消声器比前述消声器具有更广泛的适应性。它具有耐高温、防湿、防火、防腐等特性，还能在高速气流下使用。为获得宽频带吸声效果，一般用双层微穿孔板结构。微孔板与风管壁之间以及微孔板与微孔板之间的空腔，因所需吸声频带的不同而异，通常吸收低频的空腔大（150～200 mm），中频小（80～120 mm），高频更小（30～50 mm）。前后空腔的比不大于 1∶3。前部接近气流的一层微孔板穿孔率可略高于后层。为减小轴向声波传播的影响和加强消声器结构刚度，可每隔 500 mm 加一块横向隔板。

### 7.5.1　消声原理

微穿孔板消声器是一种高声阻、低声质量的吸声元件。由理论分析可知，声阻与穿孔板上的孔径成反比。与一般穿孔板相比，由于其孔很小，声阻就大得多，从而提高了结构的吸声系数。而低穿孔率降低了其声质量，使依赖于声阻与声质量比值的吸声频带宽度得到展宽，同时微穿孔板后面的空腔能够有效地控制其共振吸收峰的位置。为了保证在宽频带有较高的吸声系数，可用双层微穿孔板结构。因此，从消声原理上看微穿孔板消声器实质上是一种阻抗复合式消声器。

微穿孔板消声器的结构类似于阻性消声器，按气流通道形状，可分为直管式、片式、折板式和声流式等。

### 7.5.2　消声量的计算

微穿孔板消声器最简单的形式是单层管式消声器，这是一种共振腔式吸声结构。对于低频消声，当声波波长大于共振腔（空腔）尺寸时，其消声量可以用共振腔式消声器的计算公式，即：

$$TL = 10\lg[1 + \frac{a+0.25}{a^2 + b^2(f_r/f - f/f_r)^2}] \tag{7-40}$$

$$a = rS，\ b = \frac{Sc}{2\pi f_r V}$$

式中：$r$——相对声阻；

$S$——通道截面面积，$m^2$；

$V$——板后空腔体积，$m^3$；

$c$——空气中声速，m/s；

$f$——入射声波的频率，Hz；

$f_r$——微穿孔板的共振频率，Hz。$f_r$ 可由下式计算：

$$f_r = \frac{c}{2\pi}\sqrt{\frac{P}{t'D}} \tag{7-41}$$

$$t' = t + 0.8d + 1/3PD$$

式中：$t$——微穿孔板厚度，m；

$P$——穿孔率；

$D$——板后空腔深度，m；

$d$——穿孔直径，m。

微穿孔板消声器往往采用双层微穿孔串联，这样可以使吸声频带加宽。对于低频噪声，当共振频率降低 $D_1/(D_1+D_2)$ 倍（$D_1$、$D_2$ 分别为双层微穿孔板前腔和后腔的深度）时，其吸收频率向低频扩展 3～5 倍。

对于中频消声，其消声量可以应用阻性消声器消声公式（7-11）进行计算。

对于高频消声，其消声量可以用如下经验公式计算：

$$L_R = 75 - 34\lg v \tag{7-42}$$

式中：$v$——气流速度，m/s。上式适用范围为：20 m/s≤$v$≤120 m/s。

上式表明，消声量与流速有关，流速增高，消声性能变差。金属微穿孔板消声器可承受较高气流流速的冲击，当流速达 70 m/s 时，仍有 10 dB 的消声量。

设计方法与阻性消声器基本相同，不同之处是用微穿孔板吸声结构代替了阻性吸声材料。在结构形式上，如果要求阻损小，则一般可设计成直通道形式；如果允许有些阻损，则可采用声流式或多室式。当采用双层吸声结构时，前后空腔的深度可以按不同的吸声频带确定。

与其他类型消声器相比，微穿孔板消声器主要有以下优点：（1）微穿孔板上的孔径小，外表整齐平滑，因此空腔动力性能好，适用于要求阻损小的设备；（2）气流再生噪声低，允许有较高的气流速度；（3）不使用多孔吸声材料，没有纤维粉尘的泄漏，可用于卫生条件要求严格的医药、食品等行业；（4）微穿孔板用金属制成，可用于高温、潮湿、腐蚀或有短暂火焰的环境中。

## 7.6 扩散消声器

扩散消声器是从研究喷气噪声辐射的理论和实验中开发出的新型消声器，它主要用于降低高压排气放空的空气动力性噪声。

### 7.6.1 小孔喷注消声器

小孔喷注消声器以许多小喷口代替大截面喷口，如图 7-22 所示，它适用于流速极高的放空排气噪声。

小孔喷注消声器的原理不是在声音发出后把它消除，而是从发声机理上减小它的干扰噪声。喷注噪声峰值频率与喷口直径成反比，即喷口辐射的噪声能量将随着喷口直径的变小而从低频移向高频。如果孔径小到一定程度，喷注噪声将移到人耳不敏感的频率范围。根据此原理，将一个大喷口改用许多小孔来代替，在保持相同排气量的条件下，便能达到降低可听声的目的。

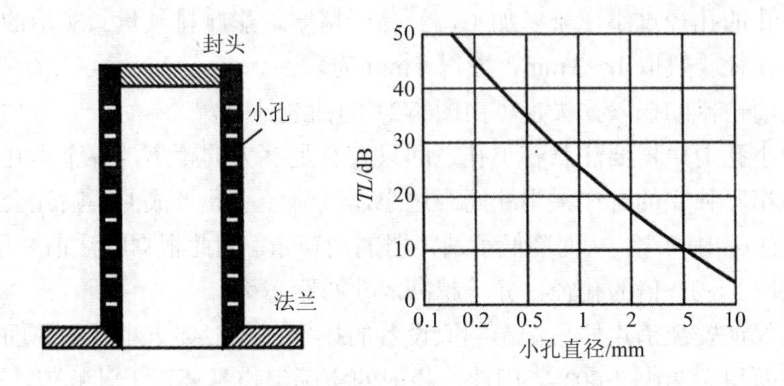


图 7-22 小孔喷注消声器及其插入损失

喷注噪声是宽频带噪声，其峰值频率为：

$$f_P \approx 0.2\frac{v}{D} \tag{7-43}$$

式中：$v$——喷注速度，m/s；

$D$——喷口直径，m。

在一般的排气放空中，排气管的直径为几厘米，则峰值频率较低，辐射的噪声主要在人耳听阈范围内。而小孔消声器的小孔直径为 1 mm，其峰值频率比普通排气管喷注噪声的峰值频率要高几十倍或几百倍，从而将喷注噪声移到了超声范围。

小孔喷注消声器的插入损失可用下式计算：

$$L_{\mathrm{IL}} = -10\lg[\frac{2}{\pi}(\tan^{-1}x_{\mathrm{A}} - \frac{x_{\mathrm{A}}}{1+x_{\mathrm{A}}^2})]$$
$$x_{\mathrm{A}} = 0.165D\frac{c}{v} \tag{7-44}$$

式中：$x_{\mathrm{A}}$——11 200 Hz 的斯托罗哈尔数；

$v$——喷口速度，m/s；

$D$——喷口直径，mm，$D_0$=1 mm。

在阻塞情况下，$x_{\mathrm{A}}$=0.165$D$，取 $P_n = P_s \cdot G^n G = \frac{P_2}{P_1} = \frac{P_3}{P_2} = \cdots = \frac{P_n}{P_{n-1}} < 1$

当 $D \leqslant 1$ mm 时，$x_{\mathrm{A}} \ll 1$，则式（7-44）可简化为：

$$L_{\mathrm{IL}} = -10\lg(\frac{4}{3\pi}x_{\mathrm{A}}^3) = 27.2 - 30\lg D \tag{7-45}$$

由式（7-45）可见，在小孔范围内，孔径减半，消声量提高。但从生产工艺出发，小孔的孔径过小，难以加工，又易于堵塞，影响排气量。实用的小孔消声器，小孔孔径一般取 1～3 mm，尤以 1 mm 为多。

小孔消声器的插入损失也可由图 7-21 的曲线计算。

设计小孔消声器要注意各小孔之间只有有足够大的距离，各个小孔的喷注才能看做是相互独立的。如果小孔间距过小，气流经小孔形成的小喷注会汇合形成大的喷注而辐射噪声，从而降低了消声器的消声量。因此根据喷注前驻压的不同，孔心距应取 5～10 倍的孔径，驻压越高，孔心距越大。

为了保证安装消声器后不影响原设备的排气，一般要求小孔的总面积应比排气口的截面积大 20%～60%，因此，相应的实际消声量要低于计算值。

现场测试表明，在高压气源上采用小孔消声器，单层 $\phi$ 2 mm 的小孔可以消声 16～21 dB（A）；单层 $\phi$ 1 mm 的小孔可以消声 20～28 dB（A）。

### 7.6.2 多孔扩散消声器

多孔扩散消声器是根据气流通过多孔装置扩散后，速度及驻点压力都会降低的原理设计制作的一种消声器。随着材料工业的发展，已广泛使用多孔陶瓷、烧结金属、多层金属网制成多孔扩散消声器，用以控制各种压力排气产生的气体动力性噪声。这些材料本身有大量的细小孔隙。当气流通过这些材料制成的消声器时，气体压力降低，流速被扩散减小，也相应地减弱了辐射噪声的强度。同时，这些材料往往还具有阻性材料的吸声作用，自身也可以吸收一部分声能。图 7-23 是几种多孔扩散消声器的示意图。多孔扩散消声器一般仅适用于低压、高速、小流量的应用环境，消声量可达 20～40 dB（A）。

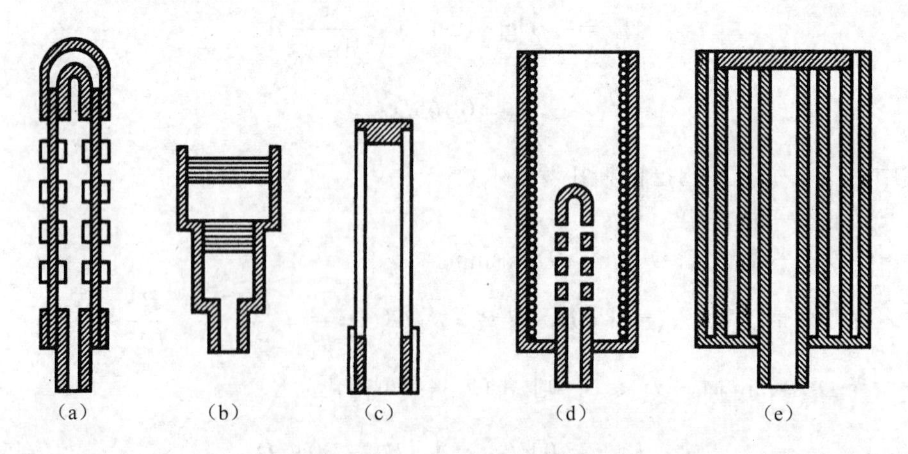


（a）小孔纱网结合构造；（b）二次纱网扩散；（c）粉末铜柱消声器；（d）扩散吸收组合；（e）多次扩散构造

图 7-23　多孔扩散消声器

小孔隙对气流通过有一定的阻力，因此使用中一定要注意其压降（通过多孔材料前后的压强减小值）。表 7-5 为多层金属网扩散消声器的相对压降以及有效截面比的实验值。由表可见，压降不大，在一般情况下是可以忽略的。

表 7-5　多层金属网实验值

| 目数 | 金属丝直径/mm | 丝间距离/mm | 层数 | 有效截面比（$S/A$） | 相对压降（$\Delta p_s/p_0$） |
|---|---|---|---|---|---|
| 16 | 0.32 | 1.19 | 5 | 1.89 | 0.09 |
| 16 | 0.32 | 1.19 | 10 | 2.35 | 0.16 |
| 16 | 0.32 | 1.19 | 20 | 2.97 | 0.23 |
| 16 | 0.32 | 1.19 | 40 | 3.57 | 0.32 |
| 40 | 0.25 | 0.42 | 20 | 3.28 | 0.28 |
| 70 | 0.14 | 0.21 | 20 | 3.57 | 0.40 |
| 370 | 0.03 | 0.039 | 20 | 4.80 | 0.59 |

注：$\Delta p_s$ 为通过多孔材料的驻压降；$p_0$ 为大气压；$A$ 为气流通道面积；$S$ 为多孔排气材料的面积。

## 7.6.3　节流减压消声器

根据节流降压原理，当高压气流通过具有一定流通面积的节流孔板时，压力得以降低。通过多级节流孔板串联，就可以把原来高压直接排空的一次大的突变压降分散为多次小的渐变压降。排气噪声功率与压降的高次方成正比，所以把压力突变排空改为压力渐变排空，便可取得消声效果，如图 7-24 所示。节流减压消声器主要适用于高温高压排气放空，其消声量一般可达到 15～20 dB（A）。

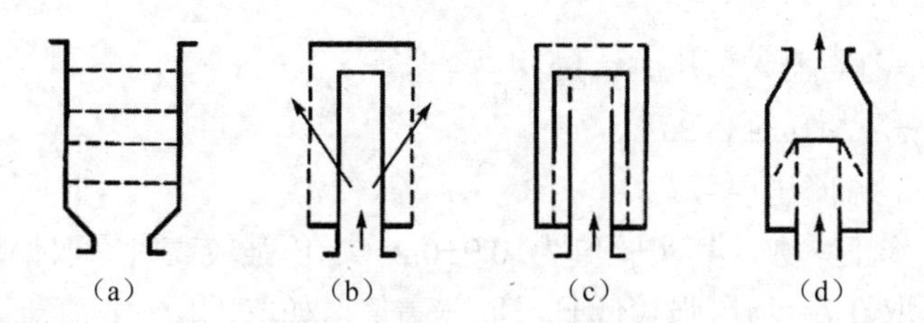


（a）四级孔板节流；（b）二级孔板节流；（c）三级孔板迷路节流；（d）三级孔板锥管节流

图 7-24　节流减压消声器

节流减压消声器的各级压力是按几何级数下降的，即：

$$P_n = P_s \cdot G^n \tag{7-46}$$

式中：$P_s$——节流孔板前的压力，Pa；

$P_n$——第 $n$ 级节流孔板后的压强，Pa；

$n$——节流孔板级数；

$G$——压强比，即某节流板后压强与板前压强之比。

各级压强比在一般情况下取相等的数值，即$G=\frac{P_2}{P_1}=\frac{P_3}{P_2}=\cdots=\frac{P_n}{P_{n-1}}<1$。对于高压排气的节流降压装置，通常按临界状态设计。表 7-6 给出几种气体在临界状态下的压强比及节流面积的计算公式。

**表 7-6　几种气体压强比及节流面积**

| 气体 | 压强比 | 节流面积 $S$/cm$^2$ |
|---|---|---|
| 空气（或 $O_2$，$N_2$）等 | 0.528 | $S=13.0\mu q_m\sqrt{\upsilon_1/p_1}$ |
| 过热蒸气 | 0.546 | $S=13.4\mu q_m\sqrt{\upsilon_1/p_1}$ |
| 饱和蒸气 | 0.577 | $S=14.0\mu q_m\sqrt{\upsilon_1/p_1}$ |

注：$q_m$ 为排放气体的质量流量（t/h）；$\upsilon_1$ 为节流前气体比容（m$^3$/kg）；$p_1$ 为节流前气体压强（98.07kPa）；$\mu$为保证排气量的截面修正系数，通常取 1.2～2.0。

在计算第 1 级节流孔板通流面积 $S_1$ 后，可按与比容成正比的关系近似确定其他各级通流面积，然后可以确定孔径、孔心距和开孔数等参数。

按临界压降设计的节流降压消声器，其消声量可用下式估算：

$$L_{IL}=10a\lg\frac{3.7(p_1-p_0)^3}{np_1p_0^2} \tag{7-47}$$

式中：$p_1$——消声器入口压强，Pa；

$p_0$——环境压强，Pa；

$n$——节流降压层数；

$a$——修正系数，其实验值为 0.9±0.2（当压强较高时，取偏低的数值，如取 0.7；当压强较低时，取偏高值，如取 1.1）。

### 7.6.4　其他类型消声器

控制气流排放噪声有时还用到下面两种形式的消声器。

#### 7.6.4.1　喷雾消声器

对于锅炉等排放的高温蒸气流噪声，可采用向发出噪声的蒸气喷口均匀地喷淋水雾来达到降低噪声的目的。其消声机理为：一方面喷淋水雾后改变了介质密度 $\rho$ 及速度 $c$，这两个参数的变化导致了声阻抗的改变，使得声波发生反射现象；

另一方面是气、液两相介质混合时，它们之间的相互作用又可以消耗掉一部分声能。

#### 7.6.4.2　引射掺冷消声器

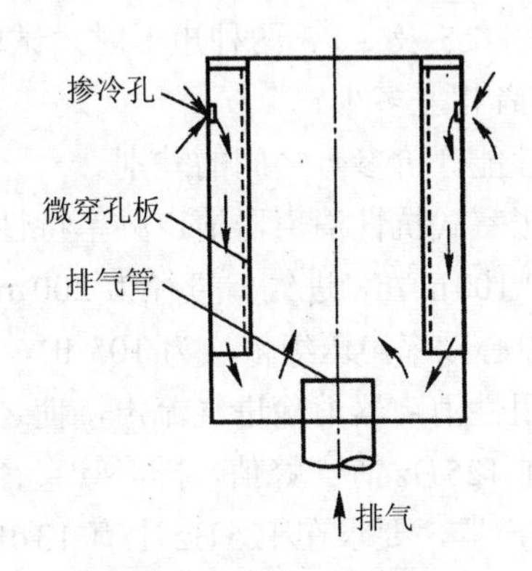


图 7-25　引射掺冷消声器

利用引射掺冷空气的方法，可以有效地提高消声器结构的吸声系数。图 7-25 是这种消声器的结构示意图。底部接排气管，消声器周围设置有微穿孔板吸声结构。在通道外壁上开有掺冷孔与大气相通。其主要的消声机理为：当气流由排气管排出时，在周围形成负压区，利用这种负压把外界冷空气从上半部外壁上的掺冷孔吸入，经微穿孔板吸声结构的内腔，从排气管口周围进入排放的高温气流中去。在消声器通道内形成温度梯度，使声波在传播中向消声器周壁弯曲。因为在周壁设置有微穿孔板吸声结构，因而恰好把声能吸收。根据声弯曲原理，可以导出掺冷结构所需长度的计算公式：

$$l = D\left(\frac{2\sqrt{T_2}}{\sqrt{T_2}-\sqrt{T_1}}\right)^{1/2} \tag{7-48}$$

式中：$D$——消声器通道直径，m；

$T_1$——掺冷装置内四周温度，K；

$T_2$——掺冷装置中心温度，K。

### 习题

1. 一直管式消声器，有效通道的直径为 200mm，用超细玻璃棉制成吸声衬里，其吸声系数如下表所列，消声器长度为 1m，求消声量。

| $f_c$/Hz | 63 | 125 | 250 | 500 | 1k | 2k | 4k | 8k |
|---|---|---|---|---|---|---|---|---|
| α | 0.2 | 0.33 | 0.7 | 0.67 | 0.76 | 0.73 | 0.8 | 0.78 |

2．选用同一种吸声材料衬贴的消声管道，管道截面积 2 000 $cm^2$。但截面形状分别为圆形、正方形和 1∶5 及 2∶3 两种矩形时，试问哪种截面形状的声音衰减量最大？哪种最小？两者相差多少？

3．试述消声器声学性能评价参数之间的差别。

4．试述改善单节扩张室式抗性消声器消声频率特性的方法。

5．某风机的风量为 2 100 $m^3$/h，进气口直径为 200 mm。风机开动时测得其噪声频谱，125 Hz～4 kHz 中心频率声压级依次为 105 dB，102 dB，101 dB， 94 dB，93 dB，85 dB。试设计一阻性消声器消除进气流声，使之满足 NR85 标准的要求。

6．某声源排气噪声在 125 Hz 有一峰值，排气管直径为 100 mm，长度为 2 m，试设计一单节扩张室式消声器，要求在 125 Hz 上有 13 dB 的消声量。

7．某风机的出风口噪声在 200 Hz 处有一明显峰值，出风口管径为 20 cm，试设计一扩张室式消声器与风机配用，要求在 200 Hz 处有 20 dB 的消声量。

8．某常温气流管道，直径为 100 mm，试设计一单腔共振腔式消声器，要求在中心频率 63 Hz 的倍频带上有 12 dB 的消声量。

# 第八章

# 隔振与阻尼减振技术

## 8.1　振动对人体的影响

各种机器设备、运输工具会引起附近地面振动，并以波动形式传播到周围的建筑物，造成不同程度的环境振动污染，从而使振动引起的环境公害日益受到人们的关注。

由振动引起的环境公害和污染有下列三个方面：

（1）对机器设备、仪器仪表和建筑结构的破坏。由振动引起的对机器设备、仪器仪表和建筑结构的破坏主要表现为干扰机器设备、仪表器械的工作条件，影响机器设备的加工精度和仪表器械的测试精度，削弱机器设备和建筑结构强度，降低使用寿命。在较强振源的长期作用下，建筑物会出现墙壁裂缝和基础下沉等现象，当振级超过 140 dB 时，有可能使建筑物倒塌。

（2）造成振动的环境污染。具体表现为：

①引起强烈的支撑面振动。调查表明，分散在居民区中的中小型工厂内的机械设备，如冲锻设备、加工机械、纺织机械等，以及为居民日常生活服务的机械设备，如锅炉引风机、鼓风机、水泵等，它们引起的地面振动振级大都在 75～130 dB。根据统计资料，环境振动振级达到或超过 70 dB，人便可感觉到振动；超过 75 dB，便会有反感、烦恼等反应；85 dB 以上，将对人们的日常生活、工作带来严重干扰，进而损害人体健康。

②引起结构噪声。在建筑中，当机器设备产生的振动传递到基础、楼板、墙壁或相邻结构后，会引起它们的振动，并以弹性波的形式沿着建筑结构传递到其他房间，使相邻的空气发生振动，并辐射声波。这就是所谓的结构噪声或者称做固体声。由于固体声衰减慢，并且可以传递到很远的地方，所以常常造成建筑结构内部各个楼层严重的振动和噪声环境污染。

③引起强烈的空气噪声。如冲床、锻床工作时不仅产生强烈的地面振动，

而且产生很大的撞击噪声，声级高达 100 dB（A）以上；又如织布机等纺织机械振动和撞击产生的声级约达 95 dB（A），从而造成相邻区域内振动和噪声环境污染。

（3）对人体的危害。振动常与噪声相结合而作用于人体，严重影响人们的安静生活，降低工作效率，在某些情况下甚至会严重影响人们的健康与安全。

振动按其对人体的影响，可分为全身振动与局部振动。前者是指振动通过支撑表面（例如站着的脚、坐着的臀部或斜躺着的人的支撑面）传递到整个人体上，这种情况通常发生在运输工具上、振动着的建筑物中或工作的机器附近；后者是振动作用于人体的某些部位，例如使用手持式气动、电动工具或是用手操作的机械设备的振动，这种振动通过操作的手柄传到人的手和手臂系统，往往会引起不舒适、降低工作效率及危害操作者的健康。

医学界研究表明，长期承受全身振动会引起视觉模糊、注意力不集中、头晕、脸色苍白、恶心、呕吐，直至完全丧失活动能力等。某些振动级和频率可能对人体内脏造成永久的损害。长期承受局部振动会引起肢端血管痉挛、末梢神经损伤，开始是间歇性地发麻与刺痛，慢慢地其中一个或几个手指指尖开始缓慢变白并逐渐向指根发展，使手指或整个手掌变白，称为“振动白指病”，这是最常见的局部振动病；另外局部振动也会殃及大脑与心脏，使大脑皮层功能下降，心脏心动过缓等。所以局部振动对人体的影响，不局限于手臂系统，而是全身性的。

### 8.1.1 局部振动标准

国际标准化组织 1981 年公布推荐的局部振动标准（ISO 5349），规定了 8～1 000 Hz 不同暴露时间的振动加速度和振动速度的允许值（图 8-1），用来评价手传振动暴露对人的损伤危险。从标准曲线可以看出，对于加速度值，8～16 Hz 曲线平坦，16 Hz 以上曲线以斜率 6 dB/倍频程上升。人对加速度最敏感的频率范围是 8～16 Hz。

### 8.1.2 整体振动标准

国际标准化组织 1978 年公布推荐 ISO 2631。该标准规定了人在振动作用环境中的暴露基准。振动对人体的作用取决于 4 个参数：振动强度、频率、方向和暴露时间。振动规范曲线见图 8-2（垂直振动）和图 8-3（水平振动）。图中曲线为“疲劳-工效-降低界限”，当振动暴露超过这些界限时，常会出现明显的疲劳及工作效率降低。对于不同性质的工作，可以有 3～12 dB 的修正范围。超过图中曲线的两倍（增加 6 dB）为“暴露极限”，即使个别人能在强的振动环境中无困难地完成任务，也是不被允许的。将曲线向下移动 1/3.16（降低 10 dB）为“舒适降低界限”，降低的程度与所做事情的难易有关。

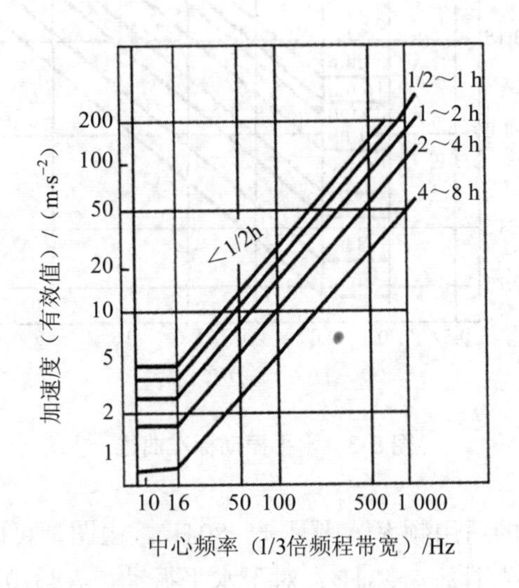


图 8-1　振动传递到手的暴露评价曲线

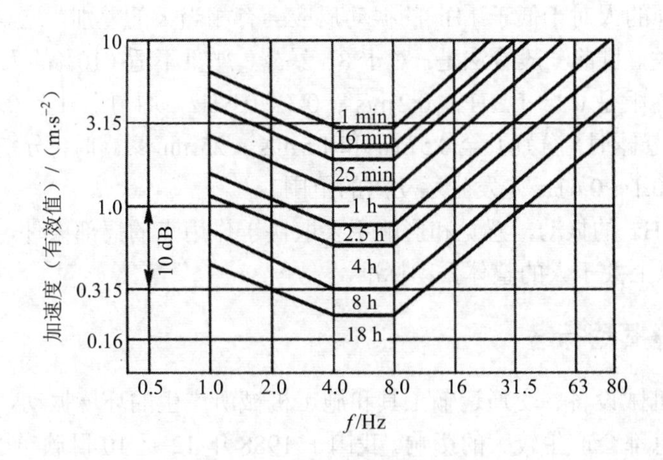


图 8-2　垂直振动标准曲线

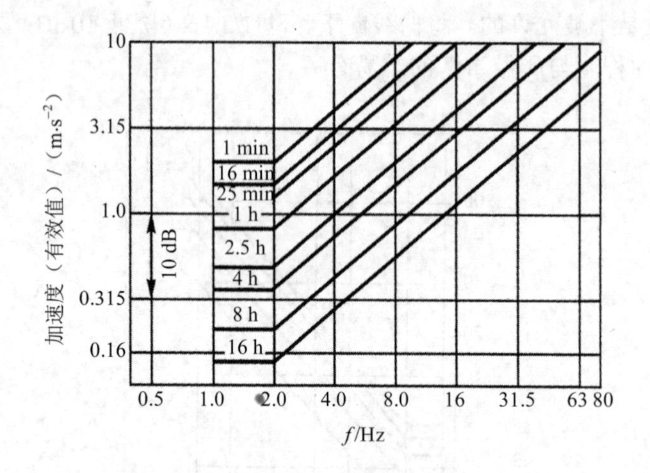


图 8-3 水平振动标准曲线

图 8-2 和图 8-3 的适用频率范围是 1～80 Hz。由图上可以看出，对于垂直振动，人最敏感的频率范围是 4～8 Hz；对于水平振动，人最敏感的频率范围在 1～2 Hz。低于 1 Hz 的振动会出现许多传递形式，并产生一些与较高频率完全不同的影响，例如运动眩晕等。这些影响不能简单地通过振动的强度、频率和持续时间来解释。不同的人对于低于 1 Hz 的振动反应会有相当大的差别，这与环境因素和个人经历有关。目前一般看法是：对于 8 h 暴露，严重不适（10%的人晕车、晕船）的纵向振动界限是 0.1～0.3 Hz，0.2 $m/s^2$；0.3～0.6 Hz，均匀上升至 0.6 $m/s^2$。以上加速度在 2 h 暴露时，分别升至 0.5 $m/s^2$ 和 1.5 $m/s^2$；25 min 暴露时，分别升至 1.1 $m/s^2$ 和 3.3 $m/s^2$。0.1～0.6 Hz 是发生运动病的范围。

高于 80 Hz 的振动，感觉和影响主要取决于作用点的局部条件，目前还没有建立 80 Hz 以上关于人的整体振动标准。

### 8.1.3 环境振动标准

由各种机械设备、交通运输工具和施工机械所产生的环境振动，对人们的正常工作和休息都会产生较大的影响。我国于 1988 年 12 月 10 日颁布了《城市区域环境振动标准》（GB 1070—88）和《城市区域环境振动测量方法》（GB 10071—88）。表 8-1 列出了城市各类区域铅垂向 z 振级标准值及适用地带范围。表中的标准值适用于连续发生的稳态振动、冲击振动和无规振动。对每天只发生几次的冲击振动，其最大值昼间不允许超过标准值 10 dB，夜间不超过 3 dB。铅垂向 z 振级的测量及评价量的计算方法，按国家标准 GB 10071 有关条款的规定执行。

表 8-1　城市各类区域铅垂向 z 振级标准值及适用地带范围　　单位：dB

| 适用地带范围 | 昼间 | 夜间 |
| --- | --- | --- |
| 特殊住宅区 | 65 | 65 |
| 居民、文教区 | 70 | 67 |
| 混合区，商业中心区 | 75 | 72 |
| 工业集中区 | 75 | 72 |
| 交通干线道路两侧 | 75 | 72 |
| 铁路干线两侧 | 80 | 80 |

在表 8-1 中，“特殊住宅区”是指特别需要安静的住宅区。“居民、文教区”是指纯居民区和文教、机关区。“混合区”是指一般商业与居民混合区，工业、商业、少量交通与居民混合区。“商业中心区”是指商业集中的繁华地区。“工业集中区”是指在一个城市或区域内规划明确确定的工业区。“交通干线道路两侧”是指车流量每小时 100 辆以上的道路两侧。“铁路干线两侧”是指每日车流量不少于 20 列的铁道外轨 30m 外两侧的住宅区。

## 8.2　隔振原理和器材

### 8.2.1　隔振原理

隔振就是利用弹性波在物体间的传播规律，在振源和需要防振的设备之间安置隔振装置，使振源产生的大部分震动能量为隔振装置所吸收，减少振源对设备的干扰，从而达到减少振动的目的。

根据振动传递方向的不同，隔振可分为两类：积极隔振和消极隔振。

积极隔振是隔离机械设备本身的振动、通过其机脚、支座传到基础或基座，以减少振源对周围环境或建筑结构的影响，也就是隔离振源。一般的动力机器、回转机械、锻冲压设备均需要积极隔振。所以积极隔振也称为动力隔振。

消极隔振是防止周围环境的振动通过地基（或支承）传到需要保护的仪表、器械。电子仪表、精密仪器、贵重设备、消声室、车载运输物品等均需进行隔振。所以也把消极隔振称为运动隔振或防护隔振。

一般来讲，积极隔振的频率范围在 3～1 000Hz，消极隔振的频率范围在 3～30Hz。

### 8.2.2 隔振的评价

描述和评价隔振效果的物理量很多，最常用的是振动传递系数 $T$。传递系数是通过隔振元件传递的力与扰动力之间的比值，或传递的位移与扰动位移之间的比值，即

$$T=\left(\frac{\text{传递力幅值}}{\text{扰动力幅值}}\right)\text{或}\ T=\left(\frac{\text{传递位移幅值}}{\text{扰动位移幅值}}\right) \tag{8-1}$$

使用时根据具体情况选用。$T$ 越小，说明通过隔振器传递过去的力越小，因而隔振效果较好，隔振器的性能也越好。如果机械设备与基础是刚性连接，则 $T=1$，即干扰力全部传给基础，说明没有隔振作用；如果在设备与基础之间安装隔振装置，使得 $T<1$，则说明扰动力只被部分传递，起到了一定的隔振效果；如果隔振系统设计失败，也可能出现 $T>1$ 的情形，这时振动被放大。在工程设计和分析时，通常采用理论的方法计算传递系数来分析系统的隔振效果，有时也采用隔振效率来描述隔振系统的性能，隔振效率的定义为：

$$\varepsilon=(1-T)\times100\% \tag{8-2}$$

### 8.2.3 隔振材料和元件

隔振的重要措施是在设备下的质量块和基础之间安装隔振器和隔振材料，使设备和基础之间的刚性连接变成弹性支撑。工程中广泛使用的有金属弹簧、橡胶、软木、毛毡、空气弹簧和其他弹性材料等，见表 8-2。

表 8-2 各类隔振器材的隔振特性

| 隔振器或隔振材料 | 频率范围 | 最近工作频率 | 阻尼 | 缺点 | 备注 |
|---|---|---|---|---|---|
| 金属螺旋弹簧 | 宽频 | 低频（在静态偏移量大时） | 很低，仅为临界阻尼的 0.1% | 容易传递高频振动 | 广泛应用 |
| 金属板弹簧 | 低频 | 低频 | 很低 | — | 特殊情况使用 |
| 橡胶 | 决定于成分和硬度 | 高频 | 随硬度增加而增加 | 载荷容易受到限制 | — |
| 软木 | 决定于密度 | 高频 | 较低，一般为临界阻尼的 6% | — | — |
| 毛毡 | 决定于密度和厚度 | 高频（40 Hz 以上） | 高 | — | 通常采用厚度 1～3 cm |
| 空气弹簧 | 决定于空气容积 | — | 低 | 结构复杂 | — |

理论上来讲，凡具有弹性的材料均可作为有效的隔振材料或制成隔振器，但在工程应用上必须考虑性能指标、使用寿命、生产成本、适用环境和材料本身来源等。一般来讲这些材料应符合下列要求：①动态弹性模量低，即弹性好、刚度小；②承载能力大，强度高，耐久性能好，不易疲劳破坏；③阻尼性能好，有较大阻尼系数；④性能稳定，使用寿命长；⑤抗酸、碱、油、海水、日照等环境性能好；⑥取材方便、价格稳定；⑦加工性能好，容易制作；⑧无毒、无放射性；⑨阻燃性能好。

隔振元件通常分成隔振器和隔振垫两大类。

（1）隔振器。隔振器是经专门设计制造的具有确定形状、稳定性能的弹性元件，使用时可作为机械零件进行装配。最常用的隔振器有金属弹簧隔振器、橡胶隔振器（金属橡胶组合隔振器）、钢丝绳隔振器、空气弹簧隔振器等。

①金属弹簧隔振器。金属弹簧隔振器是一种用途广泛的低频隔振元件，静态变形范围大，可从 10 mm 到 100mm，承载范围从数牛顿到 10 多万牛顿。它的优点包括：a. 固有频率低，为 2～4 Hz；b. 力学性能稳定，承受荷载范围大，设计计算方法较成熟；c. 加工制作方便，安装、更换容易；d. 寿命长，耐油污、耐高温。

金属弹簧隔振器的缺点是：a. 由于存在自振动现象，容易传播高频振动；b. 横向（水平）刚度小，容易产生摇晃；c. 阻尼小，一般为金属材料本身的阻尼值（约 0.005），因此对于共振频率附近的振动隔离能力较差。

为了弥补金属弹簧的这一缺点，通常采用附加黏滞阻尼器等方法，或在金属弹簧钢丝外敷设一层橡胶，以增加金属弹簧隔振器的阻尼。

金属弹簧隔振器的结构种类很多，有圆柱形螺旋弹簧隔振器、板条式隔振器、圆锥形螺旋弹簧隔振器等，见图 8-4。

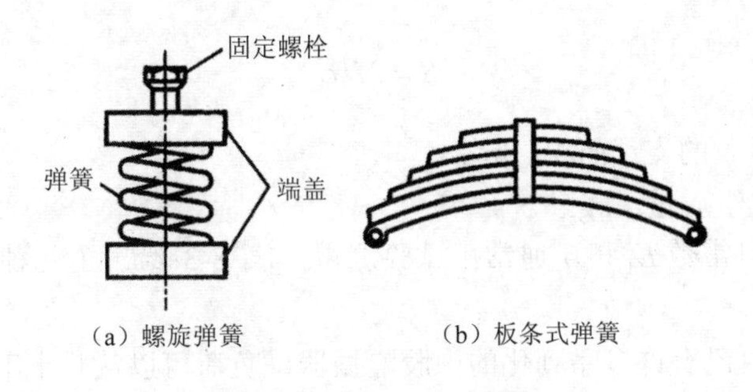


（a）螺旋弹簧　（b）板条式弹簧

**图 8-4　金属弹簧隔振器**

②橡胶隔振器。橡胶隔振器是使用最广泛的一种隔振元件。它具有良好的隔

振缓冲和隔声性能，加工容易，可以根据刚度、强度及环境条件等不同要求设计成不同形状。橡胶隔振器的阻尼较高，通过共振区时有良好的抑制共振峰作用。同时橡胶能够吸收机械振动能量，尤其对高频振动能量的吸收更为突出。因此，橡胶隔振器降低噪声较金属隔振器更为有利。但橡胶隔振器的使用寿命不及金属隔振器，故应注意定期检查，及时更换。

常用的橡胶隔振器有三种，如图 8-5 所示。其中剪切型相交隔振器固有频率最低，接近 5 Hz，压缩型橡胶隔振器在 10～30 Hz。

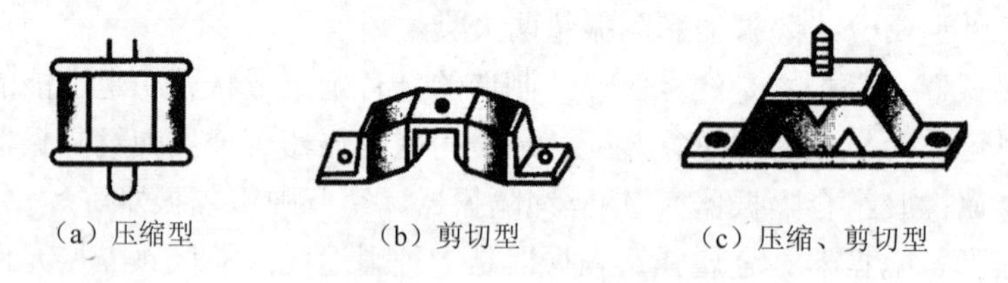


图 8-5　几种橡胶减振器

橡胶隔振器的设计主要是选用硬度合适的橡胶材料，根据需要确定一定的形状、面积和高度等。分析计算中，就是根据所需要的最大静态压缩量 $x$，计算材料厚度和所需压缩或剪切的面积。

材料的厚度：

$$h = xE_d / \sigma \qquad (8\text{-}3)$$

式中：$h$——材料厚度，m；

$E_d$——橡胶的动态弹性模量，Pa；

$\sigma$——橡胶的允许载荷，Pa。

所需面积为：

$$S = M / \sigma \qquad (8\text{-}4)$$

式中：$S$——橡胶的支承面积，$m^2$；

$M$——机组质量，kg。

橡胶的材料常数 $E_d$ 和 $\sigma$ 通常由试验测得，表 8-3 给出了几种常用橡胶的主要参数。

目前，国内已有许多系列化的橡胶隔振器，负荷可以从几十千克到 1 000 kg 以上，最大压缩量可达 4.8 cm，最低固有频率的下限控制在 5 Hz 附近。这类产品，由于安装方便、效果明显，在工业和民用设备减振工程中得到广泛应用。

表 8-3　几种常用橡胶的主要参数

| 材料名称 | 许可应力$\sigma$/（kg/cm$^2$） | 动态弹性模量 $E_d$/（kg/cm） | $E_d/\sigma$ |
|---|---|---|---|
| 软橡胶 | 1～2 | 50 | 25～50 |
| 软硬橡胶 | 3～4 | 200～250 | 50～83 |
| 有槽缝或圆孔橡胶 | 2～2.5 | 40～50 | 18～25 |
| 海绵状橡胶 | 0.3 | 30 | 100 |

③钢丝绳隔振器。是以多股不锈钢丝的绞合线，按对称或反对称方式，均匀地在耐腐蚀金属夹板上螺旋状缠绕后，用适当方式固联而成的。其隔振原理是利用螺旋环状多股钢丝绞合线在负荷作用下所具备的非线性弯曲刚度和多股钢丝由于相对滑移而产生的非线性刚性阻尼，大量吸收和耗散系统运动能量，改善系统运行的动态平稳性，保护设备安全工作。其结构如图 8-6 所示。

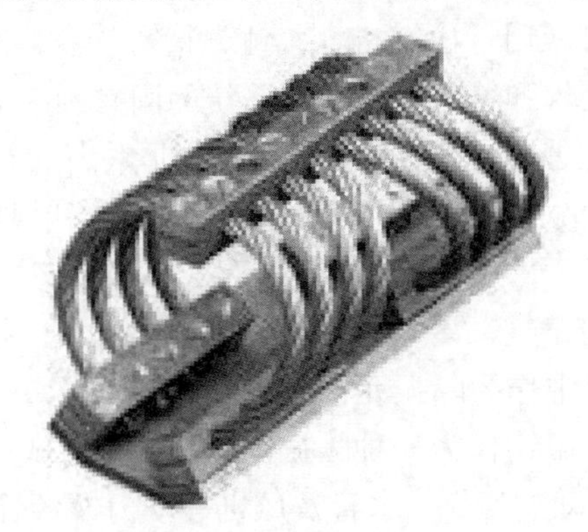

图 8-6　不锈钢钢丝绳隔振器结构示意图

钢丝绳隔振器的主要优点是：a. 可适用于各种恶劣的环境条件：耐腐蚀、耐磨损、耐高低温，使用温度范围极宽（–180～300℃），不易老化，寿命长；b. 阻尼大，依靠各股钢丝绳之间相对运动时的干摩擦产生阻尼，其阻尼比大于 0.1，最高可达 0.3 以上，而橡胶隔振器一般在 0.07～0.1；c. 具有软弹簧弹性，即振动幅值愈大，其刚度愈软，隔振系统的共振频率愈低；d. 变形范围大，因此有很好的隔离冲击响应作用。一般型式的钢丝绳隔振器的一个明显缺点是水平方向的刚度远远低于垂直方向的刚度，造成系统在水平方向上的稳定性比较差。

④空气弹簧隔振器。空气弹簧隔振器是在可挠的密闭容器中充填压缩空气，利用其体积弹性而起隔振作用，即当空气弹簧受到激振力而产生位移时，可挠容器的形状发生变化，引起容积改变，使容器内气压升高或降低，从而使其中的空气内能发生变化，起到吸收振动能量的作用。图 8-7 是囊式空气弹簧结构示意图。

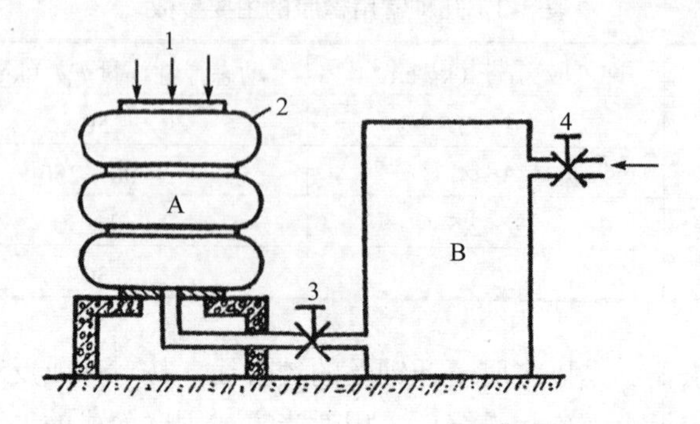


1—载荷；2—橡胶充气垫；3—节流阀；4—进压缩空气阀；A. 空气室；B. 贮气室

图 8-7 囊式空气弹簧的构造

空气弹簧隔振器可应用于压缩机、气锤、精密仪器、汽车、地铁机车、火车等的隔振。尤其是由空气弹簧组成的隔振系统的固有频率可以低到 lHz 左右，且横向稳定性也比较好，所以特别适宜用做要求非常高的精密计量仪器的隔振。其在改善车辆乘客舒适性、减少振动的危害和降低辐射噪声等方面均有良好的效果。

空气弹簧需要附加充气、调压等装置，占地面积大，投资费用大，故目前只能在要求高的隔振系统中作为隔振元件应用。

⑤弹性吊钩。弹性吊钩作为一种隔振器，其支撑方式是悬挂式的，被悬挂的物体可以是振源，如振动的风管、水管及风机等动力设备等；也可以是精密仪器，以隔绝外界振动向其传递。

弹性吊钩的基本结构可以分为三部分：外壳、弹性体和连接部分，弹性体可以为弹簧、橡胶或二者复合。从安装方便角度考虑，连接部分结构形式也多种多样。

（2）隔振垫。隔振垫是利用弹性材料本身的自然特性，一般没有确定的形状尺寸，可根据实际需要来拼排或裁剪成一定外形尺寸。常见的隔振垫类型包括橡胶、软木、毛毡、玻璃纤维、海绵橡胶、泡沫塑料等。

①橡胶隔振垫。橡胶隔振垫是应用最广泛的隔振垫，它具有安装方便、通用性强和价格便宜等优点。而橡胶本身具有良好的隔振及缓冲能力；耐高温耐油、性能稳定；加工方便和金属黏结性能好；单位面积承载能力大以及使用寿命长等优点。根据橡胶隔振垫结构形式的不同，国内外防振橡胶垫大致可分为平板、肋形、三角槽、凸台、剪切五种类型。图 8-8 所示的是使用最广泛的 WJ 型橡胶隔振垫。在橡胶垫的两面有纵横交错排列的圆凸台，并有四种不同的直径和高度。

在载荷作用下，较高的圆凸台受压变形；较低的圆台尚未受压时，中间部分便因受载而弯成波浪形，振动能量通过交叉凸台和中间弯曲波来传递，能较好地分散和吸收任意方向的振动。同时还具有防滑功能。因圆凸面斜向地被压缩时起到制动作用，荷载越大，越不易滑动。表 8-4 给出一种 WJ 型系列橡胶隔振垫的性能和适用范围。

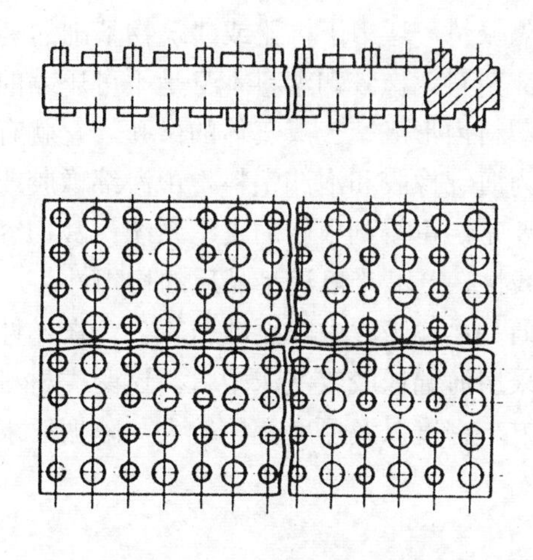

图 8-8 WJ 型橡胶隔振垫

表 8-4 WJ 型系列橡胶隔振垫的性能和适用范围

| 型号 | 额定载荷/（$kg/cm^2$） | 极限载荷/（$kg/cm^2$） | 额定载荷下形变/mm | 额定载荷下固有频率/Hz | 适用范围 |
|---|---|---|---|---|---|
| WJ—40 | 2～4 | 30 | 4.2±0.5 | 14.3 | 电子仪器、钟表、工业机械、光学仪器等 |
| WJ—60 | 4～6 | 50 | 4.2±0.5 | 13.8～14.3 | 空压机、发电机组、空调机、搅拌机等 |
| WJ—85 | 6～8 | 70 | 3.5±0.5 | 17.6 | 冲床、普通车床、磨床、铣床等 |
| WJ—90 | 8～10 | 90 | 3.5±0.5 | 17.2～18.1 | 锻压机、钣金加工机、精密磨床等 |

②软木隔振垫。软木隔振垫是将软木粒加上黏结剂在高压下压成软木板，它质轻、耐腐蚀，保温性能好，加工方便，常将其用于重型机器基础和高频隔振，常见的有大型空调通风机、印刷机、锻锤砧座的隔振。

③毛毡垫和玻璃纤维垫。隔振用的工业毛毡是用粗羊毛制成。一般情况下，

毛毡垫对于 40Hz 以上的激振频率才能起到隔振作用，所以它对减小声频范围内的振动传递是有效的。

玻璃纤维是一种松散纤维材料，它靠本身良好的弹性和纤维间的压缩及摩擦而具有一定的阻尼和弹性。玻璃纤维的特点是阻燃，并具有抗老化、防腐防蛀、抗酸抗碱和耐油的良好性能，但容易被水渗入，故不宜用于室外。用酚醛树脂黏结的玻璃纤维板作为隔振垫，适用于机器或建筑物基础的隔振。

④海绵橡胶和泡沫塑料。橡胶和塑料本身是不可压缩的，在其变形时体积几乎不变，若在橡胶或塑料内形成空气或气体的微孔，它就有了压缩性，经过发泡处理的橡胶和塑料称为海绵橡胶和泡沫塑料。由海绵橡胶或泡沫所构成的弹性支承系统，其优缺点主要是：可得到很软的支承系统；裁切容易，安装方便；载荷特性表现为显著的非线性；产品难以满足品质的均匀性。

这两类材料用于商品运输工程中防振冲击较多，在弹性支承的设计上，隔振要求严格的场合不宜采用海绵橡胶或泡沫塑料。这两类材料作为隔振垫，其工作固有频率随材料的配方、密度以及厚度变化较大，隔振要求高时可用试验的方法确定。

## 8.3 阻尼减振

固体振动向空间辐射声波的强度与振动幅度、辐射体的面积和频率等有关。大面积的薄板振动，有最大的辐射效率。例如气流管道壁、机器的罩壳等，一般都是由金属薄板制成的；当受震动激励时，就可能有较大的噪声辐射。加大壳体厚度，即增加单位面积质量，则在相同激振力条件下，激发引起的振幅（加速度）变小从而降低辐射强度。但这种简单地加大单位面积质量的方法并不是经济合理的选择。大面积薄板上多加“筋”，可减弱振动的幅度。安全防护用罩壳，可用网孔板，因板两侧的压力平衡而不会辐射低频噪声。除了这些降低声辐射的方法外，常在薄板上增加一阻尼层，并使其结合在一起，让原来薄板振动的能量，尽可能多地耗散在阻尼层中，称为阻尼减振。

### 8.3.1 阻尼减振原理

阻尼是降低振动共振响应最为有效的方法。阻尼作用是将振动能转换成热能耗散掉，以此来抑制结构振动，达到降低噪声的目的。

阻尼减振主要是通过减弱金属板弯曲振动的强度来实现的。在金属薄板上涂敷一层阻尼材料，当金属薄板发生弯曲振动时，振动能量就迅速传给涂贴在薄板上的阻尼材料，并引起薄板和阻尼材料之间以及阻尼材料内部的摩擦。由于阻尼材料内损耗、内摩擦大，相当一部分的金属振动能量被损耗而变成热能，不仅减弱了薄板的弯曲振动，还能缩短薄板被激振后的振动时间，从而降低了金属板辐射噪声的能量。

### 8.3.2 阻尼材料

阻尼材料要求有较高的损耗因数，同时也应有较好的黏结性，在强烈振动下不脱落、不老化。在某些特殊环境下使用还要求耐高温、高湿和油污。专用的阻尼材料有商品出售，广泛用于各种机械设备和运输工具的噪声和振动控制。自己配置阻尼材料时，主要由基料、填料和溶剂三部分组成。

（1）基料。这是阻尼材料的主要成分，其作用是使构成阻尼材料的各种成分进行黏合并黏结金属板，基料性能的好坏对阻尼效果起决定作用。常用的基料有沥青、橡胶和树脂等。

（2）填料。其作用是增加阻尼材料的内损耗能力和减少基料的用量以降低成本。常用的有膨胀珍珠岩粉、石棉绒、石墨、碳酸钙和蛭石等。一般情况下，填料占阻尼材料的30%～60%。

（3）溶剂。其作用是溶解基料，常见的溶剂有汽油、醋酸乙酯、乙酸乙酯、乙酸丁酯等。

工程中广泛使用的阻尼材料是黏弹性材料，它属于高分子聚合物，从微观结构上看，这种材料的分子与分子之间依靠化学键或物理键相互连接，构成三维分子网。高分子聚合物的分子之间很容易产生相对运动，分子内部的化学单元也能自由旋转，因此受到外力时，曲折状的分子链会产生拉伸、扭曲等变形；分子之间的链段会产生相对滑移、扭转。当外力消除后，变形的分子链要恢复原位，分子之间的相对运动会部分复原，释放外力所做的功，这就是黏弹性材料的弹性；但分子链段间的滑移、扭转不能复原，产生了永久性变形，这就是黏弹性材料的黏性，这一部分功转变为热能并耗散，这就是黏弹性材料产生阻尼的原因。

衡量材料阻尼大小，用材料阻尼因子$\eta$来表示，它不仅作为对材料内部阻尼的量度，而且也是涂层与金属薄板复合系统的阻尼特性的量度。同时，$\eta$与薄板的固有振动、在单位时间内转变为热能而散失的部分振动能量成正比。$\eta$值越大，则单位时间内损耗振动的能量越多，减振阻尼效果就越好。表 8-5 给出工程上常用材料的损耗因子数值。

表 8-5 常温下声频范围内几种材料的损耗因子值

| 材料 | 阻尼因子$\eta$ | 材料 | 阻尼因子$\eta$ |
|---|---|---|---|
| 铅 | $10^{-4}$ | 砖 | $1\times10^{-2}$～$2\times10^{-2}$ |
| 铜 | $2\times10^{-3}$ | 石块 | $5\times10^{-3}$～$7\times10^{-3}$ |
| 钢（铁） | $1\times10^{-4}$～$6\times10^{-4}$ | 木 | $0.8\times10^{-2}$～$1\times10^{-2}$ |
| 锡 | $2\times10^{-3}$ | 胶合板 | $1\times10^{-2}$～$1.3\times10^{-2}$ |
| 锌 | $3\times10^{-4}$ | 木纤维板 | $1\times10^{-2}$～$3\times10^{-2}$ |
| 镁 | $10^{-4}$ | 干砂 | 0.12～0.6 |
| 玻璃 | $0.6\times10^{-3}$～$2\times10^{-3}$ | 软木 | 0.13～0.17 |
| 有机玻璃 | $2\times10^{-2}$～$4\times10^{-2}$ | 黏弹性材料 | 0.2～5 |

从表中可以看出：金属材料的阻尼值是很低的，但是金属材料是最常用的机器零部件和结构材料，所以它的阻尼性能常受到关注。为满足特殊领域的需求，近年来已经研制生产了多种类型的阻尼合金，这些阻尼合金的阻尼值比普通金属材料高出 2～3 个数量级。

阻尼材料的阻尼耗能机理是：宏观上连续的金属材料会在微观上因应力或交变应力的作用产生分子或晶界之间的位错运动、塑性滑移等，产生阻尼。在低应力状况下由金属的微观运动产生的阻尼耗能，成为金属滞弹性，如图 8-9 所示。当金属材料在周期性的应力和应变作用下，加载线 OPA 因上述原因形成略有上凸的曲线而不再是直线，而卸载线 AB 将低于加载线 OPA。于是在一次周期的应力循环中，构成了应力—应变的封闭回线 ABCDA，阻尼耗能的值正比于封闭回线的面积。对于阻尼等于零的全弹性材料，封闭回线将退化为面积等于零的直线。金属在低应力状况下，主要由黏滞弹性产生阻尼，而在应力增大时，局部的塑性变形应变逐渐变得重要，其间没有明显的分界。由于这两种机理在应力增长过程中都在起作用而且发生变化，所以，金属材料的阻尼在应力变化过程中不为常值，而在高应力或大振幅时呈现出较大的阻尼。

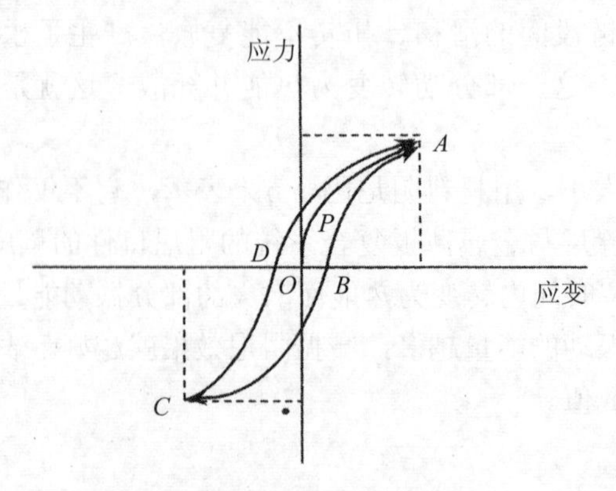


图 8-9 应力应变滞迟回线

### 8.3.3 阻尼结构

阻尼结构按黏弹性阻尼材料与金属板件组合方式的不同，可分为自由阻尼层结构和约束阻尼层结构两大类。约束阻尼层结构又可分为对称型、非对称型以及三层、四层等多层结构。

#### 8.3.3.1 自由阻尼层结构

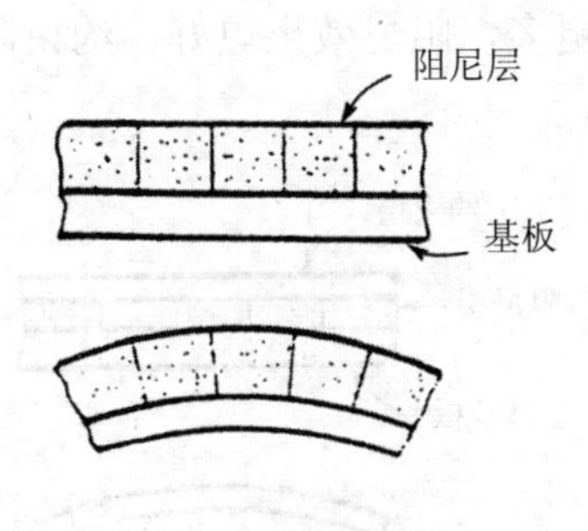


图 8-10 自由阻尼层

将一定厚度的阻尼材料黏合或喷涂在金属板的一面或两面形成自由阻尼层结构（图 8-10）。当基板受震动而弯曲时，基板和阻尼层都允许有压缩和延伸的变形。自由阻尼层复合材料的损耗因子与阻尼材料的损耗因子、阻尼材料和基板的弹性模量比及厚度比等有关。当阻尼材料的弹性模量比较小时，自由阻尼复合层的损耗因子可表示为

$$\eta = 14\eta_2 \frac{E_2}{E_1}\left(\frac{H_2}{H_1}\right)^2 \tag{8-5}$$

式中：$\eta_2$——阻尼材料损耗因子；

$E_1$、$E_2$——分别为基板和阻尼材料的弹性模量；

$H_1$、$H_2$——分别为基板和阻尼材料的厚度。

$E_2/E_1$ 的值过小，减振效果就差；对于大多数情况，$E_2/E_1$ 的数量级为 $10^{-1}$～$10^{-4}$，只有较大的厚度值，才能达到较高的阻尼。厚度比比值过小，减振效果差；比值过大，减振效果增加不明显，造成材料的浪费；以 2～4 为宜。复合自由阻尼层的损耗因子可以达到阻尼材料损耗因子的 0.4 倍。因此，为保证自由阻尼层有较好的阻尼特性，就要有较大的厚度，这也正是自由阻尼层的缺点。

自由阻尼层结构多用于管道包扎，以及消声器、隔声设备等易振动的护板结构上。

#### 8.3.3.2 约束阻尼层结构

在振动部件（一般为金属基板）上牢固地黏合一层黏弹性阻尼材料，在其上部再牢固地黏合一层金属约束板就构成了约束阻尼层结构（图 8-11）。基板与约束板之间不允许有任何刚性连接。基板和约束层统称为结构层，提供强度；阻尼层吸收振动能量。当基板弯曲振动时，阻尼层上下表面各自产生压缩和拉伸的不同变形，因此，阻尼层承受剪切应力，产生剪切应变。与自由阻尼层结构相比，约束阻尼层结构消耗振动能更多，阻尼效果更好。约束阻尼层结构损耗因子一般达 0.1～0.5，最高可接近 0.8。

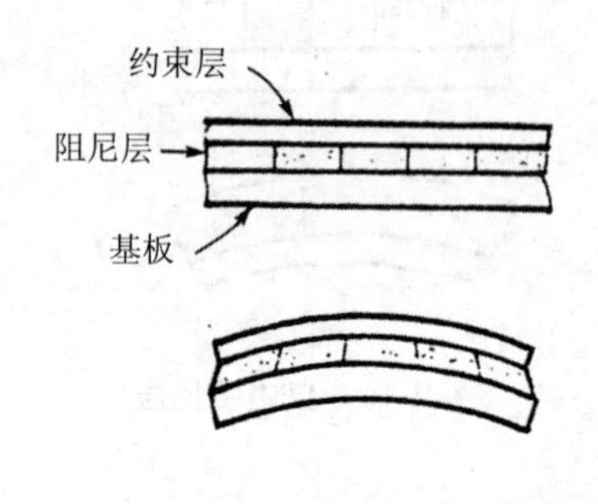


图 8-11 约束阻尼层

当复合结构剪切参数近似等于 1，$H_2$ 和 $H_3 \leqslant H_1$ 时（$H_3$ 为约束板厚度），约束阻尼层复合结构的损耗因子可表示为：

$$\eta_{\max} = \frac{3E_3\eta_3}{E_1\eta_1}\eta_2 \tag{8-6}$$

式中：$E_3$、$\eta_3$——分别是约束板的弹性模量和损耗因子。

在实际使用中，基板和约束层的弹性模量相近，复合板的阻尼大小和阻尼厚度无关。如果使用合理，可以使阻尼复合板的损耗因子接近甚至大于阻尼材料的损耗因子，取得较好效果。

#### 8.3.3.3 充砂阻尼结构

在机器空穴或砖墙的空隙内充填干燥细砂，可以提高结构的损耗因子，增加结构内振动噪声的衰减，并且比较经济，实施方便简单。在实际振动噪声治理中，把细干砂充入冲床的机脚立柱空穴内，可有效地降低冲床的振动传递率和辐射噪声；隔声罩用砂替代玻璃棉作为隔声和吸声材料也得到不少的应用。

## 习题

1．试分析，为什么拖拉机的振动在空负荷时比有负荷时大？

2．简述隔振和阻尼的基本原理和基本类型，并列举出相关类型的隔振实例。

3．质量为 500 kg 的机器支撑在刚度为 $k$=900 N/cm 的钢弹簧上，机器转速为 3 000 r/min，因转动不平衡而产生 1 000 N 的干扰力，设系统的阻尼比=0，试求传递到基础上的力的振幅值是多少？

4．有一台转速为 800 r/min 的机器安装在钢架上，系统总质量为 2 000 kg，试设计钢弹簧隔振装置，要求在振动干扰频率附近降低振动级 20 dB。设弹簧圈的直径为 4 cm，钢的切变模量为 $8\times10^5$ kg/cm$^2$，允许扭转张力为 $4.3\times10^3$ kg/cm。

5．一台风机安装在一厚钢板上，如果在钢板的下面垫 4 个钢弹簧，已知弹簧的静态压缩量为 $x$=1 cm，风机的转速为 900 r/min，弹簧的阻尼很小略去不计，试求隔振比和传递效率。

6．有一台自重 600 kg 的机器，转速为 2 000 r/min，安装在 1 m×2 m×0.1 m 的钢筋混凝土底板上，选用 6 块带圆孔的橡胶做隔振垫，试计算橡胶隔振垫的厚度和面积。设钢筋混凝土的密度为 2 000 kg/m$^3$。

# 第九章 噪声控制技术应用

## 9.1 风机噪声控制

风机噪声最强的是空气动力性噪声，其次是机械性噪声和电磁性噪声。根据风机噪声的大小、现场条件、噪声控制的要求，可选择不同的噪声控制措施。一般可分为安装消声器、加装隔声罩、吸声及隔振处理等。

### 9.1.1 风机进、出口安装消声器

控制风机的空气动力性噪声的最有效措施是在风机进、出口安装消声器。风机安装消声器一般有这几种情况：当向需要控制强噪声的区域送风时，可仅在风机出口管道上安装消声器；对送风区域无噪声要求、抽风区域有要求时，可仅在风机进口管道上安装消声器；当进、出气口区域均有噪声要求时，则在进、出气口管道上都要安装消声器。

设计或选用的消声器应考虑下列一些问题。

首先，根据风机噪声频谱特性与区域环境的允许噪声频谱特性的差值，决定设计或选用消声器的消声频率特性，即噪声频带的衰减量。噪声控制标准，要根据环境区域和等级，参考有关国家或部颁标准。风机噪声有关数据可由厂家提供，如资料不全，可进行估算，最好进行实际测量，以便获得精确可靠的数据，取得良好的噪声控制效果。设计或选用消声器应特别注意其阻力损失，如果消声器的消声量满足消声要求，阻力损失很大（超出允许范围），那么，该消声器就不是一个好的消声器。为使系统在高效低耗能状态下工作，所设计或选用的消声器的阻力损失应尽量小一些。同时，要避免消声器的气流噪声过大，工业用风机消声器的气流速度应控制在 10～20 m/s；消声器宜安装在风机进、出口，即离噪声源较近的地方，以防风机噪声激发管路振动；如消声器装在管路中，则气流是稳定的，消声效果会更好；对于降噪要求较高的，需要装几个消声器，消声器宜分段安装。

另外，还要考虑消声器的使用环境，如防水、防尘、防霉等，否则，会影响消声器的消声性能。

## 9.1.2　风机安装隔声罩

风机噪声不但沿管道气流传播，而且能透过机壳和管道向外辐射噪声，同时，机组的机械噪声和电磁噪声也向外传播、污染周围环境。当环境噪声标准要求较高时，仅用消声器不能有效地控制噪声，必须综合考虑噪声控制措施，其中最有效的措施是设计安装机组隔声罩。

机组安装隔声罩，大多采用密闭式，这种隔声罩隔声效果好。但采用密闭式隔声罩，就带来机组的散热问题，这时散热问题就成为隔声罩设计的关键。目前，一般都采用隔声罩内通风冷却的方法，它的冷却方式有下列几种。

### 9.1.2.1　自然通风冷却法

该方法是在隔声罩下部开进风口、上部开出风口，并在进、出风口都设计安装消声器。当隔声罩外部的冷空气经消声器的进风口进入罩内后，被机组的热量加热为热空气，气体的热压促使热空气从罩顶部出风口排出，此时，冷空气从进风口不断地补充，从而使机组降温冷却，达到散热的目的。为了冷却效果更好，可使进风口正对风机风扇安装，利用该风扇搅动气流，首先冷却电机，直至机组全部被冷却，从上部出风口排出。这种自然冷却法（亦称自扇冷却法）适宜于机组发热量不大、工作气温不高的场合。该方法结构简单、不增加专用通风机械设备。但是，电动机的自带风扇风压有限，所以，消声器进风口（进风消声器）的通过断面面积必须设计得足够大，才能满足所需的风量。自然通风冷却如图 9-1 所示。

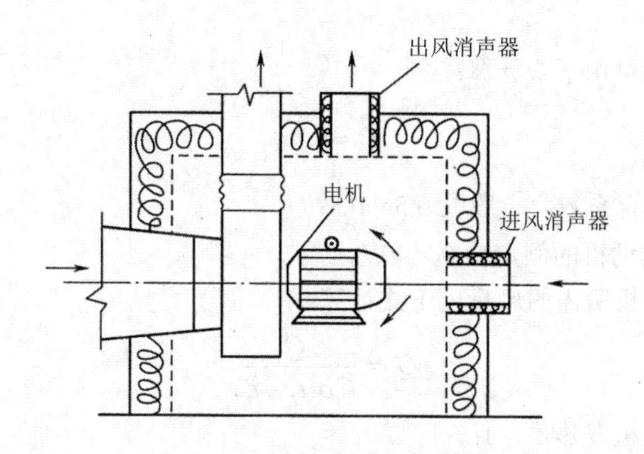


图 9-1　自然通风冷却

9.1.2.2　强制通风冷却法

对于电机和风机转速很高的机组，因其在单位时间内散发热量较多，工作媒质气温很高，如仍采用上述的自然通风冷却法，将很难解决机组的散热问题，这就必须采用强制通风的办法，控制机组温度的提升。常用的方法有附加通风机冷却法、罩内负压吸风冷却和罩内空气循环冷却法，它们适用于不同场合。

（1）附加通风机冷却法

特别适用于输送高温工作媒质的系统。该方法的主要特点是在原有机组隔声罩内附加了一套通风冷却系统。该系统由进风消声器、进风风机及出风消声器组成。进口安装的风机常为轴流风机（风量大）；为增加罩内空气量并使其呈紊流状态和增加散热量，风机必须装在进风口侧，如图 9-2 所示。

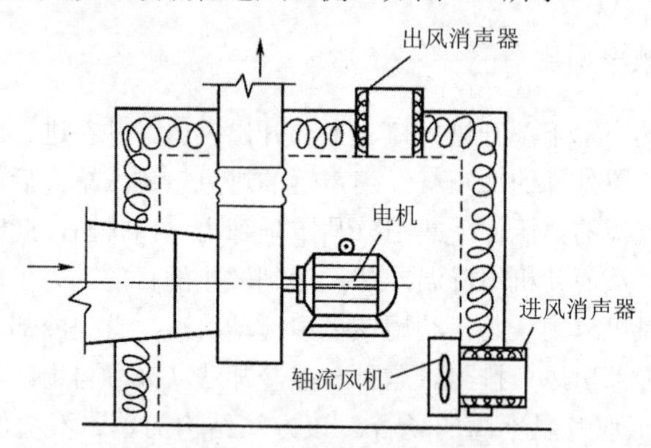


图 9-2　附加通风机冷却法

附加通风机冷却时，其风机的风量与机组的发热量有关，机组的主要发热部件为电机。

电机的发热可由下式计算：

$$Q=\eta N \tag{9-1}$$

式中：$\eta$ ——综合系数，一般取 0.5～0.8；

$N$——电动机的额定功率，kW。

强制通风风机所需的风量由下式计算：

$$Q_1=\frac{Q}{C\rho(t_2-t_1)} \tag{9-2}$$

式中：$Q$——电机发热量，J；

$C$——空气比热容，$C$=1.01 kJ/（kg·K）；

$\rho$——罩外空气密度，kg/m$^3$，常取 $\rho=1.2$ kg/m$^3$；

$t_1$——隔声罩空气温度，℃；

$t_2$——罩内允许气温，℃。

当工作媒质温度很高时，还需进行热工计算，在上式中，电机发热量 $Q$ 中应加上管道和机壳的散热量，保证足够的冷却量，控制机组温升。

（2）罩内负压吸风冷却法

如图 9-3 所示，该方法适用于鼓风场合。其特点是在隔声罩上设计进风口消声器，利用风机吸气在罩内形成负压，将罩外的空气吸入罩内，达到散热冷却的目的。为了取得良好冷却效果，隔声罩的设计应注意使通过进风口消声器进入罩内的空气正对主要发热部位的电动机。当风机工作时，罩内立即形成负压，罩外的空气被吸入，吸入空气首先途经电机等发热部件，将热量带走，然后通过风机进出口排走。这种罩内负压吸风冷却法散热效果好，并且仅在隔声罩上设计一个进风口，对降低噪声也有利。但是，气流不是直接进入风机的入口，若隔声罩进风口消声器有效通道面积偏小时，则系统阻力损失较大，可能影响系统正常工作，同时引起气流再生噪声加大。在采用负压吸气冷却方法前，要考虑原系统的压力余量。

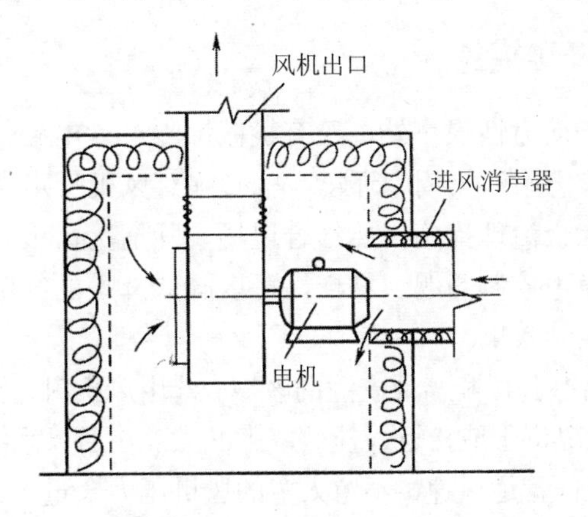


图 9-3　罩内负压吸风冷却

（3）罩内空气循环冷却法

如图 9-4 所示。它的主要特点是在隔声罩内的风机进、出风管段上，分别安装一段支管或开一个风口，并在其上各设一个调节阀门。当风机工作时，若两个阀门都开启时，则入口一侧的阀门开口处产生负压，风机出口一侧阀门处呈正压，这样，利用风机本身的压力，在隔声罩内形成一个循环系统。该气流可将机组热量带走排到罩外。采用这种冷却方法的优点是：隔声罩是全封闭的，不需要单设通风口，结构简单，可获得较高的降噪量。它的不足之处是，在风机进、出口很近的管段上设支管、风口及阀门会使主管道气流出现很强的紊流旋涡，造成较大的系统阻力损失，从而加大风机的气流噪声。因此，在条件允许时，可尽量采用。这种方法不适用于输送热气流的场合。

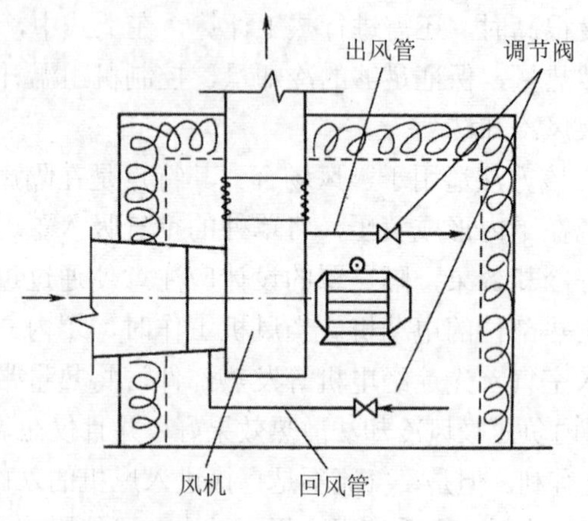


图 9-4 罩内空气循环冷却

## 9.1.3 风机综合降噪措施

风机噪声除空气动力性噪声外，还有机械性噪声、电磁性噪声、管道辐射性噪声等，要使机组噪声不污染周围环境，就必须对风机噪声进行综合治理。

制定风机噪声综合治理措施，要结合现场实际情况，最好在风机选型、安装风机以前，就考虑噪声控制问题。这样，可以降低降噪的经济成本，施工方便，并取得良好的噪声控制效果。

一般风机应远离办公楼和需要安静的区域。选用风机时，要选择高效低噪声风机；工作运转时，工况位于或接近最佳效率工况点；在通风系统设计时，应尽量减少管路长度，适当降低管道风速，不留太多的风机压力余量，选用低转速风机，少设弯接头及阀门等；风机进、出口与管道连接处，应安装柔性接管；如机组通过基础传递强烈的振动，可考虑弹性基础隔振；对于管道或机壳振动强烈的，可采用加涂阻尼材料的方法减振。对于多台机组工作，如每台都采用隔声罩，则投资较大，对维修及运行都会产生不利影响。若将机房建造成隔声间，即把机组（一台或几台）封闭在隔声间内，则投资少，降噪效果好。同时，也应考虑其他隔振和机壳、管道的阻尼减振，包裹涂贴阻尼材料及吸声材料等。这样，会取得更好的降噪效果。

## 9.1.4 罗茨鼓风机噪声综合控制

某铸造厂冲天炉使用 D36×60—80/3500 型罗茨鼓风机，该风机风量为 80 $m^3$，风压为 3 500 mm$H_2O$ ①，工作时辐射出强烈的噪声。根据测试分析知道，鼓风机的进、排气口噪声最强，同时，对鼓风机的机壳、电动机及放风阀的噪声也得采取控制措施。为此，采取了隔声、消声、阻尼减振等综合控制措施，如图 9-5 所示。

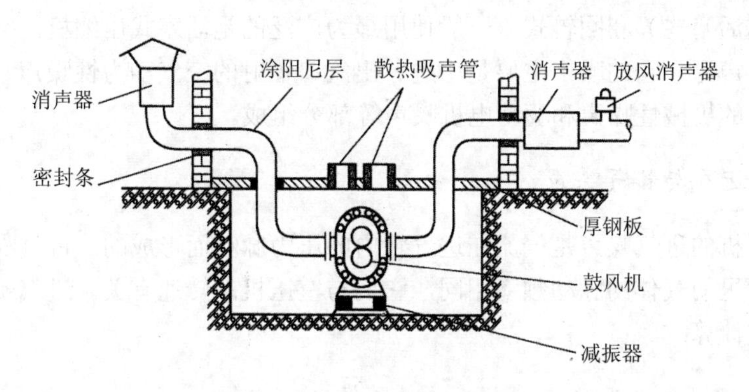


图 9-5　罗茨鼓风机噪声的综合控制措施

为了隔绝机组的辐射噪声，将鼓风机放在地坑里，上面用厚钢板或混凝土板封盖起来；为了使机组通风散热，在钢板上开有两个装有吸声衬里的通风管道。鼓风机的进气管道由地下引到地面室外，在进口处装有消声器；排气管道由另一侧引到地面，装上消声器后与冲天炉送风管相接，这两个消声器均为阻抗复合式。在送风管道上还设有放风消声器。另外在进、排气管道上涂阻尼层，即涂贴两层沥青加两层油毡，以减低管道振动，防止管壁辐射噪声。

采取上述综合治理措施后，距进气口 2 m 处的噪声，由 114 dB（A）降至 82 dB（A）；鼓风机房内的噪声，由 107 dB（A）降至 84 dB（A）；距冲天炉 4 m 处，噪声由 101 dB（A）降至 83 dB（A）；在距风机房 10 m 处的更衣室内，噪声由 92 dB（A）降至 73 dB（A）。

## 9.2　空压机噪声控制实例

空气压缩机是厂、矿广泛采用的动力机械设备，它可以提供压力波动不大的稳定气流，具有转动平稳、效率高的特点。但空压机运转的噪声较大，一般在 90～110 dB（A），而且呈低频特性，它严重危害周围环境，尤其在夜晚影响范围可达

① 1 mm $H_2O$ = 9.806 65 Pa。

数百米。因此，如何控制空压机噪声是工业噪声控制中常遇到的问题。

## 9.2.1 空压机噪声源分析

空压机按其工作原理可分为容积式和叶片式两类。容积式压缩机又分为往复式（亦称活塞式）和回转式，一般使用最为广泛的是活塞式压缩机。空压机是个综合性噪声源。它的噪声主要是由进、出气口辐射的空气动力性噪声、机械运动部件产生的机械性噪声和驱动电机噪声等部分组成。

### 9.2.1.1 进气与排气噪声

空压机的进气噪声是气流在进气管内的压力脉动而形成的。进气噪声的基频与进气管里的气体的脉动频率相同，它们与空压机的转速有关。进气噪声的基频可用下式计算：

$$f_i = \frac{nz}{60} i \tag{9-3}$$

式中：$z$——压缩机气缸数目，单缸 $z$=1，双缸 $z$=2；

$n$——压缩机转数，r/min；

$i$——谐波序号，$i$=1，2，3，…

空压机的转数较低，往复式转数为 480～900 r/min，因此，进气噪声频谱呈典型的低频特性，它的谐波频率也不高。峰值频率大部分集中在 63 Hz、125 Hz、250 Hz 上，它与由上式计算的基频及谐频大致相符。

空压机的排气噪声是气流在排气管内产生压力脉动所致。由于排气管端与贮气罐相连，因此，排气噪声是通过排气管壁和贮气罐向外辐射的。排气噪声较进气噪声弱，所以，空压机的空气动力性噪声一般以进气噪声为主。

### 9.2.1.2 机械性噪声

空压机的机械性噪声，一般包括构件的撞击、摩擦、活塞的振动、阀门的冲击噪声等，这些噪声带有随机性，呈宽频带特性。要控制这类噪声，在机器的设计、选材、加工工艺、平衡诸多方面就应加以考虑，也可采取被动的噪声控制措施，如阻尼减振、隔声等。

### 9.2.1.3 电磁性噪声

空压机的电磁性噪声是由电动机产生的。电磁性噪声与空气动力性噪声和机械性噪声相比是较弱的。但当一些空压机由柴油机驱动时，柴油机就成为主要噪声源，柴油机噪声呈低、中频特性。实验表明，同一种空压机，若由电机驱动改为柴油机驱动，其噪声要高出 10dB（A）以上。

综上所述，空压机的噪声以进、排气空气动力性噪声最强，其次为机械性噪声和电磁性噪声。

## 9.2.2　空压机噪声的控制方法

### 9.2.2.1　进气口安装消声器

如前所述，在整个空压机机组中，进气口辐射的空气动力性噪声最强。在进气口安装消声器是解决这一噪声的最有效手段。一般可将进气口引进车间外部，然后加装消声器。因近期噪声呈低频特性，所以，一般加装阻抗复合式消声器，如设计带插入管的多节扩张室与微穿孔板复合式消声器。图 9-6 为两节不同长度的扩张室与一节微穿孔板组成的复合式消声器，用于进气口消声。它的消声原理为：当气流通过消声器的插入管进入扩张室时，由于体积膨胀，扩张器起到缓冲器的作用，从而使气体脉动压力降低、强度减轻，达到降噪的目的；微穿孔板的设置是使消声器在较宽的频率上消声，以提高消声效果。

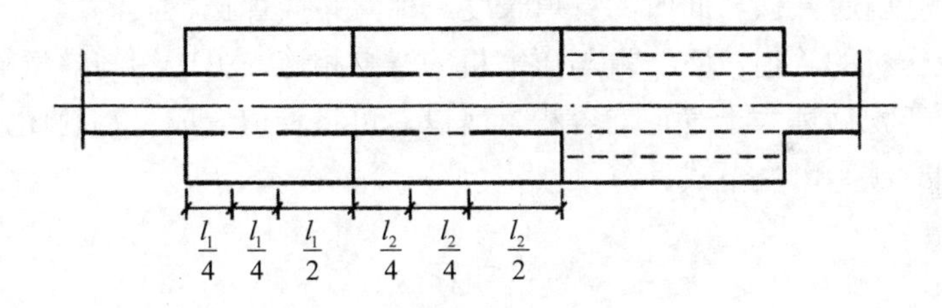


图 9-6　进气口的消声器

近年来，有一种称为文氏管的消声器，如图 9-7 所示。它安装在空压机的进气口，消声效果比一般消声器要好。文氏管消声器与普通扩张室式消声器基本相同，只是把插入管改成渐缩和渐扩形式的文氏管。这种消声器对低频噪声的消声效果更佳。在文氏管消声器一端加双层微穿孔板吸声结构（或衬贴吸声材料），会使消声频带更宽。

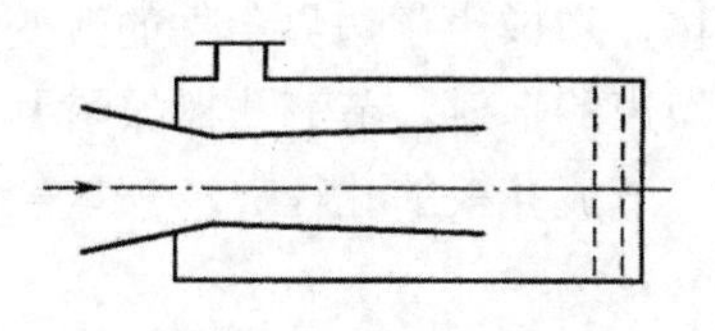

图 9-7　文氏管消声器

#### 9.2.2.2 空压机装隔声罩

在环境噪声标准要求较高的场合，对于空压机的噪声，如仅在进气口安装消声器往往不能满足降噪的要求，还必须对机壳及机械构件辐射的噪声采取措施；对整个机组加装隔声罩是控制这种噪声的有效措施。对隔声罩的设计要保证其密闭性，以便获得良好的隔声效果。为了便于检修和拆装，隔声罩设计成可拆式，留检修门及观察窗，同时应考虑机组的散热问题，在进、出风口安装消声器。

#### 9.2.2.3 空压机管道的防振降噪

空压机排气至储气罐的管道，由于受排气的压力脉动作用，会产生振动及辐射噪声。它不仅会造成管道支架的疲劳破坏，还会影响周围操作人员的身心健康。为此，对管道可采用下列方法防振降噪。

（1）避开共振管长

当空压机的激发频率（空压机的基频及谐频）与管道内气柱系统的固有频率相吻合时，会引起共振，此时的管道长度，称为共振管长。

对于空压机的管道，它一端与压缩机的汽缸相连，另一端与储气罐相通。由于储气罐的容积远远大于管道的容积，所以，可将管道看成一端封闭，其声学管内的气柱固有频率可由下式计算：

$$f_i = \frac{c}{4l} i \tag{9-4}$$

式中：$c$——声速，m/s；

$l$——管道长，m；

$i$——1，3，5，…可计算出基频及谐频。

一般共振区域位于（0.8～1.2）$f_i$。设计输气管道长度时，应尽量避开与共振频率相关的长度。

（2）排气管中加装节流孔板

在排气管道中加装节流孔板时，节流孔板相当于阻尼元件，对气流脉动起减弱作用。气流截面积的变化，造成声学边界条件的改变并限制管道的驻波形成，从而降低了管道的振动和噪声的辐射。节流孔板如图 9-8 所示。节流孔板一般装在容器与管道连接处附近。节流孔板的孔径 $d$ 一般取管径 $D$ 的 0.43～0.5 倍，孔径的厚度 $t$ 取 3～5mm。

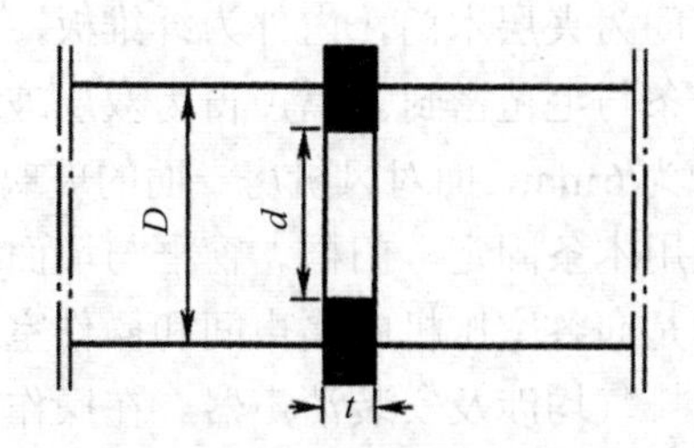


图 9-8　排气管节流孔板

#### 9.2.2.4　储气罐的噪声控制

空压机不断地将压缩气体输送到储气罐内，罐内压缩空气在气流脉动的作用下，产生激发振动，从而产生强烈的噪声，同时激励壳体振动辐射噪声。这种噪声，除采取隔声方法外，也可在储气罐内悬挂吸声体，利用吸声体的吸声作用，阻碍罐内驻波形成，从而达到吸声降噪的目的。

#### 9.2.2.5　空压机站噪声的综合控制

在许多工矿企业里，通常有多台压缩机供生产的需要，因而建有压缩机站。压缩机的噪声很大，如果每一台空压机的进气口都安装消声器，不仅工作量大，而且投资也难以接受。因而，对于一些已建的空压机站，要根据具体情况，在站内采取吸声、隔声、建隔声间等降噪措施。

隔声间是在空压机房内建造相对安静的小房子，以供操作者休息用。这个休息室的门窗均做声学处理。实践证明，空压机站内建造的隔声间，可以将噪声控制在 60 dB 以下。

另外，在站内进行吸声处理，如顶棚和墙壁悬挂吸声体，也可使站内噪声降低 4～10 dB（A）。

上述的噪声控制措施，一般是在已建的空压机站实施的。从噪声控制的效果及投资来看，如在空压机站工艺设计、土建施工时综合考虑噪声控制措施，则能减少投资并获得令人满意的降噪效果。

对已建的空压机站及新建空压机站的噪声控制实例将在下面介绍。

**例 9-1**　某厂新建空压机站，其设计平面图如图 9-9 所示。该站安装四台 4L-10/S 型空压机，占地 240 m$^2$。空压机站设有：储气罐房、空压机房、通风机房和操作室。空压机房包括四个单间，每间安装一台空压机；通风机房安装一台离心通风机。空压机站共由四部分组成，每一部分均为单间隔声，目的是把噪声源封闭在较小的空间，而与周围环境隔开。隔墙用 24 cm 实心墙砖砌成，灰缝饱满，门窗均做隔声处理。隔声间为夹层木门，内外为纤维板，中间填玻璃棉，门与框搭接处做成斜的，用橡胶条与毛毡密封。隔声窗为双层玻璃窗，并进行密封。内层玻璃为3mm，外层玻璃为6mm，面对风机房一面的玻璃上下倾斜，倾角约85°，玻璃四周用橡胶条密封，用木条固定。门框、窗框与墙面接缝处，用沥青等软材料填充。通风机房的作用是向各空压机的隔声间和操作室送风，以冷却设备并给空压机送风。风机的进、排气均涉及安装消声器。在操作室可通过隔声窗观察机组运行情况，随时可由隔声门进入空压机房巡视、维修设备。为了吸收储气罐噪声，将罐体包扎一层厚 50mm 的吸声材料。同时，还在空压机进气口安装了消声器。

通过合理地设计空压机站，并适当采取噪声控制措施，操作室的噪声对工人影响较小，室内噪声在 72dB（A）以下；空压机站外 2m 处，噪声在 66 dB（A）以下。

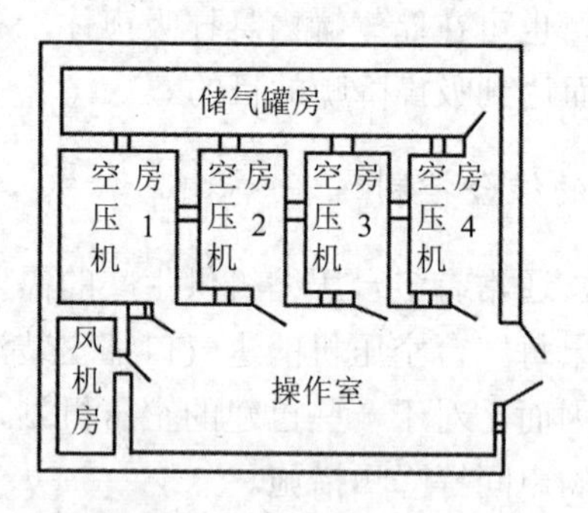


图 9-9　空压机站平面图

## 9.3　冷却塔噪声的综合控制

冷却塔在循环水系统中的功能是将装置中带出的热水冷却，以供再次循环使用。目前，冶金、动力、化工、电力、建材、食品和轻工等企业的各类生产装置，以及近年来科研机构、宾馆、商场等处的空调系统，为了节省用水和动力消耗，广泛采用循环用水系统。

### 9.3.1　冷却塔的形式

冷却塔由于用途不同而有多种结构形式。

（1）自然通风冷却塔。自然通风冷却塔的噪声主要由淋水声产生，在离塔

150 m 处声压级约 60 dB。

（2）风机辅助通风的自然通风冷却塔。在自然通风冷空气入口处加设风机，增强通风效果，提高冷却效果。其噪声级要比自然通风冷却塔稍高，在距塔 150 m 处为 65～70 dB。

（3）机械通风冷却塔。为了提高冷却塔的效率，减小塔体，采用塔顶部风机强制通风的形式，目前这种冷却塔使用最为广泛。该种冷却塔塔体目前普遍采用玻璃纤维增强塑料制成，冷却塔的处理水量为 150～1 000 t/h，多半用于中小型工厂、科研单位、宾馆及商场、影院等。普通型冷却塔的噪声级为 80 dB，低噪声塔为 60～75 dB，而超低噪声塔为 55～60 dB。同时，按照热交换过程中冷却风与被冷却水流向的不同，机械通风冷却塔又分为逆流塔和横流塔，通常横流塔噪声比逆流塔噪声低 5 dB 以上。

（4）湿/干型冷却塔。这是一种为了改善一般冷却塔在排出空气中含有过量水分而设计的形式。这种冷却塔装设有翅片管换热器，它的噪声比机械通风冷却塔要低 4 dB 左右。

（5）喷射型冷却塔。这种形式的冷却塔不需要风机，水在压力作用下喷入文丘里罩子中，由于水喷射进入塔内的同时，将空气带入而进行热交换从而达到冷却循环水的目的。这种冷却塔噪声源是喷射噪声和落水噪声，其声功率级约为 92 dB。

## 9.3.2 冷却塔的噪声

目前广泛使用的机械通风玻璃钢冷却塔，多布置在厂界处，特别是一些科研单位、宾馆、影院等，由于其位于居民稠密区，因此冷却塔往往成为一个扰民的噪声源。

（1）机械通风冷却塔的噪声估算。机械通风冷却塔的噪声，其总声功率级主要由风机噪声所决定。根据研究，提出计算近似式为：$L_W = 105 + 10\lg HP$，式中，$HP$ 为风机以马力[①]为单位的功率。

由于近年来冷却塔结构的发展和低噪声风机的应用，用上式计算的结果与实际情况存在一定的差距。根据实际测定数据分析，上式可改写为 $L_W = 105 - k + 10\lg HP$。式中，对冷却塔水量 800 t/h 以上的机械通风冷却塔，$k$ 取 20～25；对冷却塔水量 800 t/h 以下的机械通风冷却塔，$k$ 取 20～30。

（2）冷却塔噪声的测量。一般来说，对冷却塔周围应进行足够而准确的声压级测量，通过对 4 个侧面和顶部 45°方向、距风机出口 1.5 m 处（顶部由于条件所

① 1 马力 = 735.498 75 W。

限只测 1.5 m）的测量，可以近似求得其声功率级。

对于玻璃钢冷却塔的噪声测量，根据《玻璃纤维增强塑料冷却塔》（GB 7190—88）的规定，其测点取在距塔径一倍处。

### 9.3.3 机械通风冷却塔噪声源分析

（1）风机噪声。机械通风的风机一般为轴流风机，风量大而压头低，其噪声主要是空气动力性噪声。

冷却塔风机的噪声频率集中在 31.5～2 000 Hz。考虑到 A 计权网络的作用，要使冷却塔 A 声级降低主要应考虑 250 Hz、500 Hz、1 kHz 和 2 kHz 四个频段。

（2）机械噪声。冷却塔的机械噪声主要指大皮带传动或齿轮传动及传动机械中的轴承所发生的噪声。皮带传动较多采用三角皮带，目前也有采用同步齿形皮带传动，但其发生的噪声不大，一般可不予考虑。

由于电机转速较高，冷却塔一般采用直角形减速齿轮组以带动风机。齿轮啮合时，轮齿撞击与摩擦产生振动与噪声。另外，轴承主要是滚动轴承，也会产生较高的噪声，通常属低频声波，传播较远而影响较大，应予以特别重视。

（3）电动机噪声。电动机噪声主要由电磁力引起。电磁力作用在定子与转子之间的气隙中，其力波在气隙中或是旋转的或是脉动的，力的大小与电磁负荷、电机有效部分的某些结构和计算参数有关。对大多数类型的电机来说，电磁力引起的噪声频率都在 100～4 000 Hz。为了降低冷却塔的噪声，应选用低噪声电动机。

（4）淋水噪声。冷却塔的淋水噪声在冷却塔总噪声级中仅次于风机的噪声。水量的大小，也即塔的大小，与淋水声直接有关，图 9-10 表示一个冷却塔的淋水噪声频谱特性，而其声功率在 600～1 000 Hz 的频率范围内是单位时间的位能（等于单位时间的流量与水落高度的乘积）的函数。另外淋水声还与冷却塔受水池的水深有关，图 9-11 表示不同水池深度的噪声声功率级。

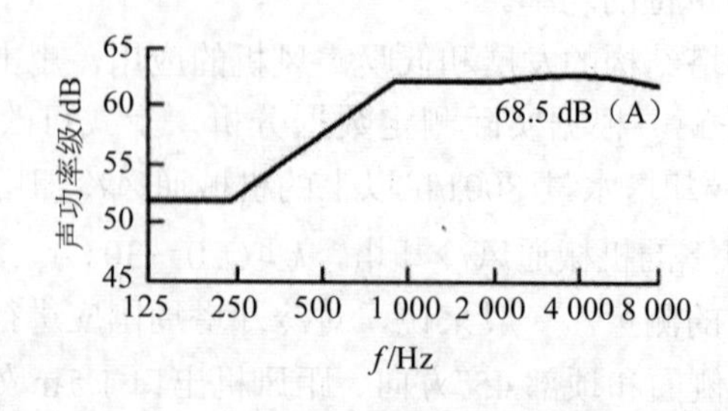


图 9-10　冷却塔水落噪声声功率级

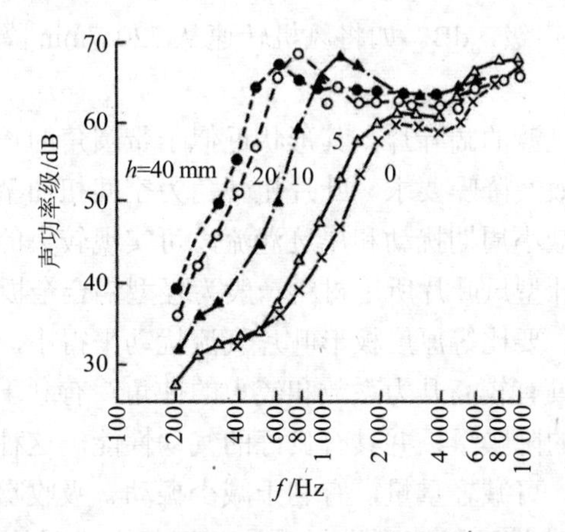


图 9-11　水池不同深度（$h$）时的水滴噪声声功率级

淋水噪声还与水滴细化程度有关，显然，倾盆注入的水流比起细如雾状的水珠不仅热交换差而且噪声也高，这就要求有高质量的喷头且水滴细化良好。另外，受水填料种类也影响噪声值，软性材料要比硬性材料噪声低，斜置填料要比直接正面滴入噪声低；填料形状也影响噪声值，有折波式和点波式几种，选用时要适当考虑。

（5）水泵噪声。循环水泵噪声往往也是很强的噪声源，尤其是当水泵本身质量不高、安装不良或年久失修时。一般情况下，尽量把水泵置于专门室内，这样不但易于保养，对声环境影响也较小。

（6）冷却塔的配管及阀件噪声。在调节或开启、关闭阀件时，由于阀门的节流作用而造成刺耳的水击声。这种情况一般很少发生。

## 9.3.4　冷却塔噪声控制要点

### 9.3.4.1　风机降噪措施

（1）增大叶轮直径，降低风机转速，减小圆周速度。

根据冷却塔的特点和节能要求，采用增大叶轮直径、降低出口动压的措施，从而可以满足节能和降噪的要求。降低圆周速度，也是减小风机噪声的有效途径之一。因为风机噪声的声功率 $W$ 与叶梢圆周速度 $u$ 的 6 次方成正比，与叶轮外径 $D$ 的平方成正比。

根据有关资料介绍，在实际工程中，由于转速降低，圆周速度下降，从而使噪声减小，降噪量可按下式估算：$L = L_2 - L_1 = 50\lg(n_2 / n_1)$ 。式中，$n_1$ 为风机原来的转速，r/min；$n_2$ 为改造后风机的转速，r/min；$L_1$ 为转速 $n_1$ 的排风噪声级，dB；

$L_2$ 为转速 $n_2$ 的排风噪声级，dB。如将风机转速从 720 r/min 降至 420 r/min，噪声将降低 10 dB 左右。

（2）采用大圆弧过渡的阔叶片，其形状近似于带圆角的长方形，适于配合低速驱动，从而达到高效及降噪要求。叶片扭转角为空间扭曲型，合理选择升力系数和冲角值，有利于减小周期扰动和尾迹涡流，可实现较大的降噪量，且具有较好的气动性能。这类叶型风叶片所用材料一般为轻型铝合金板材。

（3）机翼形叶片，要比等厚度板形叶片气流扰动来得小，尤其是对大风叶和在较高转速时。因其具有较高升力系数和较大的冲角，有利于减少周期扰动和尾迹涡流，可实现较大的降噪量，并具有良好的气动性能。这种叶片一般用玻璃钢材料制作，中间空心，可减轻重量，有利于减少振动、吸收噪声。这类叶片形式的低噪声风机要采用非等环量流型进行设计，例如在满足给定的风量和风压条件下，寻求旋转速度最小的流型，并设计出出口速度沿叶轮径向分布、能和叶道内的实际流动情况相符合的叶片流型来。通常冷却塔风机的轮毂比较小，约为 0.3 m，叶片较长；如采用等环量流型设计叶片，叶片扭曲大，靠近叶根处的叶片安装角也较大，气流脱体严重。为了克服这些问题，也要求用非等环量流型进行设计。在相同规格与气动性能下，玻璃钢翼形叶片要比铝合金板形叶片噪声低 3～4 dB。

（4）采用均流收缩段线，最大限度实现了均匀的气流速度场，使风机进口处涡流减为最小，确保轴流风机的正常工作条件。

（5）风叶外缘与机壳的间隙应该是常数，否则将产生不均匀扰动，出现周期性的脉动噪声，因此要控制外缘径向跳动量。

（6）风叶端面应在同一平面内，否则将形成湍流噪声。提高整机部件加工和安装精度，也可降低风机噪声。关于高转子平衡精度，应先做静平衡校准，后做动平衡校准，以减少振动和由此而引起的风叶扰动噪声。

#### 9.3.4.2 淋水噪声降低措施

降低淋水噪声的措施有：

（1）增加填料厚度，改进填料布置形式，从而对降低淋水噪声有利。

（2）在填料与受水盘水面间悬吊“雪花片”（因其形状如雪花而得名，用高压聚乙烯材料制成），可减小落水差，使水滴细化，降低淋水噪声。

（3）受水面上铺设聚氨酯多孔泡沫塑料。这是一种专门用于冷却塔降噪的新型材料，它既有一般泡沫塑料的柔软性，又有多孔漏水的通水性，可减小落水撞击噪声。采取该措施的效果见表 9-1。

表 9-1 降噪效果

| 逆流式冷却塔规格 | 测量条件 | 测点/m | 计权声压级/dB | |
|---|---|---|---|---|
| | | | A | C |
| 12 t/h | 未加透水泡沫 | 距塔边 1.1，高 1.5 | 66 | 67 |
| | 加透水泡沫 | | 61 | 64 |
| 200 t/h | 未加透水泡沫 | 距塔边 1.1，高 1.5 | 70 | 71 |
| | 加透水泡沫 | | 63 | 66 |

（4）进风口增设抛物线形状的放射式挡声板，进风不受影响，而落水噪声则不会直接向外辐射。

#### 9.3.4.3 设置声屏障

在冷却塔噪声控制工程中，声屏障是比较常用的降噪措施。但在冷却塔周围设置声屏障，会带来一系列问题，因此必须注意下面三点。

（1）一般来说，增加声屏障将影响冷却塔正常进风，影响冷却效果，这就要看原来选用的冷却塔是否有富余容量，否则慎用。

（2）冷却塔声屏障一般只能设置一个边，至多只能 L 形布置。若噪声影响居民面广，则设置屏障的效果不尽理想。

（3）冷却塔声屏障受风面积一般都很大，而且大都安装在高处，受风压力大，建造时要考虑原建筑是否牢固，有没有安装位置。

声屏障的形式如图 9-12 所示。

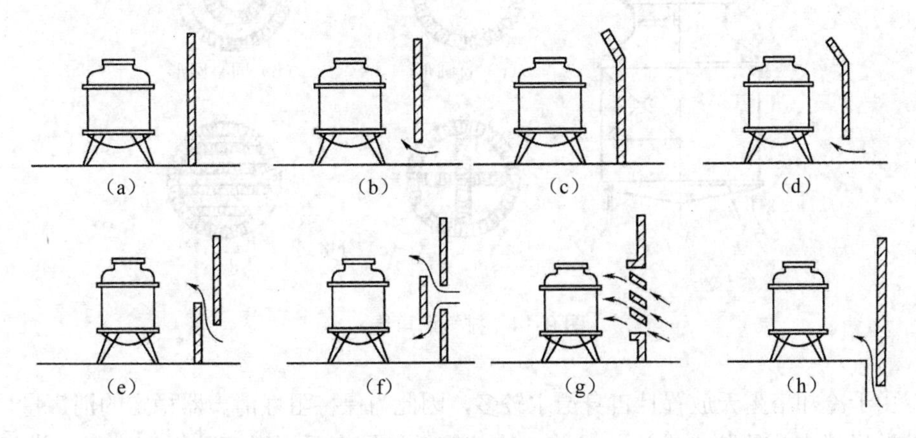


图 9-12 冷却塔声屏障的形式

### 9.3.4.4 增设消声器

增设进、排气消声器也将影响通风效果，因此对消声器除了消声量要求外，通风阻力也要小。

（1）进气消声器，两种形式如图 9-13 所示。

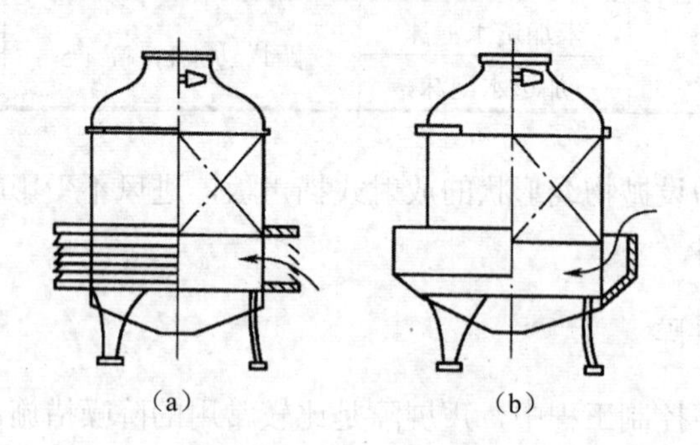


图 9-13 进气消声器

增设进风消声围裙，实际上是一种消声空腔，进风首先通过消声百叶窗，然后进入环状消声腔，使得淋水噪声通过进风口外辐射时有较大的衰减。

（2）排气消声器常采用阻性消声器形式，常见形式如图 9-14 所示。

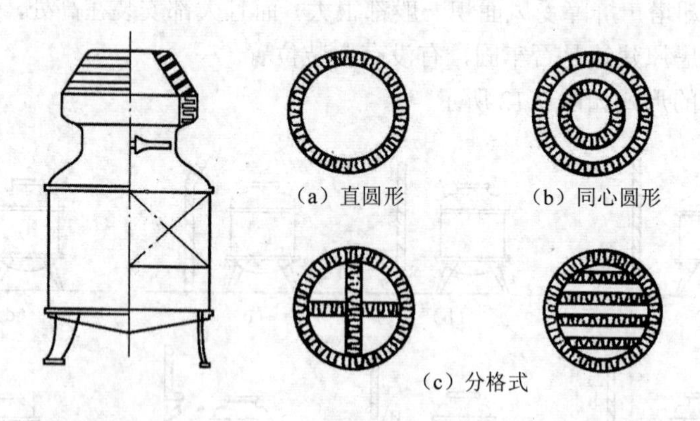


图 9-14 排气消声器

由于冷却塔露天放置且自身漂水较多，因此为保持阻性消声器稳定的消声量，要求做好消声片的防水设计。目前，冷却塔排气较多采用微穿孔板消声器，为降低消声器的阻力损失，消声器常采取同心圆锥式进出口。

### 9.3.5　工程实例

（1）概况。如图 9-15 所示，某电力公司电力设施配套有 4 台玻璃钢逆流型冷却塔，其中 BLS-300 型 2 台，BLS-50 型 2 台，用于调相设备的冷却散热。经实测，临厂界处噪声达 69 dB，厂界外约 10 m 山坡上民居处噪声达 58～60 dB，影响居民休息。

（2）治理目标。使冷却塔辐射到最近民居处的噪声达到《城市区域环境噪声标准》中的 2 类区噪声标准，即昼间噪声小于 60 dB，夜间噪声小于 50 dB。

（3）采取的措施如图 9-15 所示，共采取三项措施。

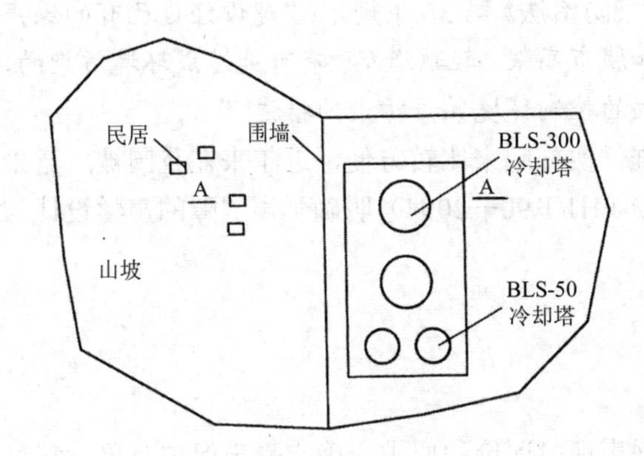


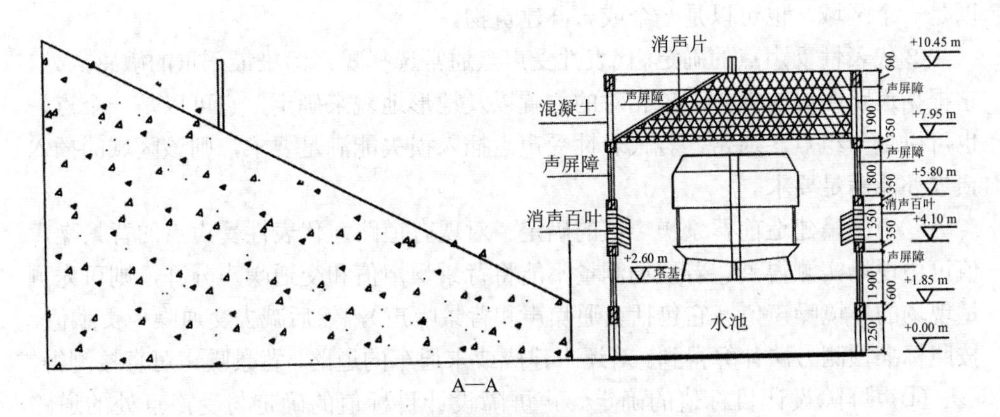


图 9-15　冷却塔平面布置图及降噪示意图

①冷却塔塔体中央悬挂雪花状填料，冷却塔接水盘上垫消声垫，以减少水落差，降低落水声。

②冷却塔四周增设吸隔声屏障，屏障构件平均隔声量大于 25 dB，屏障高出冷

却塔顶部3.5m；其中临厂界侧设置遮挡式屏障，挡口至塔体中心轴线处。考虑到通风，屏障局部设置消声百叶，消声百叶隔声量大于20 dB。

③冷却塔上部整体加装片式消声器，消声量大于18dB。

（4）实际降噪效果。经治理后，冷却塔辐射到最近民居内的噪声为48.3dB，达到预期治理目标。

## 9.4 道路声屏障设计实例

《中华人民共和国环境噪声污染防治法》第36条规定："建设经过已有的噪声敏感建筑物集中区域的高速公路和城市高架、轻轨道路，有可能造成环境污染的，应当设置声屏障或者采取其他有效的控制环境噪声污染的措施。"

设置道路声屏障，可操作性强，实施起来比较方便，近年来在我国被广泛采用。《声屏障声学设计和测量规范》（HJ/T 90—2004）明确了声屏障的声学设计与测量规范。

### 9.4.1 声屏障设计程序

（1）确定声屏障设计目标值

①噪声保护对象的确定。根据声环境评价的要求，确定噪声保护对象，它可以是一个区域，也可以是一个或一群建筑物。

②代表性受声点的确定。代表性受声点通常选择噪声污染最严重的敏感点处，它根据道路路段与保护对象相对的位置以及地形地貌来确定，它可以是一个点，也可以是一组点。通常，若代表性受声点插入损失能满足要求，则该区域的插入损失亦能满足要求。

③声屏障建造前背景噪声值的确定。对现有道路，代表性受声点的背景噪声值可由现场实测得到。若现场测量不能将背景噪声值和交通噪声分开，则可先测量现场的环境噪声值（它包括交通噪声和背景噪声），然后减去交通噪声贡献值，按照标准预测方法计算得到。对还未建成或未通车的道路，背景噪声可直接测得。

④声屏障设计目标值的确定。声屏障设计目标值的确定与受声点处的道路交通噪声值（实测或预测的）、受声点的背景噪声值以及环境噪声标准值的大小有关。

如果受声点的背景噪声值等于或低于功能区的环境噪声标准值，则设计目标值可以由道路交通噪声值（实测或预测的）减去环境噪声标准值来确定。

当采用声屏障技术不能达到环境噪声标准或背景噪声值时，设计目标值也可在考虑其他降噪措施的同时（如建筑物隔声），根据实际情况确定。

（2）声屏障设置位置的确定。根据道路与防护对象之间的相对位置、周围的地形地貌，选择最佳的声屏障设置位置。选择的原则或是声屏障靠近声源，或是靠近受声点或者可利用的土坡、堤坝等障碍物，力求以较少的工程量达到设计目标所需的声衰减。由于声屏障通常设置在道路两旁，而这些区域的地下通常埋有大量管线，故应该做详细勘察，避免造成破坏。

（3）声屏障几何尺寸的确定。根据设计目标值，可以确定几组声屏障的长与高，形成多个组合方案，计算每个方案的插入损失，保留达到设计目标值的方案，并进行比较，选择最优方案。

（4）声屏障设计。包括声屏障形状、材料及结构的选择，声屏障基础、声屏障构件的设计等。

（5）声屏障降噪效果（插入损失）的计算。根据 HJ/T 90—2004 中给出的声屏障插入损失计算方法，计算所设计的声屏障的降噪效果。

（6）声屏障设计的调整。若设计得到的插入损失达不到降噪的设计目标值，则需要调整声屏障的高度、长度或声屏障与声源或受声点的距离，或者调整降噪系数 NRC，经反复计算直至达到设计目标值。

（7）声屏障设计的其他要求。声屏障设计在满足声学性能要求的同时，其结构力学性能、材料物理性能、安全性能和景观效果，均应符合相应的现行国家标准的规定和要求。

## 9.4.2 道路声屏障设计实例

### 9.4.2.1 工程概况

某高速公路为双向六车道，路宽 40 m，路基高 2 m，设计行车速度为 80 km/h，沥青混凝土路面。高速公路某路段与某小区（敏感点为 6～18 层楼房）相邻，沿线敏感点长约 800 m，第一排建筑水平距离高速公路路边线约 45 m，根据建设项目的竣工环境保护验收调查报告书，高速公路昼间、夜间车流量分别为 5 862 PCU/h 和 1 440 PCU/h，大型车流量占总车流量的百分比分别为 40%和 32%。

### 9.4.2.2 噪声污染现状与预测

（1）噪声污染现状调查

按照《声环境质量标准》（GB 3096—2008）和《环境噪声监测技术规范》（噪声部分）的有关规定和要求进行。

现状噪声监测分别在昼间、夜间选择有代表性的时段进行监测，各测量时间不小于 1h，分别代表昼间、夜间等效声级；同时记录 $L_{max}$、$L_{10}$、$L_{50}$、$L_{90}$ 和监测时段内的各类型车辆通过数量等相关资料。

高速公路该段沿线建筑敏感点监测结果见表 9-2。

表 9-2 高速公路该段沿线建筑敏感点噪声监测结果 单位：dB

| 距离/m | 层数 | 昼间 | | | 夜间 | | |
|---|---|---|---|---|---|---|---|
| | | 监测值 | 标准值 | 超标量 | 监测值 | 标准值 | 超标量 |
| 45 | 2 楼 | 65.5 | 60 | 5.5 | 59.6 | 50 | 9.6 |
| | 6 楼 | 67.6 | 60 | 7.6 | 63.7 | 50 | 13.7 |

从表 9-2 可以看出，沿线敏感点声环境昼间、夜间全部超标，昼间超标量在 5.5～7.6 dB；夜间超标量在 9.6～13.7 dB。

（2）噪声污染预测

采用 CadnaA 噪声预测软件对高速公路沿线敏感点进行噪声预测。经预测可知，沿线敏感点各高度的声级见表 9-3。

表 9-3 高速公路沿线建筑噪声分布 单位：dB（A）

| 楼层 | 高度/m | $L_{eq}$（A） | | 超标情况 | |
|---|---|---|---|---|---|
| | | 昼间 | 夜间 | 昼间 | 夜间 |
| 1 | 2.5 | 64.5 | 60.2 | 4.5 | 10.2 |
| 3 | 8.1 | 66.2 | 61.9 | 6.2 | 11.9 |
| 5 | 13.7 | 67.8 | 63.5 | 7.8 | 13.5 |
| 7 | 19.3 | 68.2 | 64.8 | 8.2 | 14.8 |
| 9 | 24.9 | 68.1 | 64.8 | 8.1 | 14.8 |
| 11 | 30.5 | 68.0 | 64.6 | 8.0 | 14.6 |
| 13 | 36.1 | 67.7 | 64.4 | 7.7 | 14.4 |

从表 9-3 可知，预测结果与实际测量结果较吻合。一般噪声值随楼层升高而增大，在 9～13 层楼层出现最大值，然后又有所下降。

#### 9.4.2.3 声屏障设计

（1）设计指标。根据给出的环境噪声现状与预测结果及区域声环境质量标准要求，结合工程实际，确定安装声屏障后，对于第一排建筑的 1～8 层的噪声值可降噪 8～14 dB，昼间基本达标，夜间轻微超标；8 层以上的敏感点昼间、夜间均显著改善。

（2）声屏障的设置

①常见的声屏障设置方式主要有两种：一种是在道路路边设置一道侧屏；另一种是除路边设置一道侧屏外，同时在道路中间设置一道中屏，合计两道屏障。

对于本工程的敏感点，由于路侧为6层和6层以上的建筑，宜设置两道声屏障，以控制声屏障的高度并达到治理目标。

②根据道路与防护对象之间的相对位置、周围的地形地貌，选择最佳的声屏障设置位置。选择的原则是声屏障靠近声源或者可利用的土坡、堤坝等障碍物等，力求以较少的工程量达到设计目标所需的声衰减。根据具体情况，桥梁路段声屏障建于防撞墙上，平路基路段声屏障选址于防撞墙外侧1m附近位置。

（3）声屏障高度和长度的设定

声屏障高度的设定：路基段路侧设置6.5m声屏障，路中采用4.85m；桥梁段路侧4.85m，路中4.35m。

为减少声屏障两端外侧交通噪声对敏感点的辐射，声屏障需向敏感点两端外侧延伸一定长度，随着延伸长度的增加，屏障降噪量增加，但延伸至一定长度后，进一步的延伸对降噪效果影响不明显，因此要从性价比角度确定合理的延伸长度。

声屏障长度的设定：屏障向敏感建筑两端各延伸70m。

（4）声屏障的基础选用

根据工程实际情况，路基段基础选用条形基础形式，桥梁段基础采用骑马件对穿螺栓与原防撞墩连接，骑马件和防撞墩之间采用高标号水泥浆填实。上部结构采用钢筋混凝土柱和连续砖墙，通过预埋件同上部钢结构声屏障相连接。

（5）声屏障的结构形式

①根据以往工程经验，声屏障顶部采用圆柱形微穿孔吸声筒。

②考虑到高速公路两侧视线的通透性和景观要求，采用夹胶安全玻璃制作的路侧透明隔声屏，其隔声量可达25dB以上，且经济安全，通过合理搭配使用，可以减少声屏障的压抑感，增加采光和通透性，改善路侧景观效果。

③但是由于透明隔声屏不具有吸声性能，因此使得入射到其表面的声波发生反射，甚至沿屏障表面掠射，从而导致声屏障顶部附近的声能密度大大增加，声波发生绕射的概率随之增加，从而影响声屏障的降噪效果。为此本项目在玻璃窗上方、球形吸声筒下方部分加装了往复振荡耗能“声陷阱”防绕射结构。具体结构及有关材料选用见图9-16。该结构能吸收从下方玻璃窗掠射过来的声波，大大降低声屏障顶部附近的声能密度，提高整个声屏障结构的防绕射性能，从而保证声屏障的声衰减性能和屏障后声影区的有效范围。

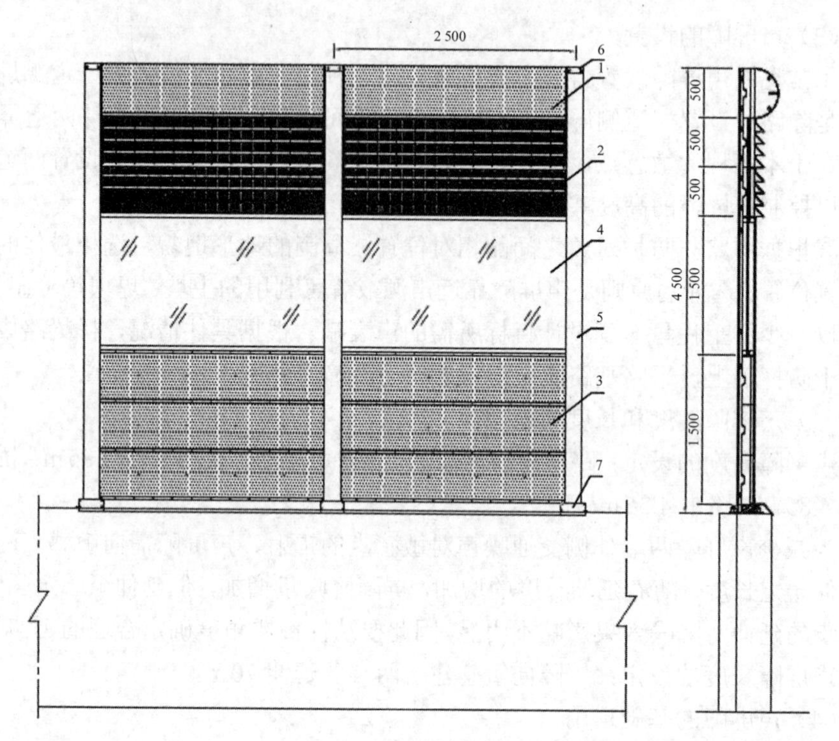


1—半圆柱形顶部吸声筒；2—“声陷阱”防绕射尖劈屏；3—铝纤维吸声屏；4—透明玻璃屏；

5—H 型钢立柱；6—上封板；7—下封板

图 9-16 声屏障结构简图

④下部屏体采用铝纤维吸声板结构，要求结构在中心频率 250～2 000 Hz 的平均吸声系数不小于 0.7。

9.4.2.4 声屏障降噪效果

工程完工后，根据《声屏障声学设计及测量规范》（HJ/T 90—2004）中的相关要求，环境监测部门对该段声屏障降噪效果进行了现场监测，声屏障实际降噪效果见表 9-4。

表 9-4 声屏障实际降噪效果 单位：dB（A）

| 监测点位 | 现状监测值 | | 参考对照值 | | 降噪效果 | |
|---|---|---|---|---|---|---|
| | 昼间 | 夜间 | 昼间 | 夜间 | 昼间 | 夜间 |
| 临路前排 1 层 | 57.9 | 53.9 | 67.3 | 65.3 | 9.4 | 11.4 |
| 临路前排 3 层 | 59.1 | 55.0 | 70.5 | 68.0 | 11.4 | 13.0 |
| 临路前排 5 层 | 61.8 | 56.8 | 72.4 | 68.7 | 10.6 | 11.9 |

检测报告数据表明，该工程符合设计标准，降噪效果达到设计要求。

## 习题

1．近年来，为应对用电紧张矛盾，国内许多企业配备了柴油发电机，请就近找一处产生噪声扰民的柴油发电机或发电机房，在对周围环境现场调查、噪声污染现状及噪声源特性进行测试分析等基础上，提出噪声治理方案，并给出主要降噪措施的工程设计。

2．找一处已安装的道路声屏障，采用间接法对声屏障降噪效果进行实际测量，同时根据现场测量的声屏障高度等各有关参数，预测声屏障的降噪效果，比较实测值与预测值，分析误差原因。

# 参考文献

[1] 杜功焕. 声学基础[M]. 2 版. 南京：南京大学出版社，2001.

[2] 马大猷，等. 声学手册[M]. 北京：科学出版社，1983.

[3] Daniel R. Raichel. The Science and Applications of Acoustics[M]. 2nd ed.New York：Springer，2005.

[4] 李家华. 环境噪声控制[M]. 北京：冶金工业出版社，1995.

[5] 李耀中. 噪声控制技术[M]. 北京：化学工业出版社，2001.

[6] 洪宗辉. 环境噪声控制工程[M]. 北京：高等教育出版社，2002.

[7] 毛东兴. 环境噪声控制工程[M]. 2 版. 北京：高等教育出版社，2010.

[8] 潘仲麟. 噪声控制技术[M]. 北京：化学工业出版社，2008.

[9] 马大猷. 噪声与振动控制工程手册[M]. 北京：机械工业出版社，2002.

[10] 吕玉恒. 噪声与振动控制设备及材料选用手册[M]. 北京：机械工业出版社，1999.

[11] 周新祥. 噪声控制及其新进展[M]. 北京：冶金工业出版社，2007.

[12] 何琳. 声学理论与工程应用[M]. 北京：科学出版社，2006.